EXERCICES

DE

GÉOMÉTRIE ANALYTIQUE

A L'USAGE DES ÉLÈVES

DE MATHÉMATIQUES SPÉCIALES

PAR

P. AUBERT   **&**   **G. PAPELIER**
Professeur au lycée Henri IV   Professeur au lycée d'Orléans.

TOME TROISIÈME

PARIS

LIBRAIRIE VUIBERT

63, Boulevard Saint-Germain, 63

EXERCICES

DE

GÉOMÉTRIE ANALYTIQUE

EXERCICES

DE

GÉOMÉTRIE ANALYTIQUE

A L'USAGE DES ÉLÈVES

DE MATHÉMATIQUES SPÉCIALES

PAR

P. AUBERT
Professeur au lycée Henri IV

&

G. PAPELIER
Professeur au lycée d'Orléans.

TOME TROISIÈME

PARIS

LIBRAIRIE VUIBERT

63, BOULEVARD SAINT-GERMAIN, 63

EXERCICES
DE
GÉOMÉTRIE ANALYTIQUE

CHAPITRE I

LA DROITE ET LE PLAN

1. *On donne trois axes de coordonnées rectangulaires Ox, Oy, Oz, le trièdre (Ox, Oy, Oz) étant de sens positif, et une demi-droite ωD, ayant pour origine le point ω(x_0, y_0, z_0) et pour cosinus directeurs α, β, γ. On considère un point M quelconque de l'espace ayant pour coordonnées x, y, z et on le fait tourner autour de la demi-droite ωD, dans le sens positif, d'un angle θ; soit M' la position que vient occuper le point M après cette rotation.*

Calculer les coordonnées x', y', z' du point M' en fonction des coordonnées x, y, z du point M.

On dit que le point M tourne dans le sens positif autour de la demi-droite ωD, quand un observateur placé sur ωD, les pieds en ω et la tête en D, voit le point M se déplacer de sa gauche vers sa droite.

On dit que le trièdre (Ox, Oy, Oz) est de sens positif, si une demi-droite, d'abord appliquée sur Ox, tournant ensuite autour de Oz dans le sens positif, vient coïncider avec Oy après une rotation égale à $\frac{\pi}{2}$. Lorsque cela a lieu, une demi-droite d'abord appliquée sur Oy, tournant ensuite autour de Ox dans le sens positif, viendra coïncider avec Oz après une rotation égale à $\frac{\pi}{2}$, et une demi-droite, appliquée d'abord sur Oz, tournant autour de Oy dans le sens positif, viendra coïncider avec Ox après une rotation égale à $\frac{\pi}{2}$.

Cela étant rappelé, le problème proposé se résout très simplement lorsque la demi-droite ωD coïncide avec l'un des axes de coordonnées.

En effet, supposons par exemple que ωD coïncide avec Oz; si nous désignons par ρ, ω les coordonnées polaires de la projection du point M sur le plan des xy, celles de la projection du point M' sont ρ, $\omega + \theta$, et nous avons

$$x = \rho \cos \omega, \qquad y = \rho \sin \omega,$$

puis

$$(1) \qquad \begin{cases} x' = \rho \cos(\omega + \theta) = x \cos \theta - y \sin \theta, \\ y' = \rho \sin(\omega + \theta) = x \sin \theta + y \cos \theta, \\ z' = z'; \end{cases}$$

telles sont les valeurs de x', y', z' en fonction de x, y, z.

Nous ramènerons le cas général à ce cas particulier en faisant un changement d'axes de coordonnées.

Nous prendrons le point ω comme origine, la demi-droite ωD comme axe des Z, et comme axes des X et des Y deux demi-droites rectangulaires quelconques, perpendiculaires à ωZ, et telles que le trièdre $(\omega X, \omega Y, \omega Z)$ soit de sens positif; et, pour conserver les notations et les formules habituelles, nous désignerons par (a, b, c), (a', b', c'), (a'', b'', c'') les cosinus directeurs des axes ωX, ωY, ωZ respectivement, ce qui revient à poser pour un instant $a'' = \alpha$, $b'' = \beta$, $c'' = \gamma$.

On sait qu'il existe douze relations entre ces neuf cosinus, que le déterminant

$$\Delta = \begin{vmatrix} a & b & c \\ a' & b' & c' \\ a'' & b'' & c'' \end{vmatrix}$$

est égal a $+1$, et que chaque élément est égal à son coefficient dans le développement du déterminant.

Les formules de transformation sont alors

$$(2) \quad \begin{cases} x = x_0 + aX + a'Y + a''Z, \\ y = y_0 + bX + b'Y + b''Z, \\ z = z_0 + cX + c'Y + c''Z, \end{cases}$$

et on en tire

$$(3) \quad \begin{cases} X = a(x - x_0) + b(y - y_0) + c(z - z_0), \\ Y = a'(x - x_0) + b'(y - y_0) + c'(z - z_0), \\ Z = a''(x - x_0) + b''(y - y_0) + c''(z - z_0). \end{cases}$$

Soient X, Y, Z et X', Y', Z' les coordonnées des points M et M' par rapport aux nouveaux axes.

Pour calculer x', y', z' en fonction de x, y, z, nous calculerons d'abord x', y', z' en fonction de X', Y', Z' au moyen des formules (2), puis X', Y', Z' en fonction de X, Y, Z d'après les formules (1) du cas particulier envisagé plus haut

$$X' = X \cos \theta - Y \sin \theta,$$
$$Y' = X \sin \theta + Y \cos \theta,$$
$$Z' = Z,$$

enfin nous remplacerons X, Y, Z par leurs valeurs (3) en fonction de x, y, z.

Développons le calcul pour x'; nous avons

$$x' = x_0 + aX' + a'Y' + a''Z',$$

ou

$$x' = x_0 + a(X \cos \theta - Y \sin \theta) + a'(X \sin \theta + Y \cos \theta) + a''Z,$$

ou encore

$$x' = x_0 + (a \cos \theta + a' \sin \theta)X + (- a \sin \theta + a' \cos \theta)Y + a''Z,$$

et enfin

$$x' = x_0 + (a \cos \theta + a' \sin \theta)\big[a(x - x_0) + b(y - y_0) + c(z - z_0)\big]$$
$$+ (- a \sin \theta + a' \cos \theta)\big[a'(x - x_0) + b'(y - y_0) + c'(z - z_0)\big]$$
$$+ a''\big[a''(x - x_0) + b''(y - y_0) + c''(z - z_0)\big].$$

Le coefficient de $x - x_0$ dans le second membre est $(a^2 + a'^2) \cos \theta + a''^2$, ou $(1 - a''^2) \cos \theta + a''^2$, puisque l'on a $a^2 + a'^2 + a''^2 = 1$.

Celui de $y - y_0$ est $(ab + a'b') \cos \theta - (ab' - ba') \sin \theta + a''b''$; or $ab + a'b' = - a''b''$, et $ab' - ba'$, étant le coefficient de c'' dans le développement de Δ, est précisément égal à c''. Donc le coefficient de $y - y_0$ est $a''b''(1 - \cos \theta) - c'' \sin \theta$.

Enfin le coefficient de $z - z_0$ est

$$(ac + a'c') \cos \theta - (ac' - ca') \sin \theta + a''c''$$

ou $\qquad\qquad a''c''(1 - \cos \theta) + b'' \sin \theta.$

On voit ainsi que les coefficients de $x - x_0$, $y - y_0$, $z - z_0$ ne dépendent que de a'', b'', c'', ce qui était à prévoir, et si nous remplaçons alors a'', b'', c'' par α, β, γ respectivement, nous obtenons

$$x' = x_0 + (x - x_0)\big[\cos \theta + \alpha^2(1 - \cos \theta)\big]$$
$$+ (y - y_0)\big[\alpha\beta(1 - \cos \theta) - \gamma \sin \theta\big]$$
$$+ (z - z_0)\big[\alpha\gamma(1 - \cos \theta) + \beta \sin \theta\big].$$

En posant $P = \alpha(x - x_0) + \beta(y - y_0) + \gamma(z - z_0)$, cette formule peut s'écrire

$$x' = x_0 + \alpha P + (x - x_0 - \alpha P) \cos \theta + \big[\beta(z - z_0) - \gamma(y - y_0)\big] \sin \theta,$$

et on aura de même

$$y' = y_0 + \beta P + (y - y_0 - \beta P) \cos \theta + \big[\gamma(x - x_0) - \alpha(z - z_0)\big] \sin \theta,$$
$$z' = z_0 + \gamma P + (z - z_0 - \gamma P) \cos \theta + \big[\alpha(y - y_0) - \beta(x - x_0)\big] \sin \theta.$$

Remarque. — Si dans ces formules on fait $\theta = \pi$, on obtient les coordonnées du point symétrique du point M par rapport à la droite ωD,

$$x' = 2x_0 - x + 2\alpha P,$$
$$y' = 2y_0 - y + 2\beta P,$$
$$z' = 2z_0 - z + 2\gamma P.$$

Comparer avec le résultat de l'exercice 15.

2. *On fait tourner la droite $x = az + p$, $y = bz + q$ autour de Oz d'un angle θ dans le sens positif. Déterminer θ de façon qu'après la rotation la droite soit perpendiculaire à sa position primitive.*

On trouve que θ est déterminé par la relation

$$(a^2 + b^2)\cos\theta + 1 = 0.$$

3. *On considère un trièdre ayant pour arêtes les demi-droites OA, OB, OC, non situées dans un même plan; on désigne par a, b, c les faces de ce trièdre, c'est-à-dire les angles, compris entre 0 et π, que font les arêtes deux à deux,*

$$a = \widehat{BSC}, \qquad b = \widehat{CSA}, \qquad c = \widehat{ASB},$$

et par A, B, C les dièdres du trièdre, A étant l'angle compris entre 0 et π que font les demi-plans OAB et OAC, ...
On propose d'établir la formule

$$\cos a = \cos b \cos c + \sin b \sin c \cos A.$$

Cette formule est appelée la formule fondamentale de la trigonométrie sphérique, car a, b, c, A, B, C sont les côtés et les angles du triangle sphérique obtenu en coupant le trièdre par une sphère ayant pour centre le point O et pour rayon l'unité.

Prenons trois axes rectangulaires quelconques passant par le point O, et désignons par (α, β, γ), $(\alpha', \beta', \gamma')$, $(\alpha'', \beta'', \gamma'')$ les cosinus directeurs des demi-droites OA, OB, OC respectivement, en remarquant que α, β, γ par exemple sont les coordonnées du point de la demi-droite OA qui est situé à l'unité de distance de l'origine.

Nous connaissons les formules

$$\cos a = \alpha'\alpha'' + \beta'\beta'' + \gamma'\gamma'',$$
$$\cos b = \alpha\alpha'' + \beta\beta'' + \gamma\gamma'',$$
$$\cos c = \alpha\alpha' + \beta\beta' + \gamma\gamma',$$
$$\sin b = +\sqrt{(\beta\gamma'' - \gamma\beta'')^2 + (\gamma\alpha'' - \alpha\gamma'')^2 + (\alpha\beta'' - \beta\alpha'')^2},$$
$$\sin c = +\sqrt{(\beta\gamma' - \gamma\beta')^2 + (\gamma\alpha' - \alpha\gamma')^2 + (\alpha\beta' - \beta\alpha')^2}.$$

Calculons maintenant $\cos A$. Pour cela, menons une demi-droite Ou, perpendiculaire au plan OAB, et située par rapport à ce plan du même côté que OC, et une demi-droite Ov, perpendiculaire au plan OAC, et située par rapport à ce plan du même côté que OB. On sait que l'angle des demi-droites Ou, Ov est le supplément de l'angle A ; on a donc

$$\cos A = -\cos uOv.$$

Cherchons les cosinus directeurs de Ou. Le plan OAB a pour équation

$$\begin{vmatrix} x & y & z \\ \alpha & \beta & \gamma \\ \alpha' & \beta' & \gamma' \end{vmatrix} = 0,$$

ou

$$(1) \qquad x(\beta\gamma' - \gamma\beta') + y(\gamma\alpha' - \alpha\gamma') + z(\alpha\beta' - \beta\alpha') = 0.$$

Donc les paramètres directeurs de Ou sont

$$\beta\gamma' - \gamma\beta', \qquad \gamma\alpha' - \alpha\gamma', \qquad \alpha\beta' - \beta\alpha',$$

et par suite, les cosinus directeurs sont

$$\varepsilon\frac{\beta\gamma' - \gamma\beta'}{\sqrt{(\beta\gamma' - \gamma\beta')^2 + (\gamma\alpha' - \alpha\gamma')^2 + (\alpha\beta' - \beta\alpha')^2}}, \qquad \varepsilon\frac{\gamma\alpha' - \alpha\gamma'}{\sqrt{\ldots\ldots}}, \quad \ldots$$

ou

(2) $\qquad \varepsilon \dfrac{\beta\gamma' - \gamma\beta'}{\sin c}, \qquad \varepsilon \dfrac{\gamma\alpha' - \alpha\gamma'}{\sin c}, \qquad \varepsilon \dfrac{\alpha\beta' - \beta\alpha'}{\sin c},$

ε étant égal à ± 1.

Pour déterminer le signe de ε, nous écrirons que les demi-droites Ou et OC sont d'un même côté du plan OAB, et pour cela que si l'on substitue les coordonnées des points de ces demi-droites dans le premier membre de l'équation (1), on a des résultats de même signe.

En substituant les nombres (2), on a le signe de ε ; en substituant les quantités α'', β'', γ'', on a le signe du déterminant

$$\Delta = \begin{vmatrix} \alpha & \beta & \gamma \\ \alpha' & \beta' & \gamma' \\ \alpha'' & \beta'' & \gamma'' \end{vmatrix} ;$$

donc ε a le signe de Δ.

De même, les cosinus directeurs de Ov sont

$$\varepsilon_1 \frac{\beta\gamma'' - \gamma\beta''}{\sin b}, \qquad \varepsilon_1 \frac{\gamma\alpha'' - \alpha\gamma''}{\sin b}, \qquad \varepsilon_1 \frac{\alpha\beta'' - \beta\alpha''}{\sin b},$$

ε_1 étant égal à ± 1 et ayant le signe du déterminant

$$\Delta_1 = \begin{vmatrix} \alpha & \beta & \gamma \\ \alpha'' & \beta'' & \gamma'' \\ \alpha' & \beta' & \gamma' \end{vmatrix} .$$

Or Δ et Δ_1 sont de signes contraires ; il en est de même de ε et ε_1, et l'on a

$\cos uOv$

$$= -\frac{(\beta\gamma'-\gamma\beta')(\beta\gamma''-\gamma\beta'') + (\gamma\alpha'-\alpha\gamma')(\gamma\alpha''-\alpha\gamma'') + (\alpha\beta'-\beta\alpha')(\alpha\beta''-\beta\alpha'')}{\sin b \sin c},$$

et par suite $\cos A$ est égal au second membre changé de signe.

Un calcul facile montre que $\cos A$ peut s'écrire

$\cos A$

$$= \frac{(\alpha^2+\beta^2+\gamma^2)(\alpha'\alpha''+\beta'\beta''+\gamma'\gamma'') - (\alpha\alpha'+\beta\beta'+\gamma\gamma')(\alpha\alpha''+\beta\beta''+\gamma\gamma'')}{\sin b \sin c},$$

ou

$$\cos A = \frac{\cos a - \cos b \cos c}{\sin b \sin c};$$

c'est la formule qu'il fallait établir.

4. *Si dans un tétraèdre deux couples d'arêtes opposées sont perpendiculaires, les arêtes du troisième couple sont aussi perpendiculaires et les quatre hauteurs du tétraèdre passent par un même point.*

Soit le tétraèdre ABCD ; prenons pour axe des z la perpendiculaire abaissée du point D sur le plan ABC, pour origine le pied O de cette perpendiculaire, pour axe des x la droite OA, et enfin pour axe des y une perpendiculaire à OA dans le plan ABC.

Nous désignerons par d la cote du point D, par a l'abscisse de A et par $(x_1, y_1, 0)$ $(x_2, y_2, 0)$ les coordonnées des points B et C.

Supposons que les couples d'arêtes opposées (AD, BC) et (AC, BD) soient composés de deux arêtes perpendiculaires ; nous allons montrer qu'il en est de même du troisième couple (AB, CD).

Les paramètres directeurs de AD sont les différences des coordonnées des points A et D, c'est-à-dire, a, 0, $- d$; ceux de BC sont $x_1 - x_2$, $y_1 - y_2$, 0. Pour que AD et BC soient perpendiculaires, il faut qu'on ait $a(x_1 - x_2) = 0$, ou $x_1 = x_2$. Nous poserons $x_1 = x_2 = b$.

En écrivant que AC et BD sont perpendiculaires, nous avons

$$(1) \qquad\qquad y_1 y_2 - b(a - b) = 0 ;$$

comme cette relation est symétrique par rapport à y_1 et y_2, elle exprime aussi que AB et CD sont perpendiculaires.

Il nous reste maintenant à démontrer que les hauteurs issues des sommets A, B, C rencontrent Oz au même point.

Le plan DBC a pour équation $\dfrac{x}{b} + \dfrac{z}{d} - 1 = 0$; la perpendiculaire menée à ce plan par le point A est définie par les équations

$$b(x - a) - dz = 0, \qquad y = 0.$$

Cette hauteur rencontre Oz au point H qui a pour cote $-\dfrac{ab}{d}$.

Formons maintenant les équations de la hauteur issue du point C. Les équations de la droite AB sont $z = 0$, $\dfrac{y}{x - a} = \dfrac{y_1}{b - a}$, ou

$$z = 0, \qquad xy_1 - (b - a)y - ay_1 = 0.$$

Le plan DAB a pour équation [1]

$$\frac{xy_1 - (b - a)y - ay_1}{-ay_1} = \frac{z}{d},$$

ou

$$dy_1 x - (b - a)dy + ay_1 z - ay_1 d = 0,$$

et la perpendiculaire menée du point C à ce plan est définie par les équations

$$\frac{x - b}{dy_1} = \frac{y - y_2}{-(b - a)d} = \frac{z}{ay_1}.$$

En tenant compte de la relation (1), on voit que cette hauteur rencontre Oz au point H.

Même démonstration pour la hauteur issue du point B.

Tout tétraèdre jouissant de ces propriétés est appelé *ortho-gonal* ou *orthocentrique*. Le point de concours des hauteurs est appelé *l'orthocentre*.

5. *Soient, dans un tétraèdre orthocentrique, H l'orthocentre, G le centre de gravité et ω le centre de la sphère circonscrite.*

1° Démontrer que le point G est le milieu de Hω.

2° Par le centre de gravité de chaque face du tétraèdre on mène une droite perpendiculaire au plan de cette face; démon-

---

[1] On sait en effet que l'équation du plan passant par le point x_0, y_0, z_0 et par la droite $P = 0$, $P' = 0$ est $\dfrac{P}{P_0} = \dfrac{P'}{P_0'}$.

trer que les quatre droites ainsi obtenues passent par un même point I, situé sur la droite Hω, et défini par la relation

$$\frac{\overline{IH}}{\overline{I\omega}} = -2.$$

1° Conservons les axes et les notations du n° 4. Les coordonnées du point H sont

$$x_H = 0, \qquad y_H = 0, \qquad z_H = -\frac{ab}{d};$$

celles du point G sont les moyennes arithmétiques des coordonnées correspondantes des sommets du tétraèdre ; ce sont donc

$$x_G = \frac{a+2b}{4}, \qquad y_G = \frac{y_1 + y_2}{4}, \qquad z_G = \frac{d}{4}.$$

D'autre part, on peut considérer le point ω comme le point de rencontre des trois plans perpendiculaires aux arêtes BC, AB, AD en leurs milieux. Ces plans ont pour équations

$$y = \frac{y_1 + y_2}{2}, \qquad 2x(b-a) + 2yy_1 - y_1^2 + a^2 - b^2 = 0,$$
$$2ax - 2dz - a^2 + d^2 = 0 ;$$

en résolvant ces trois équations par rapport à x, y, z et en tenant compte de la relation (1) du n° 4, on obtient, pour les coordonnées du point ω,

$$x_\omega = \frac{a+2b}{2}, \qquad y_\omega = \frac{y_1 + y_2}{2}, \qquad z_\omega = \frac{2ab + d^2}{2d}.$$

On voit alors immédiatement que l'on a

$$x_G = \frac{x_H + x_\omega}{2}, \qquad y_G = \frac{y_H + y_\omega}{2}, \qquad z_G = \frac{z_H + z_\omega}{2}.$$

2° La perpendiculaire menée au plan de la face ABC par le centre de gravité de cette face a pour équation

$$x = \frac{a+2b}{3}, \qquad y = \frac{y_1 + y_2}{3} ;$$

les droites analogues pour les faces DBC et DAB sont définies par les équations

$$b\left(x-\frac{2b}{3}\right)=d\left(z-\frac{d}{3}\right), \qquad y=\frac{y_1+y_2}{3},$$

$$\frac{x-\dfrac{a+b}{3}}{dy_1}=\frac{y-\dfrac{y_1}{3}}{-(b-a)d}=\frac{z-\dfrac{d}{3}}{ay_1},$$

et pour la face DAC il suffit de changer y_1 en y_2 dans les équations relatives à la face DAB.

On voit sans difficulté que ces quatre droites passent par le point

$$x_I=\frac{a+2b}{3}, \qquad y_I=\frac{y_1+y_2}{3}, \qquad z_I=\frac{ab+d^2}{3d}.$$

Des formules précédentes on déduit

$$x_I=\frac{x_H+2x_\omega}{3}, \qquad y_I=\frac{y_H+2y_\omega}{3}, \qquad z_I=\frac{z_H+2z_\omega}{3},$$

ce qui montre que le point I est sur la droite Hω, et que l'on a

$$\frac{\overline{IH}}{\overline{I\omega}}=-2.$$

6. *Si un tétraèdre est orthocentrique, la perpendiculaire commune à deux arêtes opposées quelconques passe par l'orthocentre.*

On remarquera que, lorsque deux droites sont perpendiculaires, on peut considérer leur perpendiculaire commune comme l'intersection des deux plans menés par chacune des droites perpendiculairement à l'autre.

7. *Si un tétraèdre est orthocentrique, la somme des carrés des longueurs de deux arêtes opposées quelconques a la même valeur pour les trois couples.*

8. *Si dans un tétraèdre les hauteurs passent par un même point, deux arêtes opposées quelconques sont rectangulaires.*

Soit le tétraèdre ABCD ; il suffira de montrer que si deux hauteurs se rencontrent, par exemple les hauteurs issues des points D et A, les arêtes opposées AD et BC sont perpendiculaires.

Prenons les mêmes axes de coordonnées qu'au début du n° 4, la hauteur issue du point D est Oz ; pour déterminer la hauteur issue du point A, nous remarquons que l'équation du plan DBC est

$$\frac{x(y_1 - y_2) + y(x_2 - x_1) + x_1 y_2 - y_1 x_2}{x_1 y_2 - y_1 x_2} = \frac{z}{d},$$

et par suite les équations de la hauteur issue de A sont

$$\frac{x - a}{y_1 - y_2} = \frac{y}{x_2 - x_1} = -\frac{dz}{x_1 y_2 - y_1 x_2}.$$

Pour que cette droite rencontre Oz il faut qu'on ait, ou bien $a = 0$, et le point A coïncide avec le point O, ou bien $x_2 - x_1 = 0$, et la droite BC est parallèle à Oy.

Dans ces deux hypothèses les arêtes AD et BC sont perpendiculaires.

9. *Soient ABCD un tétraèdre orthocentrique et* H *l'orthocentre ; sur les droites* HA, HB, HC, HD *prenons respectivement les points* A′, B′, C′, D′ *tels que l'on ait*

$$\frac{\overline{HA'}}{\overline{HA}} = \frac{\overline{HB'}}{\overline{HB}} = \frac{\overline{HC'}}{\overline{HC}} = \frac{\overline{HD'}}{\overline{HD}} = \frac{1}{3}.$$

Les quatre points A′, B′, C′, D′, *les pieds des hauteurs et les centres de gravité des faces du tétraèdre sont douze points situés sur une même sphère.*

Prenons comme axe des z la hauteur issue du point D, pour origine le pied O de cette hauteur, pour axe des x la droite OA, et enfin pour axe des y la perpendiculaire à OA menée par le point O dans le plan ABC.

Nous désignerons par d l'ordonnée du point D, par a l'abscisse du point A. Comme le tétraèdre est orthocentrique (4), la droite BC est parallèle à Oy ; nous désignerons par b son abscisse, et nous avons vu que les coordonnées y_1 et y_2 de B et C sont liées par la relation

$$y_1 y_2 = b(a - b).$$

En outre, le point H a pour cote $-\dfrac{ab}{d}$.

On en déduit aisément que la cote du point D' est $\dfrac{d^2 - 2ab}{3d}$.

L'équation générale des sphères passant par les points O et D' est

$$x^2 + y^2 + z^2 - \lambda x - \mu y - \frac{d^2 - 2ab}{3d} z = 0.$$

Pour déterminer λ et μ nous écrirons que cette équation est vérifiée par les coordonnées des centres de gravité des faces DAB et DAC ; ce calcul facile nous donne

$$\lambda = \frac{a + 2b}{3}, \qquad \mu = \frac{y_1 + y_2}{3},$$

et par suite l'équation de la sphère devient

$$(1) \quad x^2 + y^2 + z^2 - \frac{a + 2b}{3} x - \frac{y_1 + y_2}{3} y - \frac{d^2 - 2ab}{3d} z = 0.$$

On vérifiera sans difficulté que cette sphère passe par les centres de gravité des faces DBC et ABC.

Par suite l'équation (1) représente la sphère qui passe par les centres de gravité des faces du tétraèdre.

Or cette sphère passe par l'origine, qui est l'un quelconque des pieds des hauteurs, donc elle doit passer par les trois autres pieds.

De même, la sphère passe par le point D', donc elle doit passer par les points A', B', C'.

On pourra faire d'ailleurs la vérification analytique, ce qui constituera un excellent exercice de calcul.

10. 1° *Dans un trièdre, les plans passant par chaque arête et la bissectrice de la face opposée passent par une même droite.*

2° *Le plan passant par une arête et la bissectrice de la face opposée, et les deux plans passant par les autres arêtes et les bissectrices extérieures des faces opposées passent par une même droite.*

3° *Les bissectrices extérieures sont dans un même plan.*

Première démonstration. — 1° Prenons comme axes de coordonnées les arêtes du trièdre ; les plans passant par chaque arête et la bissectrice de la face opposée ont pour équations

$$y - z = 0, \qquad z - x = 0, \qquad x - y = 0 ;$$

en ajoutant ces équations, on obtient une identité ; donc les trois plans passent par une même droite.

2° Les plans envisagés ont pour équations

$$y - z = 0, \qquad z + x = 0, \qquad x + y = 0.$$

Si nous multiplions ces équations respectivement par $1, 1, -1$ et si nous les ajoutons membre à membre, nous obtenons une identité : ceci démontre la proposition.

3° Les bissectrices extérieures sont situées dans le plan qui a pour équation $x + y + z = 0$.

Deuxième démonstration. — Soient OA, OB, OC les arêtes du trièdre ; nous prendrons trois axes de coordonnées rectangulaires passant par le sommet O du trièdre, et nous désignerons par $(\alpha_1, \beta_1, \gamma_1)$, $(\alpha_2, \beta_2, \gamma_2)$, $(\alpha_3, \beta_3, \gamma_3)$ les cosinus directeurs des demi-droites OA, OB, OC respectivement.

Nous supposerons de plus que les points A, B, C sont à l'unité de distance de l'origine, de sorte que $\alpha_1, \beta_1, \gamma_1$ sont les coordonnées du point A, $\alpha_2, \beta_2, \gamma_2$ celles du point B et $\alpha_3, \beta_3, \gamma_3$ celles du point C.

La bissectrice de l'angle BOC passe par l'origine et par le milieu de BC ; donc les équations de cette bissectrice sont

$$\frac{x}{\alpha_2 + \alpha_3} = \frac{y}{\beta_2 + \beta_3} = \frac{z}{\gamma_2 + \gamma_3}.$$

Si nous désignons par C' le point symétrique du point C par rapport à l'origine, la bissectrice extérieure de l'angle BOC passe par l'origine et le milieu de BC' ; donc ses équations sont

$$\frac{x}{\alpha_2 - \alpha_3} = \frac{y}{\beta_2 - \beta_3} = \frac{z}{\gamma_2 - \gamma_3}.$$

1° Le plan passant par l'arête OA et la bissectrice de l'angle BOC a pour équation

$$\begin{vmatrix} x & y & z \\ \alpha_1 & \beta_1 & \gamma_1 \\ \alpha_2 + \alpha_3 & \beta_2 + \beta_3 & \gamma_2 + \gamma_3 \end{vmatrix} = 0,$$

ou

$$\begin{vmatrix} x & y & z \\ \alpha_1 & \beta_1 & \gamma_1 \\ \alpha_2 & \beta_2 & \gamma_2 \end{vmatrix} + \begin{vmatrix} x & y & z \\ \alpha_1 & \beta_1 & \gamma_1 \\ \alpha_3 & \beta_3 & \gamma_3 \end{vmatrix} = 0,$$

ou encore

$$(1) \qquad (12) + (13) = 0,$$

en posant, pour simplifier l'écriture,

$$(pq) = \begin{vmatrix} x & y & z \\ \alpha_p & \beta_p & \gamma_p \\ \alpha_q & \beta_q & \gamma_q \end{vmatrix},$$

et en remarquant que $(pq) = -(qp)$.

Les équations des deux autres plans se déduiront de l'équation (1) par permutation circulaire des indices 1, 2, 3 ; nous aurons ainsi

$$(2) \qquad (23) + (21) = 0,$$

$$(3) \qquad (31) + (32) = 0 ;$$

en ajoutant les équations (1), (2), (3) membre à membre, on obtient une identité ; donc les trois plans passent par une même droite.

2° Le plan passant par l'arête OB et la bissectrice extérieure de l'angle COA a pour équation

$$\begin{vmatrix} x & y & z \\ \alpha_2 & \beta_2 & \gamma_2 \\ \alpha_1 - \alpha_3 & \beta_1 - \beta_3 & \gamma_1 - \gamma_3 \end{vmatrix} = 0,$$

ou

$$\begin{vmatrix} x & y & z \\ \alpha_2 & \beta_2 & \gamma_2 \\ \alpha_1 & \beta_1 & \gamma_1 \end{vmatrix} - \begin{vmatrix} x & y & z \\ \alpha_2 & \beta_2 & \gamma_2 \\ \alpha_3 & \beta_3 & \gamma_3 \end{vmatrix} = 0,$$

ou enfin, avec les mêmes notations que plus haut,

$$(4) \qquad\qquad (21) - (23) = 0.$$

Le plan analogue passant par OC est défini par l'équation

$$(5) \qquad\qquad (32) - (31) = 0.$$

Pour établir que les plans (1), (4), (5) passent par une même droite, il suffit de multiplier leurs équations respectivement par les nombres 1, 1, — 1 et de les ajouter membre à membre.

3° Pour que les bissectrices extérieures des faces soient dans un même plan, il faut qu'on ait

$$\begin{vmatrix} \alpha_2 - \alpha_3 & \beta_2 - \beta_3 & \gamma_2 - \gamma_3 \\ \alpha_3 - \alpha_1 & \beta_3 - \beta_1 & \gamma_3 - \gamma_1 \\ \alpha_1 - \alpha_2 & \beta_1 - \beta_2 & \gamma_1 - \gamma_2 \end{vmatrix} = 0,$$

Si on ajoute les éléments des deux premières lignes à ceux de la troisième, on obtient une ligne de zéros. Donc le déterminant est nul.

On peut remarquer aussi que l'équation du plan qui passe par les bissectrices extérieures de deux faces quelconques peut se mettre sous la forme

$$x \begin{vmatrix} 1 & \beta_1 & \gamma_1 \\ 1 & \beta_2 & \gamma_2 \\ 1 & \beta_3 & \gamma_3 \end{vmatrix} + y \begin{vmatrix} \alpha_1 & 1 & \gamma_1 \\ \alpha_2 & 1 & \gamma_2 \\ \alpha_3 & 1 & \gamma_3 \end{vmatrix} + z \begin{vmatrix} \alpha_1 & \beta_1 & 1 \\ \alpha_2 & \beta_2 & 1 \\ \alpha_3 & \beta_3 & 1 \end{vmatrix} = 0.$$

La symétrie de cette équation montre que le plan contient la troisième bissectrice.

11. 1° *Dans un trièdre, les plans menés par les bissectrices des faces perpendiculairement au plan de la face correspondante passent par une même droite.*

2° *Le plan mené par la bissectrice d'une face perpendiculairement au plan de cette face, et les deux plans menés par les bissectrices extérieures des autres faces perpendiculairement au plan de la face correspondante, passent par une même droite.*

Le plan passant par la bissectrice de la face BOC, perpendiculairement au plan de cette face, est perpendiculaire à la bissectrice extérieure de cette face; par conséquent, l'équation de ce plan est

$$(\alpha_2 - \alpha_3)x + (\beta_2 - \beta_3)y + (\gamma_2 - \gamma_3)z = 0,$$

en adoptant les mêmes notations que dans la seconde démonstration de l'exercice 10.

De même le plan passant par la bissectrice extérieure de la face BOC perpendiculairement au plan de cette face est perpendiculaire à la bissectrice de la même face, et son équation est

$$(\alpha_2 + \alpha_3)x + (\beta_2 + \beta_3)y + (\gamma_2 + \gamma_3)z = 0.$$

12. 1° *Dans un trièdre, les plans bissecteurs intérieurs des dièdres passent par une même droite.*

2° *Le plan bissecteur intérieur d'un dièdre et les plans bis-*

secteurs extérieurs des deux autres passent par une même droite.

Mêmes axes et mêmes notations que dans la deuxième démonstration de l'exercice 10.

Nous considérons les plans bissecteurs du dièdre OA comme le lieu des points équidistants des plans OAB et OAC.

Le plan OAB a pour équation

$$\begin{vmatrix} x & y & z \\ \alpha_1 & \beta_1 & \gamma_1 \\ \alpha_2 & \beta_3 & \gamma_2 \end{vmatrix} = 0,$$

et la distance du point (x, y, z) à ce plan est, au signe près,

$$\frac{\begin{vmatrix} x & y & z \\ \alpha_1 & \beta_1 & \gamma_1 \\ \alpha_2 & \beta_2 & \gamma_2 \end{vmatrix}}{\sqrt{(\beta_1\gamma_2 - \gamma_1\beta_2)^2 + (\gamma_1\alpha_2 - \alpha_1\gamma_2)^2 + (\alpha_1\beta_2 - \beta_1\alpha_2)^2}};$$

or le dénominateur est égal au sinus de l'angle AOB. Nous poserons

$$\widehat{BOC} = a, \qquad \widehat{COA} = b, \qquad \widehat{AOB} = c.$$

La distance du point (x, y, z) au plan AOB est donc égale à

$$\pm \frac{1}{\sin c} \begin{vmatrix} x & y & z \\ \alpha_1 & \beta_1 & \gamma_1 \\ \alpha_2 & \beta_2 & \gamma_2 \end{vmatrix},$$

et par suite les plans bissecteurs du dièdre OA ont pour équations

$$(1) \quad \frac{1}{\sin c} \begin{vmatrix} x & y & z \\ \alpha_1 & \beta_1 & \gamma_1 \\ \alpha_2 & \beta_2 & \gamma_2 \end{vmatrix} + \frac{\varepsilon}{\sin b} \begin{vmatrix} x & y & z \\ \alpha_1 & \beta_1 & \gamma_1 \\ \alpha_3 & \beta_3 & \gamma_3 \end{vmatrix} = 0,$$

ε étant égal à ± 1.

Cherchons maintenant le signe qu'il faut donner à ε pour que l'équation (1) représente le plan bissecteur *intérieur*. Il faut pour cela que les points B et C soient situés de part et d'autre du plan; par suite, en remplaçant dans le premier membre de (1) x, y, z successivement par les coordonnées α_2, β_2, γ_2 et α_3, β_3, γ_3 des points B et C, on doit avoir des résultats de signes contraires.

Ces résultats sont

$$\frac{\varepsilon}{\sin b}\begin{vmatrix} \alpha_2 & \beta_2 & \gamma_2 \\ \alpha_1 & \beta_1 & \gamma_1 \\ \alpha_3 & \beta_3 & \gamma_3 \end{vmatrix} \quad \text{et} \quad \frac{1}{\sin c}\begin{vmatrix} \alpha_3 & \beta_3 & \gamma_3 \\ \alpha_1 & \beta_1 & \gamma_1 \\ \alpha_2 & \beta_2 & \gamma_2 \end{vmatrix},$$

ou

$$-\frac{\varepsilon}{\sin b}\begin{vmatrix} \alpha_1 & \beta_1 & \gamma_1 \\ \alpha_2 & \beta_2 & \gamma_2 \\ \alpha_3 & \beta_3 & \gamma_3 \end{vmatrix} \quad \text{et} \quad \frac{1}{\sin c}\begin{vmatrix} \alpha_1 & \beta_1 & \gamma_1 \\ \alpha_2 & \beta_2 & \gamma_2 \\ \alpha_3 & \beta_3 & \gamma_3 \end{vmatrix};$$

pour que ces quantités soient de signes contraires, il faut que $\varepsilon = +1$.

Par suite, l'équation du plan bissecteur intérieur est

$$\frac{1}{\sin c}\begin{vmatrix} x & y & z \\ \alpha_1 & \beta_1 & \gamma_1 \\ \alpha_2 & \beta_2 & \gamma_2 \end{vmatrix} + \frac{1}{\sin b}\begin{vmatrix} x & y & z \\ \alpha_1 & \beta_1 & \gamma_1 \\ \alpha_3 & \beta_3 & \gamma_3 \end{vmatrix} = 0,$$

et celle du plan bissecteur extérieur est

$$\frac{1}{\sin c}\begin{vmatrix} x & y & z \\ \alpha_1 & \beta_1 & \gamma_1 \\ \alpha_2 & \beta_2 & \gamma_2 \end{vmatrix} - \frac{1}{\sin b}\begin{vmatrix} x & y & z \\ \alpha_1 & \beta_1 & \gamma_1 \\ \alpha_3 & \beta_3 & \gamma_3 \end{vmatrix} = 0.$$

1° Posons comme précédemment

$$\begin{vmatrix} x & y & z \\ \alpha_p & \beta_p & \gamma_p \\ \alpha_q & \beta_q & \gamma_q \end{vmatrix} = (pq),$$

en remarquant que $(pq) = -(qp)$; les équations des plans bissecteurs intérieurs sont

$$\frac{(12)}{\sin c} + \frac{(13)}{\sin b} = 0,$$

$$\frac{(23)}{\sin a} + \frac{(21)}{\sin c} = 0,$$

$$\frac{(31)}{\sin b} + \frac{(32)}{\sin a} = 0.$$

En les additionnant, on a une identité ; donc les trois plans passent par une même droite.

2° Le plan bissecteur intérieur du dièdre OA et les plans bis-secteurs extérieurs des dièdres OB et OC sont représentés par les équations

$$\frac{(12)}{\sin c} + \frac{(13)}{\sin b} = 0,$$

$$\frac{(23)}{\sin a} - \frac{(21)}{\sin c} = 0,$$

$$\frac{(31)}{\sin b} - \frac{(32)}{\sin a} = 0.$$

Multiplions ces équations respectivement par 1, — 1, 1, et ajoutons-les membre à membre ; nous obtenons une identité. Donc les trois plans passent par une même droite.

13. *Dans un trièdre, les plans menés par chaque arête per-pendiculairement à la face opposée passent par une même droite.*

Première méthode. — Si l'on désigne par

$$P_1 \equiv A_1 x + B_1 y + C_1 z + D_1 = 0,$$

$$P_2 \equiv A_2 x + B_2 y + C_2 z + D_2 = 0,$$

$$P_3 \equiv A_3 x + B_3 y + C_3 z + D_3 = 0$$

les équations des faces du trièdre, les axes de coordonnées étant rectangulaires, on montrera que l'équation du plan passant par l'arête (P_2, P_3) perpendiculairement à la face P_1 a pour équation

$$P_2(A_1A_3 + B_1B_3 + C_1C_3) - P_3(A_1A_2 + B_1B_2 + C_1C_2) = 0.$$

Deuxième méthode. — Soient $(\alpha_1, \beta_1, \gamma_1)$, $(\alpha_2, \beta_2, \gamma_2)$, $(\alpha_3, \beta_3, \gamma_3)$ les cosinus directeurs des arêtes OA, OB, OC du trièdre, l'origine des coordonnées étant au sommet O.

On vérifiera que l'équation du plan mené par l'arête OA perpendiculairement à la face BOC peut se mettre successivement sous les formes

$$\begin{vmatrix} x & y & z \\ \alpha_1 & \beta_1 & \gamma_1 \\ \beta_2\gamma_3 - \gamma_2\beta_3 & \gamma_2\alpha_3 - \alpha_2\gamma_3 & \alpha_2\beta_3 - \beta_2\alpha_3 \end{vmatrix} = 0,$$

ou

$$(\alpha_2 x + \beta_2 y + \gamma_2 z)\cos b - (\alpha_3 x + \beta_3 y + \gamma_3 z)\cos c = 0,$$

b et c désignant les angles $\widehat{COA}$ et $\widehat{AOB}$.

14. *On donne un plan*

$$P \equiv Ax + By + Cz + D = 0,$$

et un point $M(x_0, y_0, z_0)$ *rapportés à des axes rectangulaires. Trouver les coordonnées du point* M' *symétrique de* M *par rapport au plan.*

En déduire l'équation de la surface symétrique de la surface $f(x, y, z) = 0$ *par rapport au plan* P.

Soient x_1, y_1, z_1 les coordonnées du point M' ; nous écrirons que la droite MM' est perpendiculaire au plan P et que le milieu de MM' est situé dans ce plan. Ceci nous donne les équations

$$(1) \qquad \frac{x_1 - x_0}{A} = \frac{y_1 - y_0}{B} = \frac{z_1 - z_0}{C},$$

$$(2) \qquad A\frac{x_1 + x_0}{2} + B\frac{y_1 + y_0}{2} + C\frac{z_1 + z_0}{2} + D = 0,$$

d'où il est facile de tirer les valeurs de x_1, y_1, z_1. Pour cela, désignons par ρ les rapports égaux (1); nous avons

$$x_1 = x_0 + A\rho, \qquad y_1 = y_0 + B\rho, \qquad z_1 = z_0 + C\rho,$$

et si nous remplaçons x_1, y_1, z_1 par ces valeurs dans l'équation (2), nous obtenons une équation en ρ qui admet la racine

$$\rho = -\frac{2P_0}{A^2 + B^2 + C^2},$$

P_0 désignant la quantité $Ax_0 + By_0 + Cz_0 + D$.

On en conclut que les coordonnées du point M' sont

$$(3) \quad \begin{cases} x_1 = x_0 - \dfrac{2AP_0}{A^2 + B^2 + C^2}, \\[2mm] y_1 = y_0 - \dfrac{2BP_0}{A^2 + B^2 + C^2}, \\[2mm] z_1 = z_0 - \dfrac{2CP_0}{A^2 + B^2 + C^2}. \end{cases}$$

L'équation de la surface symétrique de la surface $f(x, y, z) = 0$ est alors

$$f\left(x - \frac{2AP}{A^2 + B^2 + C^2},\ y - \frac{2BP}{A^2 + B^2 + C^2},\ z - \frac{2CP}{A^2 + B^2 + C^2}\right) = 0.$$

REMARQUE. — Il est clair que l'on a également

$$x_0 = x_1 - \frac{2AP_1}{A^2 + B^2 + C^2},$$

$$y_0 = y_1 - \frac{2BP_1}{A^2 + B^2 + C^2},$$

$$z_0 = z_1 - \frac{2CP_1}{A^2 + B^2 + C^2};$$

c'est ce que l'on peut d'ailleurs vérifier en résolvant les équations (3) par rapport à x_0, y_0, z_0.

15. *On donne une droite*

$$(D) \qquad \frac{x - p}{\alpha} = \frac{y - q}{\beta} = \frac{z - r}{\gamma},$$

et un point M(x_0, y_0, z_0). *rapportés à des axes rectangulaires. Calculer les coordonnées du point* M′ *symétrique du point* M *par rapport à la droite.*

En déduire l'équation de la surface symétrique de la surface $f(x, y, z) = 0$ *par rapport à la droite* (D).

Soient x_1, y_1, z_1 les coordonnées du point M′ ; nous écrirons que la droite MM′ est perpendiculaire à la droite (D), et que le milieu de MM′ est situé sur cette droite. Ceci nous donne les équations

$$\alpha(x_1 - x_0) + \beta(y_1 - y_0) + \gamma(z_1 - z_0) = 0,$$

$$\frac{\dfrac{x_1 + x_0}{2} - p}{\alpha} = \frac{\dfrac{y_1 + y_0}{2} - q}{\beta} = \frac{\dfrac{z_1 + z_0}{2} - r}{\gamma}.$$

On en tire aisément

$$\frac{x_1 + x_0}{2} = p + \alpha\rho, \qquad \frac{y_1 + y_0}{2} = q + \beta\rho, \qquad \frac{z_1 + z_0}{2} = r + \gamma\rho,$$

ρ ayant la valeur

$$\frac{\alpha(x_0 - p) + \beta(y_0 - q) + \gamma(z_0 - r)}{\alpha^2 + \beta^2 + \gamma^2}.$$

Par suite, si nous posons

$$\mathrm{H} = \frac{\alpha(x - p) + \beta(y - q) + \gamma(z - r)}{\alpha^2 + \beta^2 + \gamma^2},$$

$$\mathrm{H}_0 = \frac{\alpha(x_0 - p) + \beta(y_0 - q) + \gamma(z_0 - r)}{\alpha^2 + \beta^2 + \gamma^2},$$

les coordonnées du point M′ sont

$$x_1 = - x_0 + 2p + \frac{2\alpha \mathrm{H}_0}{\alpha^2 + \beta^2 + \gamma^2},$$

$$y_1 = - y_0 + 2q + \frac{2\beta \mathrm{H}_0}{\alpha^2 + \beta^2 + \gamma^2},$$

$$z_1 = - z_0 + 2r + \frac{2\gamma \mathrm{H}_0}{\alpha^2 + \beta^2 + \gamma^2},$$

et la surface symétrique de la surface $f(x, y, z) = 0$ a pour équation

$$f\left(-x + 2p + \frac{2\alpha H}{\alpha^2 + \beta^2 + \gamma^2}, \quad -y + 2q + \frac{2\beta H}{\alpha^2 + \beta^2 + \gamma^2},\right.$$

$$\left. -z + 2r + \frac{2\gamma H}{\alpha^2 + \beta^2 + \gamma^2}\right) = 0.$$

16. *Démontrer que le volume d'un tétraèdre est égal au produit $\frac{1}{6} abh \sin\theta$, a, b désignant les longueurs de deux arêtes opposées, h leur plus courte distance et θ leur angle.*

Nous rappellerons d'abord que la plus courte distance des deux droites

$$\frac{x-p}{\alpha} = \frac{y-q}{\beta} = \frac{z-r}{\gamma},$$

$$\frac{x-p'}{\alpha'} = \frac{y-q'}{\beta'} = \frac{z-r'}{\gamma'}$$

a pour expression (au signe près)

$$\frac{\begin{vmatrix} p-p' & q-q' & r-r' \\ \alpha & \beta & \gamma \\ \alpha' & \beta' & \gamma' \end{vmatrix}}{\sqrt{(\beta\gamma' - \gamma\beta')^2 + (\gamma\alpha' - \alpha\gamma')^2 + (\alpha\beta' - \beta\alpha')^2}}.$$

Dans le cas particulier où (α, β, γ) et $(\alpha', \beta', \gamma')$ sont les cosinus directeurs des deux droites, le dénominateur de cette fraction est égal à $\sin\theta$, θ désignant l'angle des deux droites, et par suite la plus courte distance est égale à

$$\frac{1}{\sin\theta} \begin{vmatrix} p-p' & q-q' & r-r' \\ \alpha & \beta & \gamma \\ \alpha' & \beta' & \gamma' \end{vmatrix}.$$

Cela posé, soit le tétraèdre ABCD rapporté à trois axes rectangulaires, et soient (x_1, y_1, z_1), (x_2, y_2, z_2), (x_3, y_3, z_3), (x_4, y_4, z_4) les coordonnées des points A, B, C, D.

On sait que le volume de ce tétraèdre est égal à la valeur absolue de $\dfrac{\Delta}{6}$, Δ désignant le déterminant

$$\Delta = \begin{vmatrix} x_1 & y_1 & z_1 & 1 \\ x_2 & y_2 & z_2 & 1 \\ x_3 & y_3 & z_3 & 1 \\ x_4 & y_4 & z_4 & 1 \end{vmatrix}.$$

Retranchons la troisième ligne de la quatrième, et la première successivement de la deuxième et de la troisième ; le déterminant ne change pas, et nous avons

$$\Delta = \begin{vmatrix} x_1 & y_1 & z_1 & 1 \\ x_2 - x_1 & y_2 - y_1 & z_2 - z_1 & 0 \\ x_3 - x_1 & y_3 - y_1 & z_3 - z_1 & 0 \\ x_4 - x_3 & y_4 - y_3 & z_4 - z_3 & 0 \end{vmatrix}$$

ou

$$-\Delta = \begin{vmatrix} x_2 - x_1 & y_2 - y_1 & z_2 - z_1 \\ x_3 - x_1 & y_3 - y_1 & z_3 - z_1 \\ x_4 - x_3 & y_4 - y_3 & z_4 - z_3 \end{vmatrix}.$$

Posons $AB = a$, $CD = b$, et remarquons que les cosinus directeurs de AB sont

$$\alpha = \frac{x_2 - x_1}{a}, \qquad \beta = \frac{y_2 - y_1}{a}, \qquad \gamma = \frac{z_2 - z_1}{a},$$

et ceux de CD,

$$\alpha' = \frac{x_4 - x_3}{b}, \qquad \beta' = \frac{y_4 - y_3}{b} \qquad \gamma' = \frac{z_4 - z_3}{b}.$$

On peut écrire, au signe près,

$$\Delta = ab \begin{vmatrix} x_1 - x_3 & y_1 - y_3 & z_1 - z_3 \\ \alpha & \beta & \gamma \\ \alpha' & \beta' & \gamma' \end{vmatrix}$$

ou, en désignant par h la plus courte distance de AB, CD et par θ leur angle,

$$\Delta = abh \sin \theta,$$

ce qui démontre la proposition.

17. *On considère un tétraèdre OABC dont on suppose les arêtes prolongées indéfiniment dans les deux sens et un plan* P *parallèle au plan de la face* ABC; *le plan* P *coupe les arêtes* OA, OB, OC *ou leurs prolongements respectivement aux points* A′, B′, C′. *On désigne par* α *le milieu du côté* BC, *par* β *le milieu du côté* AC, *et par* γ *le milieu du côté* AB.

1° *Trouver pour quelle position* P_1 *du plan* P *les droites* A′α, B′β, C′γ *sont parallèles.*

2° *Démontrer que, pour toute position du plan* P *différente de la position* P_1, *les droites* A′α, B′β, C′γ *se coupent en un même point* M.

3° *Trouver le lieu géométrique du point* M, *lorsque le plan* P *se déplace, en restant toujours parallèle au plan de la face* ABC.

Prenons comme axes de coordonnées les droites OA, OB, OC et désignons par a l'abscisse de A, par b l'ordonnée de B, et par c la cote de C.

Le plan P a une équation de la forme

$$\frac{x}{a} + \frac{y}{b} + \frac{z}{c} - \lambda = 0.$$

Les droites A′α, B′β, C′γ sont parallèles si $\lambda = -\dfrac{1}{2}$.

Si $\lambda \neq -\dfrac{1}{2}$, ces droites se coupent au point M qui a pour coordonnées

$$x = \frac{a\lambda}{2\lambda + 1}, \qquad y = \frac{b\lambda}{2\lambda + 1}, \qquad z = \frac{c\lambda}{2\lambda + 1}.$$

Quand λ varie, ce point décrit la droite

$$\frac{x}{a} = \frac{y}{b} = \frac{z}{c}.$$

18. *On donne trois droites dans l'espace A, B, C ; on mène un plan P perpendiculaire à A, qui rencontre A, B, C respectivement aux points α, β, γ. Par le point β on mène un plan perpendiculaire à la droite C, qui rencontre A au point M, et par le point γ on mène un plan perpendiculaire à B, qui rencontre A au point N. Démontrer que la valeur algébrique du vecteur $\overline{MN}$ est constante, quel que soit le plan P.*

On prendra la droite A pour axe des z.

19. *On donne trois demi-droites dans l'espace O_1A_1, O_2A_2, O_3A_3, et sur chacune d'elles un point, P_1 sur O_1A_1, P_2 sur O_2A_2 et P_3 sur O_3A_3. Démontrer que la quantité*

$$P_2P_3 \cos(O_2A_2, O_3A_3) \cos(O_1A_1, P_2P_3)$$
$$+ P_3P_1 \cos(O_3A_3, O_1A_1) \cos(O_2A_2, P_3P_1)$$
$$+ P_1P_2 \cos(O_1A_1, O_2A_2) \cos(O_3A_3, P_1P_2)$$

est indépendante de la position des points P_1, P_2, P_3 sur les demi-droites.

20. *On donne deux points $A(x_1, y_1, z_1)$ et $B(x_2, y_2, z_2)$, rapportés à des axes de coordonnées rectangulaires, et on demande de calculer les coordonnées d'un point C tel que le triangle ABC soit équilatéral et que le plan ABC soit parallèle à Oz.*

Il existe deux points C répondant à la question. Pour les obtenir on mènera par le milieu I de AB une droite perpendiculaire à AB et située dans le plan mené par AB parallèlement à Oz, puis on prendra sur cette droite, de part et d'autre du point I, les points C et C′ tels que $IC = IC' = \dfrac{AB}{2}\sqrt{3}$.

Les coordonnées de ces points sont

$$x = \frac{x_1 + x_2}{2} \pm \frac{(x_1 - x_2)(z_1 - z_2)\sqrt{3}}{2\sqrt{(x_1 - x_2)^2 + (y_1 - y_2)^2}},$$

$$y = \frac{y_1 + y_2}{2} \pm \frac{(y_1 - y_2)(z_1 - z_2)\sqrt{3}}{2\sqrt{(x_1 - x_2)^2 + (y_1 - y_2)}},$$

$$z = \frac{z_1 + z_2}{2} \mp \frac{\sqrt{(x_1 - x_2)^2 + (y_1 - y_2)^2}}{2}\sqrt{3},$$

les signes se correspondant.

21. *On considère la famille de plans définie par l'équation*

$$(1) \qquad \frac{x}{\lambda - a} + \frac{y}{\lambda - b} + \frac{z}{\lambda - c} - 1 = 0,$$

où λ désigne un paramètre variable, et a, b, c des quantités constantes différentes.

1° Il existe trois plans de la famille passant par un point M quelconque de l'espace. Calculer les coordonnées du point M en fonction des valeurs λ_1, λ_2, λ_3 du paramètre, relatives à ces trois plans.

2° Où doit se trouver le point M pour que deux de ces trois plans soient confondus ?

3° Où doit se trouver le point M pour que les trois plans soient confondus ?

1° L'équation (1) étant du troisième degré par rapport à λ, il existe trois plans passant par le point M (x, y, z).

Si l'on réduit le premier membre de l'équation (1) au même dénominateur, on obtient une fraction rationnelle dont le dénominateur est $(\lambda - a)(\lambda - b)(\lambda - c)$ et dont le numérateur est un polynome du troisième degré, où le coefficient de λ^3 est égal à -1. Ce polynome a pour racines λ_1, λ_2, λ_3, et, par suite, il est identique à $-(\lambda - \lambda_1)(\lambda - \lambda_2)(\lambda - \lambda_3)$.

Nous avons donc l'identité

$$\frac{x}{\lambda - a} + \frac{y}{\lambda - b} + \frac{z}{\lambda - c} - 1 \equiv \frac{-(\lambda - \lambda_1)(\lambda - \lambda_2)(\lambda - \lambda_3)}{(\lambda - a)(\lambda - b)(\lambda - c)}.$$

Multiplions les deux membres par $\lambda - a$, puis remplaçons λ

par a ; nous obtenons

$$x = -\frac{(a - \lambda_1)(a - \lambda_2)(a - \lambda_3)}{(a - b)(a - c)},$$

et, d'une manière analogue,

$$y = -\frac{(b - \lambda_1)(b - \lambda_2)(b - \lambda_3)}{(b - c)(b - a)},$$

$$z = -\frac{(c - \lambda_1)(c - \lambda_2)(c - \lambda_3)}{(c - a)(c - b)}.$$

Telles sont les coordonnées du point M en fonction de λ_1, λ_2, λ_3.

2° Si l'équation (1) a une racine double $\lambda_1 = \lambda_2 = u$, et si nous posons $\lambda_3 = v$, les coordonnées du point M sont fonctions rationnelles de deux paramètres u et v,

$$x = -\frac{(a - u)^2(a - v)}{(a - b)(a - c)},$$

$$y = -\frac{(b - u)^2(b - v)}{(b - c)(b - a)},$$

$$z = -\frac{(c - u)^2(c - v)}{(c - a)(c - b)};$$

donc le lieu du point M est une surface unicursale.

On verra aisément qu'elle est du quatrième degré, en cherchant le nombre de points de rencontre avec une droite.

3° Si les trois racines de l'équation (1) sont égales, $\lambda_1 = \lambda_2 = \lambda_3 = t$, les coordonnées du point M sont fonctions d'un seul paramètre,

$$x = -\frac{(a - t)^3}{(a - b)(a - c)},$$

$$y = -\frac{(b - t)^3}{(b - c)(b - a)},$$

$$z = -\frac{(c - t)^3}{(c - a)(c - b)};$$

par suite, le lieu du point M est une cubique gauche.

22. *On donne trois plans qui ont un seul point commun à distance finie*

$$(1) \quad \begin{cases} P \equiv Ax + By + Cz + D = 0, \\ Q \equiv A'x + B'y + C'z + D' = 0, \\ R \equiv A''x + B''y + C''z + D'' = 0. \end{cases}$$

1° *Démontrer que l'équation d'un plan quelconque peut se mettre sous la forme*

$$\alpha P + \beta Q + \gamma R + \delta = 0,$$

α, β, γ, δ *étant des constantes.*

2° *Démontrer que toute surface du n^e degré peut être représentée par une équation de la forme*

$$f(P, Q, R) = 0,$$

où le premier membre est un polynome du n^e degré par rapport à P, Q, R.

Puisque les trois plans donnés ont un seul point commun à distance finie, le déterminant

$$\begin{vmatrix} A & B & C \\ A' & B' & C' \\ A'' & B'' & C'' \end{vmatrix}$$

n'est pas nul. On pourra alors exprimer x, y, z en fonction linéaire de P, Q, R au moyen des identités (1) en appliquant la règle de Cramer.

23. *On donne quatre plans formant tétraèdre.*

$$(1) \quad \begin{cases} P \equiv Ax + By + Cz + Dt = 0, \\ Q \equiv A'x + B'y + C'z + D't = 0, \\ R \equiv A''x + B''y + C''z + D''t = 0, \\ S \equiv A'''x + B'''y + C'''z + D'''t = 0. \end{cases}$$

1° *Démontrer que l'équation d'un plan quelconque peut se*

mettre sous la forme

$$\alpha P + \beta Q + \gamma R + \delta S = 0,$$

α, β, γ, δ étant des constantes.

2° Démontrer que toute surface du n^e degré peut être représentée par une équation de la forme

$$f(P, Q, R, S) = 0,$$

où le premier membre est un polynome homogène du n^e degré par rapport à P, Q, R, S.

Comme par hypothèse le déterminant

$$\begin{vmatrix} A & B & C & D \\ A' & B' & C' & D' \\ A'' & B'' & C'' & D'' \\ A''' & B''' & C''' & D''' \end{vmatrix}$$

n'est pas nul, on pourra résoudre les équations (1) par rapport à x, y, z, t, et exprimer ainsi x, y, z, t en fonction linéaire et homogène de P, Q, R, S.

24. *Étant données deux droites non situées dans un même plan et qui jouent le même rôle dans une question, quels sont les axes de coordonnées qu'il convient de prendre?*

1° *Axes rectangulaires.* — On prend pour axe des z la perpendiculaire commune aux deux droites, pour origine le milieu O de cette perpendiculaire, pour axes des x et des y les bissectrices des droites menées par le point O parallèlement aux droites données.

Les équations des deux droites sont alors

$$(1) \qquad \begin{cases} y - mx = 0, \\ z - h = 0, \end{cases} \qquad \begin{cases} y + mx = 0, \\ z + h = 0. \end{cases}$$

Ce système d'axes de coordonnées est unique.

Dans le cas particulier où les droites données sont *perpendiculaires*, on peut aussi, après avoir pris le même axe des z et la même origine, choisir pour axes des x et des y les droites menées par le point O parallèlement aux droites données.

Dans ces conditions les équations des droites sont

$$(2) \qquad \begin{cases} y = 0, \\ z - h = 0, \end{cases} \qquad \begin{cases} x = 0, \\ z + h = 0, \end{cases}$$

Ce système d'axes est encore unique.

2° *Axes obliques.* — On prend comme axe des z une droite *quelconque* rencontrant les droites en A et B, pour origine le milieu O de AB, pour axes des x et des y deux droites *quelconques* conjuguées harmoniques par rapport aux droites menées par le point O parallèlement aux droites données.

Les équations des droites ont la forme (1), et il y a *une infinité* de systèmes d'axes, par rapport auxquels les droites sont représentées par des équations analogues.

On peut aussi, après avoir pris le même axe des z et la même origine, choisir pour axes des x et des y les droites menées par le point O parallèlement aux droites données.

Dans ce cas, les équations des droites ont la forme (2), et il y a une infinité de systèmes d'axes, par rapport auxquels les droites sont représentées par des équations analogues.

25. *On considère un tétraèdre SABC trirectangle en S, et une sphère quelconque passant par les points A, B, C et rencontrant de nouveau les arêtes SA, SB, SC aux points α, β, γ.*

Montrer que le point S, l'orthocentre du triangle $\alpha\beta\gamma$, le centre de gravité du triangle ABC et le centre de la sphère circonscrite au tétraèdre SABC sont en ligne droite.

26. *Étant donnés un tétraèdre orthocentrique ABCD et un point M de la sphère circonscrite, les parallèles à MA, MB, MC, MD menées par l'orthocentre H rencontrent les plans des faces* correspondantes en quatre points situés dans un même plan, et ce plan partage le segment MH dans le rapport de 2 à 1.

27. Soit ABCD un quadrilatère gauche, soient α, β, γ, δ des points situés respectivement sur les côtés AB, BC, CD, DA ; on pose

$$\frac{\overline{\alpha A}}{\overline{\alpha B}} = \lambda, \qquad \frac{\overline{\beta B}}{\overline{\beta C}} = \mu, \qquad \frac{\overline{\gamma C}}{\overline{\gamma D}} = \nu, \qquad \frac{\overline{\delta D}}{\overline{\delta A}} = \rho.$$

Démontrer que la condition nécessaire et suffisante pour que les points α, β, γ, δ soient dans un même plan est que l'on ait

$$\lambda\mu\nu\rho = 1.$$

28. Étant donnés trois axes de coordonnées, on prend sur Ox, Oy, Oz respectivement des points A, B, C tels que l'on ait

$$\frac{1}{\overline{OA}} + \frac{1}{\overline{OB}} + \frac{1}{\overline{OC}} = \frac{1}{a},$$

a étant une constante ; démontrer que le plan ABC passe par un point fixe.

Le point fixe a ses trois coordonnées égales à a.

29. On donne un triangle ABC et un point O quelconque dans l'espace. Le plan passant par le point O et perpendiculaire à OA rencontre le côté BC en A' ; le plan passant par O et perpendiculaire à OB rencontre CA en B' ; enfin le plan passant par O et perpendiculaire à OC rencontre AB en C'. Démontrer que les points A', B', C' sont en ligne droite.

30. On donne un tétraèdre ABCD et une droite (Δ) qui rencontre les faces de ce tétraèdre aux points A', B', C', D', A' étant dans la face opposée à A, B' dans la face opposée à B, etc. Démontrer que les milieux des segments AA', BB', CC', DD' sont dans un même plan.

31. *On considère le système* (S) *des plans représentés par l'équation*

$$\mu^3 + 3\mu^2 x + 3\mu y + z = 0,$$

où μ est un paramètre variable; les axes de coordonnées sont supposées rectangulaires.

Soit (M) *le plan de ce système pour lequel le paramètre μ a la valeur particulière m; par chaque point A du plan* (M) *passent deux autres plans* (M'), (M'') *du système* (S), *autres que le plan* (M); *soient μ' et μ'' les valeurs du paramètre μ relatives à ces deux plans.*

1° Suivant la région du plan (M) *à laquelle appartient le point A, les nombres μ' et μ'' sont réels ou imaginaires, comprennent entre eux le nombre m, ou bien sont tous deux supérieurs ou tous deux inférieurs à lui; distinguer ces diverses régions.*

2° Trouver, dans le plan (M), *le lieu des points A tels que les deux plans* (M'), (M'') *soient perpendiculaires entre eux.*

3° Trouver, dans l'espace, le lieu des points tels que deux des trois plans du système S qui passent par l'un quelconque d'entre eux soient perpendiculaires.

CHAPITRE II

COURBES UNICURSALES

---

32. *Étant données les équations paramétriques d'une conique,*

$$x = \frac{a_1 t^2 + b_1 t + c_1}{a_4 t^2 + b_4 t + c_4}, \qquad y = \frac{a_2 t^2 + b_2 t + c_2}{a_4 t^2 + b_4 t + c_4}, \qquad z = \frac{a_3 t^2 + b_3 t + c_3}{a_4 t^2 + b_4 t + c_4},$$

établir les propriétés suivantes :

*1° Si $b_4^2 - 4a_4 c_4 > 0$, la conique est une hyperbole ; on peut
remplacer le paramètre t par une fonction homographique d'un
autre paramètre θ,*

$$t = \frac{\alpha\theta + \beta}{\alpha'\theta + \beta'},$$

*de telle manière que le dénominateur commun à x, y, z se
réduise à θ. En déduire les coordonnées du centre de la courbe.*

*2° Si $b_4^2 - 4a_4 c_4 < 0$, la conique est une ellipse ; on peut
déterminer α, β, α', β' de façon que le dénominateur de x, y, z
devienne égal à $\theta^2 + 1$. En déduire les coordonnées du centre.*

Si on transporte l'origine au centre, et si l'on pose $\theta = \operatorname{tg} \frac{\varphi}{2}$,

*les équations paramétriques de la courbe peuvent se mettre sous
la forme*

$$x = A_1 \cos \varphi + B_1 \sin \varphi, \qquad y = A_2 \cos \varphi + B_2 \sin \varphi,$$

$$z = A_3 \cos \varphi + B_3 \sin \varphi.$$

3° Si $b_4^2 - 4a_4 c_4 = 0$, la conique est une parabole ; on peut

*déterminer α, β, α', β' de façon que le dénominateur de x, y, z
se réduise à une constante, ou, en d'autres termes, que x, y, z
soient des trinomes du deuxième degré par rapport à θ.*

Même démonstration qu'au n° 54 du tome II.

1° Si $b_4^2 - 4a_4c_4 > 0$, le trinome $a_4 t^2 + b_4 t + c_4$ a deux racines
réelles t_1 et t_2 ; on posera

$$\frac{t - t_1}{t - t_2} = \theta, \qquad \text{ou} \qquad t = \frac{t_1 - \theta t_2}{1 - \theta}.$$

Les expressions de x, y, z prendront alors les formes

$$x = \frac{\alpha_1 \theta^2 + \beta_1 \theta + \gamma_1}{\theta}, \qquad y = \frac{\alpha_2 \theta^2 + \beta_2 \theta + \gamma_2}{\theta},$$

$$z = \frac{\alpha_3 \theta^2 + \beta_3 \theta + \gamma_3}{\theta},$$

ou

$$x = \beta_1 + \alpha_1 \theta + \frac{\gamma_1}{\theta}, \qquad y = \beta_2 + \alpha_2 \theta + \frac{\gamma_2}{\theta},$$

$$z = \beta_3 + \alpha_3 \theta + \frac{\gamma_3}{\theta}.$$

Transportons l'origine des coordonnées au point $A(\beta_1, \beta_2, \beta_3)$;
les équations deviennent

$$x = \alpha_1 \theta + \frac{\gamma_1}{\theta}, \qquad y = \alpha_2 \theta + \frac{\gamma_2}{\theta}, \qquad z = \alpha_3 \theta + \frac{\gamma_3}{\theta}.$$

A deux valeurs opposées de θ correspondent des points symétriques par rapport à la nouvelle origine A. On en conclut que le
point A est centre de la courbe.

2° Si l'on a $b_4^2 - 4a_4c_4 < 0$, on peut écrire

$$a_4 t^2 + b_4 t + c_4 \equiv a_4 \left[\left(t + \frac{b_4}{2a_4} \right)^2 + \frac{4a_4c_4 - b_4^2}{4a_4^2} \right],$$

et $4a_4c_4 - b_4^2$ est positif.

On fera le changement de variable

$$t + \frac{b_4}{2a_4} = \theta \frac{\sqrt{4a_4c_4 - b_4^2}}{2a_4},$$

et les valeurs de x, y, z prendront les formes

$$x = \frac{\alpha_1\theta^2 + \beta_1\theta + \gamma_1}{\theta^2 + 1}, \qquad y = \frac{\alpha_2\theta^2 + \beta_2\theta + \gamma_2}{\theta^2 + 1},$$

$$z = \frac{\alpha_3\theta^2 + \beta_3\theta + \gamma_3}{\theta^2 + 1}.$$

Transportons l'origine au point A qui a pour coordonnées $\frac{\alpha_1 + \gamma_1}{2}$, $\frac{\alpha_2 + \gamma_2}{2}$, $\frac{\alpha_3 + \gamma_3}{2}$; ces valeurs deviennent

$$x = \frac{\frac{\alpha_1 - \gamma_1}{2}(\theta^2 - 1) + \beta_1\theta}{\theta^2 + 1}, \qquad y = \frac{\frac{\alpha_2 - \gamma_2}{2}(\theta^2 - 1) + \beta_2\theta}{\theta^2 + 1},$$

$$z = \frac{\frac{\alpha_3 - \gamma_3}{2}(\theta^2 - 1) + \beta_3\theta}{\theta^2 + 1}.$$

On voit alors que x, y, z se changent en $-x$, $-y$, $-z$ respectivement si l'on change θ en $-\frac{1}{\theta}$; donc le point A est centre de la courbe.

De plus, si l'on pose $\theta = \operatorname{tg}\frac{\varphi}{2}$, les équations deviennent

$$x = \frac{(\gamma_1 - \alpha_1)\cos\varphi + \beta_1\sin\varphi}{2}, \qquad y = \frac{(\gamma_2 - \alpha_2)\cos\varphi + \beta_2\sin\varphi}{2},$$

$$z = \frac{(\gamma_3 - \alpha_3)\cos\varphi + \beta_3\sin\varphi}{2}.$$

3° Soit t_1 la racine double du trinôme $a_4t^2 + b_4t + c_4$; on posera $t - t_1 = \frac{1}{\theta}$, et les équations paramétriques prendront les formes

$$x = \alpha_1\theta^2 + \beta_1\theta + \gamma_1, \qquad y = \alpha_2\theta^2 + \beta_2\theta + \gamma_2,$$

$$z = \alpha_3\theta^2 + \beta_3\theta + \gamma_3.$$

33. *On considère l'hyperbole définie par les équations paramétriques*

$$(1) \qquad x = \frac{1+t}{1-t}, \qquad y = \frac{1}{1-t^2}, \qquad z = \frac{t}{1+t}.$$

1° *Former l'équation du plan de la courbe;*

2° *Former les équations de la droite passant par les points* t_1 *et* t_2 ;

3° *En déduire les équations de la tangente au point* t, *et les équations des asymptotes.*

Si l'on réduit au plus petit dénominateur commun les valeurs de x, y, z, le dénominateur est $1 - t^2$; il a deux racines réelles et distinctes ± 1 ; par suite la conique est une hyperbole, dont les points à l'infini correspondent aux valeurs $+1$ et -1 du paramètre.

1° Soit $Ax + By + Cz + D = 0$ l'équation du plan de la conique; il faut écrire que cette équation est vérifiée, quel que soit t, si l'on y remplace x, y, z par leurs valeurs (1).

On doit donc avoir

$$A\frac{1 + t}{1 - t} + B\frac{1}{1 - t^2} + C\frac{t}{1 + t} + D = 0,$$

ou

$$A(1 + t)^2 + B + Ct(1 - t) + D(1 - t^2) = 0.$$

On en déduit

$$A - C - D = 0,$$
$$2A + C = 0,$$
$$A + B + D = 0,$$

d'où l'on tire

$$B = -4A, \qquad C = -2A, \qquad D = 3A.$$

L'équation du plan de la courbe est donc

$$x - 4y - 2z + 3 = 0.$$

2° Un plan quelconque, $Ax + By + Cz + D = 0$, rencontre la courbe en deux points dont les t sont racines de l'équation

$$(A - C - D)t^2 + (2A + C)t + A + B + D = 0.$$

Soient t_1, t_2 les racines de cette équation; nous avons

$$A - C - D = \lambda,$$
$$2A + C = -\lambda(t_1 + t_2),$$
$$A + B + D = \lambda t_1 t_2,$$

et nous en tirons :

$$B = -4A + \lambda(t_1 t_2 - t_1 - t_2 + 1),$$
$$C = -2A - \lambda(t_1 + t_2),$$
$$D = 3A + \lambda(t_1 + t_2 - 1).$$

Par suite, l'équation générale des plans passant par la droite $t_1 t_2$ est

$$A(x - 4y - 2z + 3)$$
$$+ \lambda\left[(t_1 t_2 - t_1 - t_2 + 1)y - (t_1 + t_2)z + t_1 + t_2 - 1\right] = 0.$$

On en conclut qu'on peut définir la droite $t_1 t_2$ par les deux équations

$$x - 4y - 2z + 3 = 0,$$
$$(t_1 t_2 - t_1 - t_2 + 1)y - (t_1 + t_2)z + t_1 + t_2 - 1 = 0.$$

On aurait pu les écrire immédiatement, car la première est l'équation du plan de la conique, et la deuxième représente la projection de la droite $t_1 t_2$ sur le plan des yz.

3° En y remplaçant t_1 et t_2 par t nous aurons les équations de la tangente au point t; ceci nous donne

$$x - 4y - 2z + 3 = 0,$$
$$(t - 1)^2 y - 2tz + 2t - 1 = 0.$$

Faisons maintenant $t = +1$ et $t = -1$; nous obtiendrons les équations des asymptotes.

Nous aurons ainsi pour la première

$$x - 4y + 2 = 0, \qquad z = \frac{1}{2},$$

et pour la seconde

$$x = 0, \qquad 4y + 2z - 3 = 0.$$

Ces deux droites se coupent au point $x = 0$, $y = \frac{1}{2}$, $z = \frac{1}{2}$; c'est le centre de la courbe.

Remarque. — On peut aussi déterminer le centre de la courbe en appliquant la méthode indiquée au n° 32.

Si l'on fait la transformation

$$\frac{t-1}{t+1} = \theta, \qquad \text{ou} \qquad t = \frac{1+\theta}{1-\theta},$$

on a

$$x = -\frac{1}{\theta}, \qquad y = \frac{1}{2} - \frac{\theta}{4} - \frac{1}{4\theta}, \qquad z = \frac{1}{2} + \frac{\theta}{2}.$$

Ceci montre que les coordonnées du centre sont $0,\ \dfrac{1}{2},\ \dfrac{1}{2}.$

34. *On considère l'ellipse définie par les équations paramétriques*

$$x = \frac{1}{t^2+t+1}, \qquad y = \frac{t-1}{t^2+t+1}, \qquad z = \frac{t^2}{t^2+t+1}.$$

1° *Former l'équation du plan de la courbe.*

2° *Former les équations de la droite qui joint les points t_1 et t_2.*

3° *En déduire les équations de la tangente au point t et les coordonnées du centre de la courbe.*

1° L'équation du plan de la courbe est

$$2x + y + z - 1 = 0.$$

2° Les équations de la droite $t_1 t_2$ sont

$$2x + y + z - 1 = 0,$$
$$(t_1 t_2 - t_1 - t_2)x - (t_1 + t_2)y + z = 0.$$

3° Les équations de la tangente au point t sont

$$(1) \qquad 2x + y + z - 1 = 0,$$
$$(2) \qquad (t^2 - 2t)x - 2ty + z = 0.$$

Si on se donne un point $(x,\ y,\ z)$ dans le plan de la courbe, l'équation (2) a pour racines les t des points de contact des tangentes issues de ce point à la conique. Le point $(x,\ y,\ z)$ sera le centre si l'équation (2) a mêmes racines que l'équation $t^2 + t + 1 = 0$, c'est-à-dire si l'on a

$$(3) \qquad x = -2(x + y) = z.$$

Le centre est défini par les relations (1) et (3). On a ainsi

$$x = \frac{2}{3}, \qquad y = -1, \qquad z = \frac{2}{3}.$$

Comme vérification, appliquons la méthode indiquée au n° 32.

Nous avons $t^2 + t + 1 \equiv \left(t + \dfrac{1}{2}\right)^2 + \dfrac{3}{4}$. Faisons la transformation

$$t + \frac{1}{2} = \theta \frac{\sqrt{3}}{2}.$$

Les équations paramétriques de l'ellipse deviennent

$$x = \frac{\dfrac{4}{3}}{\theta^2 + 1}, \qquad y = \frac{\dfrac{2}{\sqrt{3}}\theta - 2}{\theta^2 + 1}, \qquad z = \frac{\theta^2 - \dfrac{2}{\sqrt{3}}\theta + \dfrac{1}{3}}{\theta^2 + 1},$$

et l'on voit immédiatement que les coordonnées du centre sont $\dfrac{2}{3}, -1, \dfrac{2}{3}$.

35. *Étant données les équations paramétriques d'une hyperbole, déterminer les sommets et les foyers de cette courbe.*

Nous supposerons les axes de coordonnées rectangulaires.

En faisant un changement de paramètre, et en transportant l'origine au centre, on peut mettre les équations paramétriques de la courbe sous les formes

$$(1) \qquad x = a\theta + \frac{b}{\theta}, \qquad y = a'\theta + \frac{b'}{\theta}, \qquad z = a''\theta + \frac{b''}{\theta}.$$

Sommets. — Soit θ la valeur du paramètre relatif à un sommet ; nous écrirons que la tangente en ce point est perpendiculaire à la droite qui joint ce point au centre. Les paramètres directeurs de la tangente au point 0 étant

$$\frac{dx}{d0} = a - \frac{b}{0^2}, \qquad \frac{dy}{d0} = a' - \frac{b'}{0^2}, \qquad \frac{dz}{d0} = a'' - \frac{b''}{0^2},$$

nous aurons la condition

$$\left(a0 + \frac{b}{0}\right)\left(a - \frac{b}{0^2}\right) + \left(a'0 + \frac{b'}{0}\right)\left(a' - \frac{b'}{0^2}\right)$$
$$+ \left(a''0 + \frac{b''}{0}\right)\left(a'' - \frac{b''}{0^2}\right) = 0,$$

ou

$$(a^2 + a'^2 + a''^2)0^4 - (b^2 + b'^2 + b''^2) = 0.$$

Cette équation admet deux racines réelles,

$$\pm \sqrt[4]{\frac{b^2 + b'^2 + b''^2}{a^2 + a'^2 + a''^2}},$$

correspondant aux sommets réels, et deux racines imaginaires correspondant aux sommets imaginaires. En portant ces valeurs de 0 dans les équations (1) on aura les coordonnées des sommets.

Foyers. — L'équation du plan de la courbe s'obtient facilement en éliminant 0 et $\frac{1}{0}$, considérées comme des variables indépendantes, entre les équations (1). On a ainsi

$$\begin{vmatrix} x & a & b \\ y & a' & b' \\ z & a'' & b'' \end{vmatrix} = 0,$$

ou

$$ux + vy + wz = 0,$$

en posant $u = a'b'' - b'a''$, $v = a''b - b''a$, $w = ab' - ba'$.

Soient x_0, y_0, z_0 les coordonnées d'un foyer F de l'hyperbole donnée (H); on a d'abord

$$(2) \qquad\qquad ux_0 + vy_0 + wz_0 = 0.$$

De plus, les tangentes menées du point F à la courbe (H) sont isotropes : elles sont définies en direction par les équations

$$ux + vy + wz = 0, \qquad x^2 + y^2 + z^2 = 0.$$

Si nous projetons la figure sur l'un des plans de coordonnées, le plan des xy par exemple, et si nous désignons par F_1 la projection de F, et par (H_1) l'hyperbole projection de (H), les tangentes issues du point F_1 à la courbe (H_1) seront parallèles aux droites

$$(3) \qquad\qquad w^2(x^2 + y^2) + (ux + vy)^2 = 0,$$

et réciproquement, tout point F_1 du plan des xy, tel que les tangentes issues de ce point à la courbe (H_1) soient parallèles aux droites (3), est la projection d'un foyer de l'hyperbole (H).

On en déduit la méthode suivante : on cherchera les points (x_0, y_0) du plan des xy, tels que les tangentes menées de chacun de ces points à (H_1) soient parallèles aux droites (3) ; à chaque ensemble de valeurs de x_0, y_0 on fera correspondre la valeur de z_0 définie par l'équation (2) ; x_0, y_0, z_0 sont alors les coordonnées d'un foyer de (H).

36. *Déterminer les sommets et les foyers de l'hyperbole définie par les équations paramétriques*

$$x = \frac{-3}{t+2}, \qquad y = \frac{3t}{t-1}, \qquad z = \frac{-2t^2 - 8t + 1}{t^2 + t - 2}.$$

Nous ferons le changement de paramètre

$$\frac{t-1}{t+2} = \theta, \qquad \text{ou} \qquad t = \frac{2\theta + 1}{1 - \theta}.$$

Les équations paramétriques de la courbe deviennent

$$x = \theta - 1, \qquad y = \frac{1}{\theta} + 2, \qquad z = \theta - \frac{1}{\theta} - 2 ;$$

par suite, les coordonnées du centre sont $-1, 2, -2$, et en transportant l'origine en ce point, nous obtenons

$$x = \theta, \qquad y = \frac{1}{\theta}, \qquad z = \theta - \frac{1}{\theta}.$$

Sommets. — Les θ des sommets réels sont égaux à ± 1 ; par suite les coordonnées de ces sommets sont par rapport aux nouveaux axes $(1, 1, 0)$ et $(-1, -1, 0)$, et par rapport aux anciens $(0, 3, -2)$ et $(-2, 1, -2)$.

Foyers. — Le plan de l'hyperbole a pour équation $z = x - y$; donc les droites isotropes de ce plan se projettent sur le plan des xy suivant des parallèles aux droites $x^2 + y^2 + (x - y)^2 = 0$, ou

$$(1) \qquad x^2 + y^2 - xy = 0.$$

D'autre part, la projection de la courbe sur le plan des xy est définie par les équations paramétriques $x = \theta$, $y = \dfrac{1}{\theta}$, et les tangentes issues du point (x_0, y_0) à cette courbe sont parallèles aux droites

$$x^2 y_0^2 + y^2 x_0^2 - 2(x_0 y_0 - 2)xy = 0.$$

Écrivons que ces droites sont parallèles aux droites (1) ; nous avons

$$y_0^2 = x_0^2 = 2(x_0 y_0 - 2).$$

Nous en tirons les coordonnées des projections des foyers réels $x_0 = 2$, $y_0 = 2$ et $x_0 = -2$, $y_0 = -2$, et les valeurs correspondantes de z_0 sont nulles.

Par suite, les coordonnées des foyers par rapport au premier système d'axes sont $(1, 4, -2)$ et $(-3, 0, -2)$.

Comme exercice de calcul on pourra projeter la courbe sur le plan des xz ou sur le plan des yz.

37. *Déterminer les sommets et les foyers de l'hyperbole définie par les équations paramétriques*

$$x = \frac{1 + t}{1 - t}, \qquad y = \frac{1}{1 - t^2}, \qquad z = \frac{t}{1 + t}.$$

Les coordonnées des sommets réels sont

$$\pm \sqrt[4]{\frac{5}{17}}, \quad \frac{1}{2} \pm \frac{1}{4}\left(\sqrt[4]{\frac{5}{17}} + \sqrt[4]{\frac{17}{5}}\right), \quad \frac{1}{2} \mp \frac{1}{2}\sqrt[4]{\frac{17}{5}},$$

les signes se correspondant, et celles des foyers réels sont

$$x = \lambda, \qquad y = \frac{1}{2} + \frac{\lambda}{4}\left(1 + \sqrt{\frac{17}{5}}\right), \qquad z = \frac{1}{2} - \frac{\lambda}{2}\sqrt{\frac{17}{5}},$$

où l'on donne à λ les deux valeurs $\pm \dfrac{1}{\sqrt{\dfrac{1}{2}\left(\dfrac{1}{5} + \sqrt{\dfrac{17}{5}}\right)}}$.

38. *Étant données les équations paramétriques d'une ellipse, déterminer les sommets et les foyers de cette courbe.*

Nous utiliserons les équations

$$x = a\cos\varphi + b\sin\varphi, \qquad y = a'\cos\varphi + b'\sin\varphi,$$
$$z = a''\cos\varphi + b''\sin\varphi,$$

auxquelles on peut toujours ramener les équations paramétriques d'une ellipse; l'origine des coordonnées est alors centre de la courbe.

Sommets. — Les φ des sommets sont racines de l'équation

$$\operatorname{tg}^2\varphi + \frac{a^2 + a'^2 + a''^2 - b^2 - b'^2 - b''^2}{ab + a'b' + a''b''}\operatorname{tg}\varphi - 1 = 0;$$

cette équation admet quatre racines comprises entre 0 et 2π, qui ont les formes φ_1, $\dfrac{\pi}{2} + \varphi_1$, $\pi + \varphi_1$, $\dfrac{3\pi}{2} + \varphi_1$, et à ces valeurs correspondent les quatre sommets de l'ellipse.

Foyers. — Comme au n° 35, on cherchera les projections des foyers sur l'un des plans de coordonnées, le plan des xy par exemple.

Le plan de la courbe a pour équation

$$ux + vy + wz = 0,$$

en posant $u = a'b'' - b'a''$, $v = a''b - b''a$, $w = ab' - ba'$.

On déterminera les points (x_0, y_0) du plan des xy tels que les tangentes issues de l'un de ces points à la conique

$$(1) \qquad x = a\cos\varphi + b\sin\varphi, \qquad y = a'\cos\varphi + b'\sin\varphi$$

soient parallèles aux droites

$$(2) \qquad w^2(x^2 + y^2) + (ux + vy)^2 = 0.$$

Pour former l'équation aux pentes des tangentes issues du point (x_0, y_0) à la conique (1), on écrit que la droite

$$y - y_0 = m(x - x_0)$$

rencontre la conique en deux points confondus, et pour cela que l'équation aux φ des points de rencontre

$$a' \cos \varphi + b' \sin \varphi - y_0 = m(a \cos \varphi + b \sin \varphi - x_0)$$

admet une racine double ; on a ainsi

$$(a' - ma)^2 + (b' - mb)^2 = (y_0 - mx_0)^2.$$

En écrivant que ces droites sont parallèles aux droites (2), on a

$$(3) \qquad \frac{a^2 + b^2 - x_0^2}{w^2 + v^2} = \frac{a'^2 + b'^2 - y_0^2}{w^2 + n^2} = \frac{-aa' - bb' + x_0 y_0}{uv}.$$

Les foyers sont alors déterminés par les équations (3) et la suivante :

$$ux_0 + vy_0 + wz_0 = 0.$$

39. *Déterminer les sommets et les foyers de l'ellipse définie par les équations paramétriques*

$$x = \frac{1}{t^2 + t + 1}, \qquad y = \frac{t - 1}{t^2 + t + 1}, \qquad z = \frac{t^2}{t^2 + t + 1}.$$

Nous poserons d'abord, comme au n° 34,

$$t + \frac{1}{2} = \theta \frac{\sqrt{3}}{2} ;$$

nous obtiendrons

$$x = \frac{\dfrac{4}{3}}{\theta^2 + 1}, \qquad y = \frac{\dfrac{2}{\sqrt{3}}\theta - 2}{\theta^2 + 1}, \qquad z = \frac{\theta^2 - \dfrac{2}{\sqrt{3}}\theta + \dfrac{1}{3}}{\theta^2 + 1} ;$$

puis nous transportons l'origine des coordonnées au centre, qui a pour coordonnées $\frac{2}{3}$, -1, $\frac{2}{3}$, et nous posons $\theta = \operatorname{tg} \frac{\varphi}{2}$. Nous obtenons alors les équations

$$x = \frac{2}{3} \cos \varphi, \qquad y = -\cos \varphi + \frac{1}{\sqrt{3}} \sin \varphi,$$

$$z = -\frac{1}{3} \cos \varphi - \frac{1}{\sqrt{3}} \sin \varphi.$$

Les φ des sommets sont racines de l'équation

$$\operatorname{tg}^2 \varphi - \frac{4}{\sqrt{3}} \operatorname{tg} \varphi - 1 = 0,$$

et les foyers sont déterminés par les équations

$$\frac{\frac{4}{9} - x_0^2}{2} = \frac{\frac{4}{3} - y_0^2}{5} = \frac{\frac{2}{3} + x_0 y_0}{2},$$

$$2 x_0 + y_0 + z_0 = 0.$$

40. *Déterminer le sommet et le foyer de la parabole définie par les équations paramétriques*

$$x = \frac{t}{(t+1)^2}, \qquad y = \frac{t^2}{(t+1)^2}, \qquad z = \frac{t^2+1}{(t+1)^2}.$$

Le calcul se simplifie un peu en faisant la transformation indiquée au n° 32,

$$\frac{1}{t+1} = \theta, \qquad \text{ou} \qquad t = \frac{1}{\theta} - 1.$$

Les équations paramétriques deviennent

$$x = -\theta^2 + \theta, \qquad y = (\theta - 1)^2, \qquad z = 2\theta^2 - 2\theta + 1.$$

Sommet. — C'est le point de la courbe où la tangente est perpendiculaire à la direction asymptotique. Le point à l'infini de la courbe correspond à la valeur infinie de θ ; la droite joignant l'origine au point θ de la courbe a pour équations

$$\frac{x}{-\theta^2+\theta} = \frac{y}{(\theta-1)^2} = \frac{z}{2\theta^2-2\theta+1}.$$

Quand θ croît indéfiniment, les paramètres directeurs de cette droite ont pour limites -1, 1, 2 : ce sont les paramètres directeurs de la direction asymptotique.

On trouve alors aisément que le θ du point de la courbe où la tangente est perpendiculaire à cette direction est égal à $\dfrac{7}{12}$.

Foyer. — On montrera d'abord que le plan de la courbe a pour équation $2x+z-1=0$, et en appliquant la même méthode que pour l'ellipse et l'hyperbole, on trouvera que les coordonnées du foyer sont $\dfrac{5}{24}$, $\dfrac{5}{24}$, $\dfrac{7}{12}$.

41. *On considère la parabole qui est l'intersection du cylindre parabolique* $y^2-2px=0$ *et du plan*

$$Ax+By+Cz+D=0.$$

Trouver les coordonnées du sommet de cette parabole.

On peut définir la parabole par les équations paramétriques

$$x=\frac{y^2}{2p},$$
$$y=y,$$
$$z=-\frac{1}{C}\left(A\frac{y^2}{2p}+By+D\right).$$

42. *On considère une parabole* (P) *et, sur cette courbe, un point* A *qui se projette sur l'axe au foyer de la courbe. Trouver le lieu des sommets des sections faites dans le cylindre droit qui a pour base la parabole* (P) *par des plans passant par la normale en* A *à cette parabole.*

Soit $y^2 - 2px = 0$, $z = 0$ les équations de la parabole (P) ; les coordonnées du point A sont $\frac{p}{2}$, p, 0, et la normale en ce point à la parabole a pour équations $x + y - \frac{3p}{2} = 0$, $z = 0$.

Un plan passant par cette normale,

$$x + y - tz - \frac{3p}{2} = 0,$$

coupe le cylindre $y^2 - 2px = 0$ suivant une parabole.

Les coordonnées du sommet de cette courbe sont

$$x = \frac{p}{2(t^2 + 1)^2},$$

$$y = -\frac{p}{t^2 + 1},$$

$$z = -\frac{p(3t^4 + 8t^2 + 4)}{2t(t^2 + 1)^2}.$$

Quand t varie, ce point décrit une courbe unicursale du cinquième degré, tracée sur le cylindre.

La projection de cette courbe sur le plan des yz est

$$z^2 = -\frac{y(y - p)^2(y + 3p)^2}{4p^2(y + p)}.$$

43. *Conditions pour que les équations*

$$x = \frac{a_1 t^2 + b_1 t + c_1}{t^2 + 1}, \quad y = \frac{a_2 t^2 + b_2 t + c_2}{t^2 + 1}, \quad z = \frac{a_3 t^2 + b_3 t + c_3}{t^2 + 1}$$

représentent un cercle.

On peut écrire soit que les directions asymptotiques sont iso- tropes, soit que la distance du centre à un point quelconque de la courbe est constante.

On trouve les conditions

$$(a_1 - c_1)^2 + (a_2 - c_2)^2 + (a_3 - c_3)^2 = b_1^2 + b_2^2 + b_3^2,$$

$$b_1(a_1 - c_1) + b_2(a_2 - c_2) + b_3(a_3 - c_3) = 0.$$

44. *Conditions pour que les équations*

$$x = \frac{a_1 t^2 + b_1 t + c_1}{t^2 - 1}, \quad y = \frac{a_2 t^2 + b_2 t + c_2}{t^2 - 1}, \quad z = \frac{a_3 t^2 + b_3 t + c_3}{t^2 - 1}$$

représentent une hyperbole équilatère.

On trouve

$$(a_1 + c_1)^2 + (a_2 + c_2)^2 + (a_3 + c_3)^2 = b_1^2 + b_2^2 + b_3^2.$$

45. *Démontrer que l'aire de l'ellipse définie par les équations*

$$x = \frac{t}{1 + t^2}, \qquad y = \frac{1 - t^2}{1 + t^2}, \qquad z = \frac{1}{1 + t^2}$$

est égale à $\dfrac{\pi \sqrt{5}}{4}$.

46. *On considère la conique définie par les équations*

$$ax^2 + by^2 + cz^2 = ax_0^2 + by_0^2 + cz_0^2,$$
$$ux + vy + wz = ux_0 + vy_0 + wz_0;$$

exprimer les coordonnées d'un point de cette conique en fonction rationnelle d'un paramètre.

On mène une droite passant par le point (x_0, y_0, z_0) et située dans le plan de la conique. Les équations de cette droite sont

$$\frac{x - x_0}{\alpha} = \frac{y - y_0}{\beta} = \frac{z - z_0}{\gamma},$$

avec la condition

$$u\alpha + v\beta + w\gamma = 0.$$

Cette droite rencontre la conique au point (x_0, y_0, z_0) et en un autre point dont les coordonnées sont

$$x = x_0 - \frac{2\alpha(a\alpha x_0 + b\beta y_0 + c\gamma z_0)}{a\alpha^2 + b\beta^2 + c\gamma^2},$$

$$y = y_0 - \frac{2\beta(a\alpha x_0 + b\beta y_0 + c\gamma z_0)}{a\alpha^2 + b\beta^2 + c\gamma^2},$$

$$z = z_0 - \frac{2\gamma(a\alpha x_0 + b\beta y_0 + c\gamma z_0)}{a\alpha^2 + b\beta^2 + c\gamma^2}.$$

Si on remplace dans les seconds membres α par $-\dfrac{v\beta + w\gamma}{u}$,
on obtient les valeurs de x, y, z en fonction rationnelle du paramètre $\dfrac{\beta}{\gamma}$.

47. *On considère les équations*

$$x = a + R \cos \psi \cos t - R \sin \psi \cos \theta \sin t,$$
$$y = b + R \sin \psi \cos t + R \cos \psi \cos \theta \sin t,$$
$$z = c + R \sin \theta \sin t,$$

dans lesquelles on suppose que t est un paramètre variable et que les quantités a, b, c, R, ψ et θ sont des constantes.

1° Démontrer que ces équations sont les équations paramétriques d'un cercle.

2° Démontrer que tout cercle de l'espace peut être représenté par des équations analogues.

On montrera que a, b, c sont les coordonnées du centre O' du cercle, R son rayon, ψ et θ les angles d'Euler de son plan, c'est-à-dire, ψ l'angle que fait Ox avec le diamètre $O'x'$ qui est parallèle au plan xOy, et θ l'angle que fait Oz avec la normale $O'z'$ au plan du cercle.

M désignant le point qui a pour coordonnées x, y, z, le paramètre t est l'angle que fait le rayon $O'M$ avec $O'x'$.

48. *On donne la courbe*

$$x = \frac{A}{t + a}, \qquad y = \frac{B}{t + b}, \qquad z = \frac{C}{t + c}.$$

Démontrer que par un point quelconque M de l'espace on

peut mener trois plans osculateurs à la courbe, et que le plan des points de contact passe par le point M.

Un plan quelconque $ux + vy + wz + 1 = 0$ rencontre la courbe en trois points dont les t sont racines de l'équation

$$\frac{Au}{t+a} + \frac{Bv}{t+b} + \frac{Cw}{t+c} + 1 = 0.$$

On peut exprimer u, v, w en fonction des racines t_1, t_2, t_3 de cette équation (même méthode qu'au n° 21); on a

$$u = -\frac{(a+t_1)(a+t_2)(a+t_3)}{A(a-b)(a-c)}, \qquad v = -\frac{(b+t_1)(b+t_2)(b+t_3)}{B(b-c)(b-a)},$$

$$w = -\frac{(c+t_1)(c+t_2)(c+t_3)}{C(c-a)(c-b)};$$

par suite l'équation du plan qui passe par les points t_1, t_2, t_3 est

$$(1) \quad \frac{(a+t_1)(a+t_2)(a+t_3)}{A(a-b)(a-c)}\,x + \frac{(b+t_1)(b+t_2)(b+t_3)}{B(b-c)(b-a)}\,y$$
$$+ \frac{(c+t_1)(c+t_2)(c+t_3)}{C(c-a)(c-b)}\,z - 1 = 0.$$

On en déduit immédiatement l'équation du plan osculateur au point t,

$$(2) \quad \frac{(a+t)^3}{A(a-b)(a-c)}\,x + \frac{(b+t)^3}{B(b-c)(b-a)}\,y$$
$$+ \frac{(c+t)^3}{C(c-a)(c-b)}\,z - 1 = 0.$$

On pourra vérifier ce calcul en partant de l'équation bien connue du plan osculateur,

$$\begin{vmatrix} X-x & Y-y & Z-z \\ x' & y' & z' \\ x'' & y'' & z'' \end{vmatrix} = 0.$$

Comme l'équation (2) renferme t au troisième degré, il existe trois plans osculateurs passant par un point quelconque de l'espace.

Pour établir la seconde partie de la proposition, il suffit de montrer qu'en considérant x, y, z comme des constantes (coordonnées du point M), les trois racines de l'équation (2) vérifient la relation (1), ou plus généralement que les trois racines de l'équation

$$\alpha t^3 + 3\beta t^2 + 3\gamma t + \delta = 0$$

vérifient la relation

$$\alpha t_1 t_2 t_3 + \beta(t_2 t_3 + t_3 t_1 + t_1 t_2) + \gamma(t_1 + t_2 + t_3) + \delta = 0.$$

49. *Établir le même théorème pour une cubique quelconque définie par les équations*

$$x = \frac{f_1(t)}{f_4(t)}, \qquad y = \frac{f_2(t)}{f_4(t)}, \qquad z = \frac{f_3(t)}{f_4(t)},$$

où $f_1(t)$, $f_2(t)$, $f_3(t)$, $f_4(t)$ *désignent des polynomes du troisième degré,* $f_1(t) \equiv a_1 t^3 + b_1 t^2 + c_1 t + d_1$, $f_2(t) \equiv a_2 t^3 + b_2 t^2 + c_2 t + d_2$, $f_3(t) \equiv a_3 t^3 + b_3 t^2 + c_3 t + d_3$, $f_4(t) \equiv a_4 t^3 + b_4 t^2 + c_4 t + d_4$.

On montrera d'abord que le plan passant par les trois points t_1, t_2, t_3 de la courbe a pour équation

$$x(A_1 - B_1\sigma_1 + C_1\sigma_2 - D_1\sigma_3) + y(A_2 - B_2\sigma_1 + C_2\sigma_2 - D_2\sigma_3)$$
$$+ z(A_3 - B_3\sigma_1 + C_3\sigma_2 - D_3\sigma_3) + A_4 - B_4\sigma_1 + C_4\sigma_2 - D_4\sigma_3 = 0,$$

A_1, B_1, ... désignant les coefficients de a_1, b_1, ... dans le développement du déterminant

$$\begin{vmatrix} a_1 & b_1 & c_1 & d_1 \\ a_2 & b_2 & c_2 & d_2 \\ a_3 & b_3 & c_3 & d_3 \\ a_4 & b_4 & c_4 & d_4 \end{vmatrix},$$

et en posant $\sigma_1 = t_1 + t_2 + t_3$, $\sigma_2 = t_2 t_3 + t_3 t_1 + t_1 t_2$, $\sigma_3 = t_1 t_2 t_3$.

50. *Démontrer que le lieu des traces des tangentes à une cubique gauche sur un plan osculateur fixe est une conique.*

51. *On considère la cubique définie par les équations $y = x^2$, $z = x^3$, et les cordes telles qu'en leurs extrémités les plans osculateurs soient perpendiculaires. Trouver la surface engendrée par ces cordes.*

Le lieu se compose de deux quadriques dont les équations se déduisent de l'équation

$$y^2 - xz - p(x^2 - y) = 0$$

en remplaçant p successivement par les racines de l'équation

$$9p^2 + 9p + 1 = 0.$$

52. *On donne la cubique définie par les équations*

$$x = \frac{1}{t}, \qquad y = \frac{1}{t+1}, \qquad z = \frac{1}{t-1},$$

et un point $P(\alpha, \beta, \gamma)$. On demande de mener par le point P une droite qui rencontre la cubique en deux points.

Première méthode. — On considère une droite passant par le point P, ayant pour équations

$$y - \beta = u(x - \alpha), \qquad z - \gamma = v(x - \alpha);$$

on remplace dans ces équations x, y, z par leurs valeurs en fonction de t, et on écrit que les équations obtenues, toutes deux du deuxième degré par rapport à t, ont mêmes racines. On a ainsi deux équations qui déterminent u et v.

Deuxième méthode. — On forme les équations de la droite joignant les points t_1 et t_2 de la courbe ; on écrit que cette droite passe par le point α, β, γ. Ceci donne deux équations linéaires par rapport à $t_1 + t_2$ et $t_1 t_2$.

En appliquant successivement ces deux méthodes, on trouve pour équations de la droite demandée

$$(2\beta\gamma + \beta - \gamma)x - 2(\alpha\gamma + \alpha - \gamma)y + \alpha(\beta + \gamma) - 2\beta\gamma = 0,$$

$$(2\beta\gamma + \beta - \gamma)x - 2(\alpha\beta - \alpha + \beta)z - \alpha(\beta + \gamma) + 2\beta\gamma = 0.$$

Les t des points de rencontre de cette droite et de la courbe sont racines de l'équation

$$t^2(\alpha\beta + \alpha\gamma - 2\beta\gamma) + t(\alpha\beta - \alpha\gamma - 2\alpha + \beta + \gamma) + 2\beta\gamma + \beta - \gamma = 0.$$

53. *On donne la courbe définie par les équations*

$$x = t^3, \qquad y = t^2, \qquad z = t + 1,$$

et un cône de révolution ayant pour sommet l'origine et pour axe Oz. Un plan variable, tangent à ce cône, rencontre la courbe en trois points A, B, C. Montrer que le lieu du centre de gravité du triangle ABC est une courbe unicursale, et former les équations paramétriques de cette courbe.

54. *Toute cubique gauche est unicursale.*

Soient A et B deux points de la courbe. Un plan quelconque P passant par ces deux points rencontre la courbe en un seul point, M, distinct de A et B. Or l'équation du plan P renferme un paramètre t linéairement; par suite, les coordonnées du point M sont fonctions rationnelles de t.

55. *Toute cubique gauche dont les directions asymptotiques sont réelles et distinctes peut être définie par des équations paramétriques de la forme*

$$(1) \qquad x = \frac{A}{t + a}, \qquad y = \frac{B}{t + b}, \qquad z = \frac{C}{t + c},$$

a, b, c *désignant trois constantes distinctes.*

Prenons comme origine un point quelconque O de la courbe et comme axes de coordonnées des parallèles aux directions asymptotiques, puis, choisissons le paramètre t de façon que le point O corresponde à la valeur infinie de t.

Alors, dans les équations paramétriques de la courbe

$$(2) \qquad x = \frac{f_1(t)}{f_4(t)}, \qquad y = \frac{f_2(t)}{f_4(t)}, \qquad z = \frac{f_3(t)}{f_4(t)},$$

le polynome $f_4(t)$ a ses racines réelles et distinctes ; nous les désignerons par $-a$, $-b$, $-c$, et nous supposerons que les directions asymptotiques correspondant à ces racines sont respectivement Ox, Oy, Oz.

Comme ces directions asymptotiques sont définies par les équations

$$\frac{x}{f_1(t)} = \frac{y}{f_2(t)} = \frac{z}{f_3(t)},$$

où l'on remplace t successivement par $-a$, $-b$, $-c$, on voit immédiatement que $f_1(t)$, $f_2(t)$, $f_3(t)$ sont des polynomes du deuxième degré qui ont respectivement pour racines $(-b, -c)$, $(-c, -a)$, $(-a, -b)$.

On en conclut que les équations (2) prennent la forme (1).

CAS PARTICULIER. — Lorsque les directions asymptotiques sont rectangulaires deux à deux, on dit que la cubique est *équilatère*. Dans ce cas, elle est représentée par des équations paramétriques de la forme (1), *les axes de coordonnées étant rectangulaires.*

56. *On donne une cubique gauche équilatère et un tétraèdre dont les sommets* A_1, A_2, A_3, A_4 *sont situés sur la courbe.*

1° Démontrer que si deux arêtes opposées A_1A_2 *et* A_3A_4 *sont perpendiculaires, il en est de même des arêtes opposées* A_1A_3, A_2A_4 *et* A_1A_4, A_2A_3. *Le tétraèdre est alors orthocentrique* (4).

2° Démontrer que l'orthocentre est situé sur la cubique.

D'après le théorème précédent, on peut définir la cubique par des équations paramétriques de la forme

$$x = \frac{A}{t + a}, \qquad y = \frac{B}{t + b}, \qquad z = \frac{C}{t + c},$$

les axes de coordonnées étant rectangulaires.

Soient t_1, t_2, t_3, t_4 les valeurs du paramètre correspondant aux points A_1, A_2, A_3, A_4.

1° En écrivant que $A_1 A_2$ et $A_3 A_4$ sont perpendiculaires, on a aisément la condition

$$(1) \quad \frac{A^2}{(t_1 + a)(t_2 + a)(t_3 + a)(t_4 + a)} + \frac{B^2}{(t_1 + b)(t_2 + b)(t_3 + b)(t_4 + b)}$$
$$+ \frac{C^2}{(t_1 + c)(t_2 + c)(t_3 + c)(t_4 + c)} = 0.$$

Cette relation étant symétrique par rapport à t_1, t_2, t_3, t_4, la proposition est établie.

2° Si dans la relation (1) on considère t_1, t_2, t_3 comme donnés et t_4 comme une inconnue, cette relation définit deux valeurs de t_4, soient t_4 et t_5, et par suite, le tétraèdre $A_1 A_2 A_3 A_5$ jouit des mêmes propriétés que le tétraèdre $A_1 A_2 A_3 A_4$. On en conclut aisément que le point A_5 est l'orthocentre du tétraèdre $A_1 A_2 A_3 A_4$, et plus généralement qu'un quelconque des points A_1, A_2, A_3, A_4, A_5 est l'orthocentre du tétraèdre formé par les quatre autres.

57. *Soient* O, A, B, C *quatre points d'une cubique gauche équilatère, tels que les droites* OA, OB, OC *soient perpendiculaires deux à deux. Démontrer que la tangente à la courbe au point* O *est perpendiculaire au plan* ABC.

C'est une conséquence immédiate du théorème précédent, mais on peut en donner une démonstration directe.

58. *Toutes les cubiques gauches qui passent par les sommets et l'orthocentre d'un tétraèdre orthocentrique sont équilatères.*

59. *On considère une cubique gauche équilatère et un plan P qui la rencontre en trois points A, B, C; on suppose que le plan P se déplace parallèlement à lui-même, et l'on demande*

1° *Le lieu du point de concours des hauteurs du triangle ABC.*

2° *La surface engendrée par le cercle conjugué au triangle.*

3° *Cette surface est une sphère, et on demande le lieu de son centre quand la direction du plan du triangle varie.*

Il existe une corde HK de la cubique perpendiculaire au plan P.

1° Le lieu est la droite HK.

2° La surface demandée est la sphère qui a pour diamètre HK.

3° Le lieu du centre de cette sphère est le lieu des milieux des sécantes doubles de la cubique. C'est une surface du troisième ordre.

60. *Un plan P coupe une cubique gauche en trois points A, B, C.*

1° *Trouver le lieu du centre de gravité du triangle ABC quand le plan P se meut en restant parallèle à un plan fixe Q.*

2° *Ce lieu est une droite D. Prouver que si l'on fait varier la direction du plan Q, il passe en général une droite D et une seule par tout point de l'espace, et trouver le lieu des points par lesquels il passe une infinité de droites D.*

3° *Ce lieu est une cubique C dont les droites D sont des sécantes doubles.*

4° *A toute cubique on en fait ainsi correspondre une autre C. A la cubique C on peut faire correspondre une autre cubique C_1 par le même procédé, et ainsi de suite indéfiniment. Quelle est la limite de toutes les cubiques ?*

5° *Quel est le lieu de la droite D quand le plan Q passe par une droite fixe ?*

61. *On considère la cubique définie par les équations $y = x^2$, $z = x^3$.*

1° *Montrer que par un point M_0 de cette courbe on peut mener quatre normales à la courbe, indépendamment de celle qui a son pied en M_0. Soient M_1, M_2, M_3, M_4 les pieds de ces normales. Former l'équation qui a pour racines les abscisses de ces points, en fonction de l'abscisse x_0 du point M_0.*

2° *Écrire l'équation de la sphère qui passe par les points M_1, M_2, M_3, M_4.*

3° *Cette sphère rencontre la courbe en deux autres points P et Q. Former l'équation de la droite PQ.*

4° *On suppose que le point M_0 se déplace sur la courbe; trouver le lieu du centre de la sphère et la surface engendrée par la droite PQ.*

1°
$$3x^4 + 3x^3 x_0 + x^2(3x_0^2 + 2) + 2xx_0 + 1 = 0,$$

2°
$$x^2 + y^2 + z^2 - \frac{xx_0}{9} - \frac{3x_0^2 + 4}{9}\,y - z\,\frac{3x_0^3 - x_0}{3} + \frac{1}{9} = 0,$$

3°
$$x_0 x - y - \frac{1}{3} = 0,$$

$$x\left(x_0^2 - \frac{1}{3}\right) - z - \frac{x_0}{3} = 0.$$

4° Le lieu du centre de la sphère est une cubique, et le lieu de la droite PQ est une quadrique.

62. *On considère la cubique*

$$x = \frac{1}{t - a}, \qquad y = \frac{1}{t - b}, \qquad z = \frac{1}{t - c};$$

un plan quelconque (P) rencontre cette courbe en trois points. On considère le cercle passant par ces points, et on demande le lieu engendré par ce cercle quand le plan (P) se déplace parallèlement à lui-même.

Le plan

(P) $$ux + vy + wz + r = 0$$

rencontre la courbe en trois points M_1, M_2, M_3 dont les t sont racines de l'équation

$$(1) \qquad f(t) \equiv \frac{u}{t-a} + \frac{v}{t-b} + \frac{w}{t-c} + r = 0.$$

Considérons une sphère passant par ces trois points ; son équation a la forme

$$x^2 + y^2 + z^2 + Ax + By + Cz + D = 0,$$

et cette sphère rencontre la courbe en six points définis par l'équation

$$(2) \qquad F(t) \equiv \frac{1}{(t-a)^2} + \frac{1}{(t-b)^2} + \frac{1}{(t-c)^2}$$
$$+ \frac{A}{t-a} + \frac{B}{t-b} + \frac{C}{t-c} + D = 0.$$

Pour que la sphère passe par les points M_1, M_2, M_3, il faut que (2) admette les trois racines de (1), c'est-à-dire qu'on ait une identité de la forme

$$F(t) \equiv \left[\frac{u}{t-a} + \frac{v}{t-b} + \frac{w}{t-c} + r \right]$$
$$\left[\frac{1}{u(t-a)} + \frac{1}{v(t-b)} + \frac{1}{w(t-c)} + \lambda \right].$$

On écrira que les deux membres sont décomposables de la même manière en éléments simples ; on obtiendra ainsi les valeurs de A, B, C, D en fonctions de u, v, w, r et λ.

Les équations du cercle passant par les points M_1, M_2, M_3 se mettront alors sous la forme

$$x^2 + y^2 + z^2 + \frac{y-z}{b-c}\left(\frac{v}{w} + \frac{w}{v}\right) + \frac{z-x}{c-a}\left(\frac{w}{u} + \frac{u}{w}\right)$$
$$+ \frac{x-y}{a-b}\left(\frac{u}{v} + \frac{v}{u}\right) + r\left(\frac{x}{u} + \frac{y}{v} + \frac{z}{w}\right) = 0,$$

$$ux + vy + wz + r = 0.$$

En éliminant r entre ces deux équations on obtiendra l'équation du lieu cherché.

Ce lieu est une quadrique.

63. *Étant donnés trois axes de coordonnées rectangulaires Ox, Oy, Oz, on considère deux cônes (S) et (T) se coupant à angle droit suivant Oz et dont les sommets S et T sont situés sur la partie positive de Oz, de façon que $OS = \gamma$, $OT = \gamma'$ ($\gamma' > \gamma$); leurs bases dans le plan Oxy sont des circonférences dont les centres et les rayons sont A(a, 0) et a pour (S), et B(0, b) et b pour (T).*

Les deux cônes ont ainsi en commun, outre l'axe Oz, une cubique gauche (Γ).

1° Soit (C) la cubique projection de (Γ) sur le plan des xy, et soit m la projection d'un point quelconque M de (Γ). Calculer les coordonnées du point M en fonction de la pente t de la droite Om.

2° Soit PQ une corde quelconque de (Γ), et soit pq la projection de pq sur le plan xOy; cette projection rencontre la cubique (C), outre les points p et q, en un troisième point, m.

On demande le lieu de la droite PQ dans les cas suivants :

I. Le point m est fixe ;

II. Les droites Op et Oq sont symétriques par rapport à Ox ;

III. La corde pq est vue de l'origine sous un angle droit ;

IV. Les droites Op, Oq sont les rayons homologues de deux faisceaux en involution.

1° Les équations paramétriques de Γ peuvent s'écrire

$$x = \frac{2ab(\gamma - \gamma')t}{(b\gamma t - a\gamma')(t^2 + 1)},$$

$$y = \frac{2ab(\gamma - \gamma')t^2}{(b\gamma t - a\gamma')(t^2 + 1)},$$

$$z = \frac{\gamma\gamma'(bt - a)}{b\gamma t - a\gamma'}.$$

$2°$ On trouve

I. $(b\gamma t_0 - a\gamma')(x^2 + y^2) + 2ab[t_0 x(z - \gamma) - y(z - \gamma')] = 0,$

t_0 désignant le t du point m.

II. $\gamma\gamma' xy - [\gamma x + 2a(z - \gamma)][\gamma' y + 2b(z - \gamma')] = 0.$

III. $2\gamma\gamma'(x^2 + y^2) + 2a\gamma'(z - \gamma)x + 2b\gamma(z - \gamma')y = 0.$

IV. Si on astreint les t des points p, q à vérifier une relation involutrice de la forme

$$A tt' + B(t + t') + C = 0,$$

le lieu de la droite PQ est une quadrique dont l'équation s'obtient aisément sous la forme

$$\begin{vmatrix} A\gamma' & -C\gamma & B \\ \gamma'y + 2b(z - \gamma') & \gamma y & -x \\ \gamma'x & \gamma x + 2a(z - \gamma) & y \end{vmatrix} = 0.$$

64. $1°$ *Démontrer que des équations paramétriques d'une cubique gauche on peut déduire des équations de la forme*

$$P = St^3, \qquad Q = St^2, \qquad R = St,$$

P, Q, R, S *désignant des fonctions linéaires de x, y, z.*

$2°$ *Démontrer que la droite qui joint les points t_1 et t_2 peut être représentée par les équations*

$$Rt_1 t_2 - Q(t_1 + t_2) + P = 0,$$
$$St_1 t_2 - R(t_1 + t_2) + Q = 0.$$

$3°$ *Si t_1 et t_2 sont liés par une relation involutive*

$$\alpha t_1 t_2 - \beta(t_1 + t_2) + \gamma = 0,$$

le lieu de la droite $t_1 t_2$ est une quadrique ayant pour équation

$$\begin{vmatrix} R & Q & P \\ S & R & Q \\ \alpha & \beta & \gamma \end{vmatrix} = 0.$$

Ce théorème généralise la seconde partie de l'exercice précédent.

65. *Une courbe C est représentée, par rapport à trois axes rectangulaires, par les équations*

$$x = 3t, \qquad y = 3t^2, \qquad z = 2t^3,$$

où t est un paramètre variable.

1° Former les équations de la tangente en un point quelconque M de la courbe, et déterminer les points A et B où cette tangente rencontre les plans xOy et xOz.

2° Montrer que le rapport $\dfrac{\overline{MA}}{\overline{MB}}$ est constant, et trouver le lieu du point A et celui du point B, lorsque M décrit la courbe C.

3° Calculer la longueur de l'arc OM de la courbe C.

4° Du point M de la courbe C on abaisse une perpendiculaire MP sur le plan xOy, et l'on porte sur MP, dans le sens de M vers P, une longueur MQ égale à l'arc OM. Trouver le lieu du point Q.

66. *On considère une courbe unicursale de quatrième degré définie par les équations*

$$x = \frac{f_1(t)}{f_4(t)}, \qquad y = \frac{f_2(t)}{f_4(t)}, \qquad z = \frac{f_3(t)}{f_4(t)},$$

où $f_1(t)$, $f_2(t)$, $f_3(t)$, $f_4(t)$ sont des polynomes du quatrième degré

$$f_1(t) = a_1 t^4 + b_1 t^3 + c_1 t^2 + d_1 t + e_1,$$
$$f_2(t) = a_2 t^4 + b_2 t^3 + c_2 t^2 + d_2 t + e_2,$$
$$f_3(t) = a_3 t^4 + b_3 t^3 + c_3 t^2 + d_3 t + e_3,$$
$$f_4(t) = a_4 t^4 + b_4 t^3 + c_4 t^2 + d_4 t + e_4.$$

1° Trouver la relation qui doit exister entre les t de quatre points pour que ces points soient dans un même plan.

2° Trouver les relations qui doivent exister entre les t de trois points pour que ces trois points soient en ligne droite.

3° *Trouver le lieu géométrique des droites qui rencontrent la courbe en trois points.*

4° *Reconnaître si la courbe a un point double et trouver ce point.*

1° Les t des points de rencontre de la courbe et d'un plan quelconque

$$ux + vy + wz + r = 0$$

sont racines de l'équation

$$uf_1(t) + vf_2(t) + wf_3(t) + rf_4(t) = 0,$$

ou

$$(1) \quad t^4(a_1u + a_2v + a_3w + a_4r) + t^3(b_1u + b_2v + b_3w + b_4r)$$
$$+ t^2(c_1u + c_2v + c_3w + c_4r) + t(d_1u + d_2v + d_3w + d_4r)$$
$$+ e_1u + e_2v + e_3w + e_4r = 0.$$

Soit S_p la somme des produits p à p des racines de cette équation ; nous avons les relations bien connues,

$$S_1 = -\frac{b_1u + b_2v + b_3w + b_4r}{a_1u + a_2v + a_3w + a_4r},$$

$$S_2 = +\frac{c_1u + c_2v + c_3w + c_4r}{a_1u + a_2v + a_3w + a_4r},$$

$$S_3 = -\frac{d_1u + d_2v + d_3w + d_4r}{a_1u + a_2v + a_3w + a_4r},$$

$$S_4 = +\frac{e_1u + e_2v + e_3w + e_4r}{a_1u + a_2v + a_3w + a_4r},$$

ou, en désignant par λ le dénominateur commun aux fractions qui sont dans les seconds membres,

$$a_1u + a_2v + a_3w + a_4r - \lambda = 0,$$
$$b_1u + b_2v + b_3w + b_4r + \lambda S_1 = 0,$$
$$c_1u + c_2v + c_3w + c_4r - \lambda S_2 = 0,$$
$$d_1u + d_2v + d_3w + d_4r + \lambda S_3 = 0,$$
$$e_1u + e_2v + e_3w + e_4r - \lambda S_4 = 0.$$

Éliminons u, v, w, r, λ entre ces cinq équations homogènes ; nous obtenons la condition

$$\begin{vmatrix} a_1 & a_2 & a_3 & a_4 & -1 \\ b_1 & b_2 & b_3 & b_4 & +S_1 \\ c_1 & c_2 & c_3 & c_4 & -S_2 \\ d_1 & d_2 & d_3 & d_4 & +S_3 \\ e_1 & e_2 & e_3 & e_4 & -S_4 \end{vmatrix} = 0,$$

ou, en développant par rapport aux éléments de la dernière colonne,

$$(2) \qquad A - BS_1 + CS_2 - DS_3 + ES_4 = 0,$$

A, B, ... étant les coefficients de a_5, b_5, ... dans le développement du déterminant

$$\begin{vmatrix} a_1 & a_2 & a_3 & a_4 & a_5 \\ b_1 & b_2 & b_3 & b_4 & b_5 \\ c_1 & c_2 & c_3 & c_4 & c_5 \\ d_1 & d_2 & d_3 & d_4 & d_5 \\ e_1 & e_2 & e_3 & e_4 & e_5 \end{vmatrix}.$$

Remplaçons S_1, S_2, ... par leurs valeurs en fonction des racines t_1, t_2, t_3, t_4 de l'équation (1) ; la relation (2) s'écrit

$$(3)\ A - B(t_1 + t_2 + t_3 + t_4) + C[(t_1 + t_2)(t_3 + t_4) + t_1 t_2 + t_3 t_4]$$
$$- D[t_1 t_2(t_3 + t_4) + t_3 t_4(t_1 + t_2)] + E t_1 t_2 t_3 t_4 = 0.$$

C'est la condition pour que les quatre points t_1, t_2, t_3, t_4 soient dans un même plan [1].

$2°$ Ordonnons cette équation par rapport à t_4 ; nous avons

$$t_4[-B + C(t_1 + t_2 + t_3) - D(t_2 t_3 + t_3 t_1 + t_1 t_2) + E t_1 t_2 t_3]$$
$$+ A - B(t_1 + t_2 + t_3) + C(t_2 t_3 + t_3 t_1 + t_1 t_2) - D t_1 t_2 t_3 = 0.$$

---

[1] Nous supposons ici que les nombres A, B, C, D, E ne sont pas tous nuls. S'ils sont nuls, on montrera sans difficulté qu'il existe des valeurs de u, v, w, r pour lesquelles le premier membre de l'équation (1) est identiquement nul. Dans ce cas, la courbe est plane.

Si l'on se donne t_1, t_2, t_3, cette équation détermine t_4 ; et ceci était à prévoir, car le plan passant par les trois points t_1, t_2, t_3 rencontre la courbe en un quatrième point bien déterminé.

Mais, si dans l'équation qui donne t_4, le coefficient de t_4 et le terme indépendant sont nuls, c'est-à-dire si l'on a

$$(4) \quad \begin{cases} - B + C(t_1 + t_2 + t_3) - D(t_2 t_3 + t_3 t_1 + t_1 t_2) + E t_1 t_2 t_3 = 0, \\ A - B(t_1 + t_2 + t_3) + C(t_2 t_3 + t_3 t_1 + t_1 t_2) - D t_1 t_2 t_3 = 0, \end{cases}$$

le point t_4 est indéterminé ; on en conclut que par les trois points t_1, t_2, t_3 il passe une infinité de plans, ce qui revient à dire que ces trois points sont en ligne droite.

Donc, pour que trois points de la courbe soient en ligne droite, il faut que leurs t vérifient les deux relations (4).

3° Supposons ces conditions remplies et cherchons les équations de la droite passant par ces trois points.

Posons, pour simplifier l'écriture,

$$\sigma_1 = t_1 + t_2 + t_3, \quad \sigma_2 = t_2 t_3 + t_3 t_1 + t_1 t_2, \quad \sigma_3 = t_1 t_2 t_3 ;$$

les équations (4) permettent de calculer σ_2 et σ_3 en fonction de σ_1. On a des expressions de la forme

$$\sigma_2 = \alpha \sigma_1 + \beta, \quad \sigma_3 = \gamma \sigma_1 + \delta ;$$

par suite, t_1, t_2, t_3 sont racines du polynome

$$\varphi(t) \equiv t^3 - \sigma_1 t^2 + (\alpha \sigma_1 + \beta) t - (\gamma \sigma_1 + \delta).$$

Écrivons maintenant que le premier membre de l'équation (1) est divisible par $\varphi(t)$, ou que ce premier membre est identique à $\varphi(t)(\lambda t + \mu)$. Nous aurons cinq équations d'identification, qui se réduiront à quatre, puisque la condition (2), conséquence des relations (4), est vérifiée ; nous en tirerons u, v, w, r en fonction linéaire et homogène de λ et μ, et par suite l'équation générale des plans passant par la droite $t_1 t_2 t_3$ sera

$$\lambda P + \mu Q = 0,$$

P et Q étant des fonctions linéaires de x, y, z, contenant σ_1 au premier degré.

La droite $t_1 t_2 t_3$ sera donc définie par les équations

$$P = 0, \qquad Q = 0,$$

et on aura le lieu de cette droite en éliminant σ_1 entre ces deux équations.

Les droites qui rencontrent la courbe en trois points sont appelées *sécantes triples*.

4° Pour que les relations (4) soient vérifiées quel que soit t_3, il faut qu'on ait

$$(5) \quad \left|\begin{array}{l} C - D(t_1 + t_2) + E t_1 t_2 = 0, \\ B - C(t_1 + t_2) + D t_1 t_2 = 0, \\ A - B(t_1 + t_2) + C t_1 t_2 = 0. \end{array}\right.$$

En général, ces équations n'ont pas de solutions en t_1, t_2. Si elles en ont, c'est que tout point t_3 de la courbe est en ligne droite avec les points t_1, t_2; ceci ne peut avoir lieu que si les points t_1 et t_2 sont confondus, et dans ce cas la courbe a un point double.

Donc pour que la courbe ait un point double, il faut qu'il existe des valeurs de t_1 et t_2 vérifiant le système (5), et les points correspondant à t_1 et t_2 sont confondus.

Remarques. — I. Il ne peut exister qu'un seul point double, car s'il y en avait deux, le plan passant par ces deux points et un autre point de la courbe, rencontrerait celle-ci en cinq points.

II. Si la courbe admet un point double, il n'existe pas de sécante triple, car le plan qui passerait par une sécante triple et le point double rencontrerait la courbe en cinq points.

D'ailleurs, la droite passant par le point double et par un autre point de la courbe peut être considérée comme une sécante triple singulière, et le lieu de ces sécantes est le cône qui a pour sommet le point double et pour directrice la courbe.

67. *On considère la courbe définie par les équations*

$$x = t^3, \qquad y = \frac{t^3 + 1}{t}, \qquad z = \frac{t^2 - 1}{t}.$$

1° *Trouver la condition pour que quatre points de cette courbe soient dans un même plan.*

2° *Conditions pour que trois points soient en ligne droite.*

3° *Lieu des sécantes triples.*

1° Les t des points de rencontre de la courbe et du plan $ux + vy + wz + r = 0$ sont racines de l'équation

$$(1) \qquad ut^4 + vt^3 + wt^2 + rt + v - w = 0 ;$$

les relations entre les coefficients et les racines sont alors

$$S_1 = -\frac{v}{u}, \qquad S_2 = \frac{w}{u}, \qquad S_3 = -\frac{r}{u}, \qquad S_4 = \frac{v-w}{u},$$

et on en tire immédiatement

$$S_1 + S_2 + S_4 = 0,$$

ou

$$t_1 + t_2 + t_3 + t_4 + (t_1 + t_2)(t_3 + t_4) + t_1 t_2 + t_3 t_4 + t_1 t_2 t_3 t_4 = 0.$$

C'est la condition pour que les quatre points t_1, t_2, t_3, t_4 soient dans un même plan.

2° En égalant à zéro le coefficient de t_4 et le terme indépendant, on obtient

$$(2) \qquad \begin{cases} 1 + t_1 + t_2 + t_3 + t_1 t_2 t_3 = 0, \\ t_1 + t_2 + t_3 + t_2 t_3 + t_3 t_1 + t_1 t_2 = 0 ; \end{cases}$$

ce sont les conditions pour que les points t_1, t_2, t_3 soient en ligne droite.

3° Supposons ces conditions remplies et cherchons les équations de la droite passant par ces trois points.

Si nous posons $\sigma_1 = t_1 + t_2 + t_3$, $\sigma_2 = t_2 t_3 + t_3 t_1 + t_1 t_2$, $\sigma_3 = t_1 t_2 t_3$, les relations précédentes nous donnent

$$\sigma_2 = -\sigma_1, \qquad \sigma_3 = -\sigma_1 - 1 ;$$

par suite, t_1, t_2, t_3 sont racines du polynôme

$$t^3 - \sigma_1 t^2 - \sigma_1 t + \sigma_1 + 1.$$

Écrivons maintenant que le premier membre de l'équation (1) est divisible par ce polynome, c'est-à-dire qu'on a l'identité

$$ut^4 + vt^3 + wt^2 + rt + v - w \equiv (t^3 - \sigma_1 t^2 - \sigma_1 t + \sigma_1 + 1)(\lambda t + \mu);$$

nous avons

$$u = \lambda, \qquad v = -\lambda\sigma_1 + \mu, \qquad w = -\lambda\sigma_1 - \mu\sigma_1,$$

$$r = \lambda(\sigma_1 + 1) - \mu\sigma_1, \qquad v - w = \mu(\sigma_1 + 1).$$

Nous voyons immédiatement que la dernière relation est conséquence de la seconde et de la troisième.

L'équation générale des plans passant par la droite $t_1 t_2 t_3$ est alors

$$\lambda x + (-\lambda\sigma_1 + \mu)y + (-\lambda\sigma_1 - \mu\sigma_1)z + \lambda(\sigma_1 + 1) - \mu\sigma_1 = 0,$$

ou

$$\lambda(x - \sigma_1 y - \sigma_1 z + \sigma_1 + 1) + \mu(y - \sigma_1 z - \sigma_1) = 0.$$

On peut donc définir cette droite par les équations

$$x - \sigma_1 y - \sigma_1 z + \sigma_1 + 1 = 0, \qquad y - \sigma_1 z - \sigma_1 = 0.$$

Nous aurons le lieu de cette droite en éliminant σ_1 entre ces deux équations ; nous obtenons ainsi

$$(x + 1)(z + 1) - y(y + z - 1) = 0.$$

C'est l'équation d'un hyperboloïde à une nappe.

Remarque. — La courbe n'admet pas de point double, car en écrivant que les équations (2) sont vérifiées quel que soit t_3, on a les équations

$$t_1 t_2 + 1 = 0,$$
$$t_1 + t_2 + 1 = 0,$$
$$t_1 t_2 + t_1 + t_2 = 0,$$

qui n'ont pas de solutions.

68. *Montrer que la courbe définie par les équations*

$$x = t^3, \qquad y = \frac{t^3 - 1}{t}, \qquad z = \frac{t^2 + 1}{t}$$

a un point double, et déterminer ce point.

En adoptant les mêmes méthodes et les mêmes notations qu'aux n[os] précédents, on trouve que la condition pour que quatre points soient dans un même plan est

$$S_4 - S_2 - S_1 = 0,$$

et que les conditions pour que trois points soient en ligne droite peuvent s'écrire

$$t_3(t_1 t_2 - 1) - (t_1 + t_2) - 1 = 0,$$
$$t_3(t_1 + t_2 + 1) + t_1 t_2 + t_1 + t_2 = 0.$$

Pour que ces équations soient vérifiées quel que soit t_3, il faut qu'on ait

$$t_1 t_2 - 1 = 0, \qquad t_1 + t_2 + 1 = 0, \qquad t_1 t_2 + t_1 + t_2 = 0,$$

On voit immédiatement que ces équations sont vérifiées par les racines de l'équation $t^2 + t + 1 = 0$, c'est-à-dire par les racines cubiques imaginaires de l'unité, j et j^2.

Par suite la courbe a un point double correspondant aux valeurs j et j^2 du paramètre t, les coordonnées de ce point double sont $x = 1$, $y = 0$, $z = -1$.

REMARQUE. — Si comme au n° précédent on forme l'équation aux t des points de rencontre de la courbe et d'une sécante triple, on trouve

$$t^3 - \sigma_1(t^2 + t + 1) - 1 = 0,$$

ou

$$(t^2 + t + 1)(t - \sigma_1 - 1) = 0.$$

Ceci montre que deux des points de rencontre sont confondus avec le point double.

69. *On considère la courbe*

$$x = t^4, \qquad y = t^3, \qquad z = t.$$

1° *Condition pour que quatre points soient dans un même plan;*

2° *Condition pour que trois points soient en ligne droite;*

3° *Équation générale des sécantes triples, et lieu de ces droites.*

On trouve

1° $\qquad\qquad (t_1 + t_2)(t_3 + t_4) + t_1 t_2 + t_3 t_4 = 0 \,;$

2° $\qquad t_1 + t_2 + t_3 = 0, \qquad t_2 t_3 + t_3 t_1 + t_1 t_2 = 0 \,;$

3° Si l'on pose $t_1 t_2 t_3 = \lambda$, les équations de la sécante triple correspondante, sont $x - \lambda z = 0 ; \ y - \lambda = 0 ;$ le lieu de cette droite est le paraboloïde $yz - x = 0$.

70. *On donne la courbe définie par les équations*

$$x = t^4, \qquad y = t^3, \qquad z = t^2.$$

1° *Trouver les conditions qui doivent exister entre les t de huit points de cette courbe pour que ces points soient sur une même sphère.*

2° *En supposant ces conditions remplies, montrer que si quatre de ces points sont sur un cercle, les quatre autres sont aussi sur un cercle.*

1° La sphère définie par l'équation

$$x^2 + y^2 + z^2 + ax + by + cz + d = 0$$

rencontre la courbe donnée en huit points dont les t sont racines de l'équation :

$$t^8 + t^6 + t^4(1 + a) + bt^3 + ct^2 + d = 0.$$

Désignons par S_p la somme des produits p à p des racines de cette équation ; nous avons

$$(1) \qquad S_1 = 0, \qquad S_2 = 1, \qquad S_3 = 0, \qquad S_7 = 0,$$

$$(2) \qquad S_4 = 1 + a, \qquad S_5 = - b, \qquad S_6 = c, \qquad S_8 = d.$$

Les relations (1), qui sont indépendantes de a, b, c, d, sont les conditions cherchées. Si elles sont remplies, les relations (2) déterminent les coefficients a, b, c, d de l'équation de la sphère qui passe par les huit points considérés.

2° La condition $S_7 = 0$ peut encore s'écrire

$$(3) \qquad \sum \frac{1}{t_i} = 0 \qquad (i = 1, 2, 3, 4, 5, 6, 7, 8).$$

D'autre part, on voit aisément que pour que les quatre points t_1, t_2, t_3, t_4 soient dans un plan, il faut qu'on ait

$$(4) \qquad \frac{1}{t_1} + \frac{1}{t_2} + \frac{1}{t_3} + \frac{1}{t_4} = 0.$$

Par suite, si l'on a en même temps les relations (3) et (4), on a aussi

$$\frac{1}{t_5} + \frac{1}{t_6} + \frac{1}{t_7} + \frac{1}{t_8} = 0,$$

ce qui démontre la proposition.

71. *On donne la courbe définie par les équations*

$$x = t^4, \qquad y = t^3, \qquad z = t^2.$$

1° A quelles conditions doit satisfaire un plan pour qu'il rencontre la courbe en quatre points situés sur un cercle ?

2° Ces conditions étant remplies, trouver le lieu engendré par ce cercle quand le plan se déplace parallèlement à lui-même.

1° Pour qu'un plan rencontre la courbe en quatre points à distance finie, il faut qu'il ne soit pas parallèle à Ox ; nous pourrons définir ce plan par une équation de la forme

$$(P) \qquad x + vy + wz + r = 0.$$

Ce plan rencontre la courbe en quatre points dont les t sont racines de l'équation

$$\varphi(t) \equiv t^4 + vt^3 + wt^2 + r = 0.$$

Pour que ces points soient sur un cercle, il faut et il suffit qu'ils soient sur une sphère. Or, une sphère quelconque,

$$x^2 + y^2 + z^2 + ax + by + cz + d = 0,$$

rencontre la courbe en huit points définis par l'équation

$$f(t) \equiv t^8 + t^6 + t^4(1 + a) + bt^3 + ct^2 + d = 0.$$

Pour que le plan (P) rencontre la courbe en quatre points concycliques, il faut qu'on puisse déterminer a, b, c, d en fonction de v, w, r de façon que le polynome $f(t)$ soit divisible par le polynome $\varphi(t)$.

Ceci n'est possible que si l'on a

$$(1) \qquad w = \frac{1 + v^2}{2},$$

et si cette équation est vérifiée, on a

$$(2) \qquad a = \frac{d}{r} + w^2 + r - 1, \qquad b = v\left(\frac{d}{r} - r\right), \qquad c = w\left(\frac{d}{r} + r\right).$$

L'équation générale des plans envisagés est donc

$$x + vy + \frac{1 + v^2}{2}\,z + r = 0,$$

v et r étant arbitraires.

Tous ces plans sont parallèles aux plans

$$x + vy + \frac{1 + v^2}{2}\,z = 0,$$

et ceux-ci enveloppent le cône du second degré

$$(C) \qquad y^2 - z(2x + z) = 0.$$

On en conclut que pour qu'un plan rencontre la courbe en quatre points concycliques, il faut que ce plan soit tangent au cône (C), ou parallèle à un plan tangent à ce cône.

2° Les relations (2) nous montrent que si l'on a $w = \dfrac{1 + v^2}{2}$, l'équation générale des sphères passant par les quatre points de rencontre de la courbe et du plan (P) est

$$x^2 + y^2 + z^2 + \left(\frac{d}{r} + w^2 + r - 1\right)x + v\left(\frac{d}{r} - r\right)y$$
$$+ w\left(\frac{d}{r} + r\right)z + d = 0,$$

ou

$$x^2 + y^2 + z^2 + (w^2 + r - 1)x - rvy + rwz$$
$$+ \frac{d}{r}(x + vy + wz + r) = 0.$$

Par suite, les équations du cercle passant par les quatre points sont

$$x^2 + y^2 + z^2 + (w^2 + r - 1)x - rvy + rwz = 0,$$
$$x + vy + wz + r = 0.$$

On aura le lieu engendré par ce cercle en éliminant r entre ces deux équations.

72. *On considère la courbe gauche définie par les équations*

$$x = t^4, \qquad y = t^3 + 3t^2, \qquad z = t^2 + 4t.$$

1° Former la relation qui existe entre les t des points d'intersection avec un plan.

2° Former les relations qui lient les t des points qui appartiennent à une sécante triple.

3° Montrer que les points de contact des plans osculateurs menés à la courbe par un point M de cette courbe et qui n'ont pas leur point de contact en M sont sur une même droite D.

4° Trouver l'équation du plan MD et l'enveloppe de ce plan quand M décrit la courbe.

En adoptant les mêmes notations qu'au n° 66, on trouve

1° $$S_3 + 4S_2 + 12S_1 = 0 ;$$

2° $$\sigma_2 + 4\sigma_1 + 12 = 0,$$
$$\sigma_3 + 4\sigma_2 + 12\sigma_1 = 0 ;$$

3° u désignant le t du point M, les t des points de contact des plans osculateurs passant par M sont racines de l'équation

$$t^3 + 3(u + 4)t^2 + 12(u + 3)t + 12u = 0.$$

4° Le plan MD a pour équation

$$x + 2(u + 6)y - 3u(u + 2)z - 12u^2 = 0.$$

Il enveloppe le cône

$$(y - 6z)^2 + 12(z + 4)(x + 12y) = 0.$$

73. *On donne une courbe* (C) *définie par les équations* $x = t$, $y = t^2$, $z = t^4$.

1° *Trouver la relation qui doit exister entre les valeurs de* t *relatives à quatre points de cette courbe pour que ces points soient dans un même plan.*

2° *Par la tangente AT en un point A de cette courbe on fait passer un plan variable Q. Ce plan rencontre la courbe en deux points B et C, distincts du point A. Quel est le lieu de la droite BC quand le plan Q tourne autour de la droite AT?*

3° *Démontrer que parmi les plans Q il en existe un, pour lequel l'un des points B ou C est confondu avec le point A. Trouver l'équation de ce plan en fonction du* t *du point A.*

4° *Un plan R quelconque rencontre la courbe en quatre points A, B, C, D. On mène les droites AB et CD qui se coupent en M, AC, BD qui se coupent en N, et AD, BC qui se coupent en P. Trouver le lieu des points M, N, P quand le plan R se déplace parallèlement à lui-même. Montrer que ce lieu est une cubique gauche, et exprimer les coordonnées d'un point de cette cubique en fonction rationnelle d'un paramètre.*

5° *Démontrer que cette cubique rencontre la courbe* (C) *en*

*trois points et qu'on pouvait a priori déterminer les valeurs de
t relatives à ces trois points.*

$$1° \qquad t_1 + t_2 + t_3 + t_4 = 0.$$

2°. Si on désigne par t_0 le t du point A, le lieu de la droite BC
est un paraboloïde hyperbolique qui a pour équation

$$(y + 2t_0x)(y - 2t_0x) + 4t_0^2y - z = 0.$$

3° Ce plan est le plan osculateur à la courbe au point A.

4° Soit $ux + vy + wz + r = 0$ l'équation du plan R ; on
peut considérer les points M, N, P comme les centres des couples
de sécantes communes aux coniques passant par les points
A, B, C, D.

On voit aisément que les équations

$$x^2 - y = 0, \qquad ux + vy + wy^2 + r = 0$$

représentent deux coniques situées dans le plan des xy et
passant par les projections des points A, B, C, D sur ce plan.

5° Les points cherchés sont les points de contact de la courbe
et des plans parallèles à R. Les t de ces points sont les racines
de l'équation

$$u + 2vt + 4wt^3 = 0.$$

74. On donne la courbe

$$x = \frac{t^3}{t^4 + 1}, \qquad y = \frac{t^2}{t^4 + 1}, \qquad z = \frac{t}{t^4 + 1};$$

on la coupe par un plan parallèle au plan des xz. Démontrer
que les quatre points de rencontre sont les sommets d'un rectangle et trouver le lieu engendré par les côtés de ce rectangle
quand le plan se déplace parallèlement au plan des xz.

Le lieu demandé se compose des deux cylindres définis par
les équations

$$(x + z)^2 - 2y^2 - y = 0,$$
$$(x - z)^2 + 2y^2 - y = 0.$$

75. On considère la courbe

$$x = t^2, \qquad y = t^3, \qquad z = t^4,$$

et les deux points A et B de celte courbe qui correspondent aux valeurs a et b du paramètre. Par la droite AB on fait passer un plan variable qui rencontre la courbe en deux autres points M et M'.

Trouver le lieu de la droite MM'.

Le lieu est la quadrique

$$x^2 - z - \left(\frac{1}{a} + \frac{1}{b}\right)^2(y^2 - xz) = 0.$$

76. Démontrer que par un point P quelconque de l'espace on peut mener quatre plans osculateurs à la courbe définie par les équations

$$y = x^3, \qquad z = x^4,$$

et que les points de contact de ces plans sont dans un même plan qui passe par le point P.

77. Former l'équation générale des plans bitangents à la courbe définie par les équations

$$x^2 = ay, \qquad y^2 = az,$$

et trouver l'enveloppe de ces plans.

On pourra représenter la courbe par les équations paramétriques

$$x = at, \qquad y = at^2, \qquad z = at^4.$$

L'enveloppe des plans bitangents est le cylindre parabolique $y^2 - az = 0$.

78. *On considère la courbe définie par les équations*

$$x = \frac{t}{1 + t^4}, \qquad y = \frac{t^2}{1 + t^4}, \qquad z = \frac{t^3}{1 + t^4}.$$

1° Former l'équation générale des quadriques passant par cette courbe, et montrer que parmi ces surfaces il y a deux cylindres.

2° Trouver la relation qui existe entre les t de quatre points de la courbe situés dans un même plan ; en déduire l'équation générale des plans bitangents à la courbe, et montrer que chacun de ces plans est tangent à l'un ou à l'autre des cylindres obtenus dans la première partie.

1° L'équation générale demandée est

$$A(x^2 + z^2 - y) + A'(y^2 - zx) = 0.$$

Elle représente un cylindre si l'on prend $A' = \pm 2A$; on obtient ainsi deux cylindres dont les équations sont

$$(1) \qquad (x - z)^2 + 2y^2 - y = 0,$$

$$(2) \qquad (x + z)^2 - 2y^2 - y = 0.$$

2° Pour que quatre points soient dans un même plan, il faut qu'on ait

$$t_1 t_2 t_3 t_4 = 1.$$

Par suite, pour qu'un plan soit bitangent aux points t_1, t_2, on doit avoir $t_1^2 t_2^2 = 1$, ou $t_1 t_2 = \pm 1$.

Prenons d'abord $t_1 t_2 = 1$, et posons $t_1 + t_2 = \lambda$. On trouvera aisément que l'équation du plan bitangent aux points t_1, t_2 est

$$2\lambda x - (\lambda^2 + 2)y + 2\lambda z - 1 = 0.$$

Quand λ varie ce plan enveloppe le cylindre (2).

Les plans correspondant à $t_1 t_2 = -1$ enveloppent le cylindre (1).

79. *Si tous les plans osculateurs à une courbe passent par un point fixe, la courbe est plane.*

Prenons le point fixe comme origine et soient

$$x = f(t), \qquad y = \varphi(t), \qquad z = \psi(t)$$

les équations paramétriques de la courbe.

Si le plan osculateur en un point quelconque passe par l'origine, on a, quel que soit t,

$$(1) \qquad \begin{vmatrix} x & y & z \\ x' & y' & z' \\ x'' & y'' & z'' \end{vmatrix} = 0,$$

x', x'' désignant les dérivées première et seconde de x par rapport à t, ...

Remarquons d'abord que les deux premières lignes du déterminant ne sont pas proportionnelles, car si l'on avait

$$\frac{x'}{x} = \frac{y'}{y} = \frac{z'}{z},$$

on en déduirait, en intégrant,

$$\mathrm{L}x = \mathrm{L}y + \mathrm{L}\alpha = \mathrm{L}z + \mathrm{L}\beta,$$

α, β étant deux constantes, ou

$$x = \alpha y = \beta z,$$

et la courbe se réduirait à une droite passant par l'origine.

On peut donc supposer par exemple

$$xy' - yx' \neq 0,$$

et alors il existe une valeur de λ et une valeur de μ vérifiant les deux équations

$$(2) \qquad \lambda x + \mu y + z = 0,$$

$$(3) \qquad \lambda x' + \mu y' + z' = 0,$$

et puisque le déterminant (1) est nul, ces valeurs vérifient aussi l'équation

$$(4) \qquad \lambda x'' + \mu y'' + z'' = 0.$$

Si nous dérivons maintenant par rapport à t les égalités (2) et (3), nous avons, en tenant compte de (3) et (4),

$$\lambda' x + \mu' y = 0, \qquad \lambda' x' + \mu' y' = 0,$$

λ' et μ' désignant les dérivées de λ et μ par rapport à t.

Or ce sont là deux équations linéaires et homogènes en λ', μ', dont le déterminant $xy' - yx'$ n'est pas nul ; on a donc $\lambda' = 0$, $\mu' = 0$, et par suite λ et μ sont des *constantes*.

L'égalité (2) montre alors que tous les points de la courbe sont dans un plan passant par l'origine.

80. *Si tous les points d'une courbe sont stationnaires, la courbe est plane.*

On a par hypothèse, quel que soit t,

$$\begin{vmatrix} x' & y' & z' \\ x'' & y'' & z'' \\ x''' & y''' & z''' \end{vmatrix} = 0.$$

On montrera comme au n° précédent qu'on a

$$\lambda x' + \mu y' + z' = 0,$$

λ et μ étant des constantes, et en intégrant on en déduira

$$\lambda x + \mu y + z + k = 0.$$

81. *On considère un paraboloïde équilatère ayant pour équation par rapport à deux axes rectangulaires*

$$z = xy ;$$

on prend sur Ox un vecteur $\overline{OM} = \lambda$, *et sur Oy un vecteur* $\overline{OM'} = \mu$, λ *et* μ *étant des variables liées par la relation*

$$a\lambda\mu + b\lambda + c\mu + d = 0,$$

où a, b, c, d sont des constantes.

1° On considère la génératrice du paraboloïde, autre que Ox, qui passe par le point M, et on demande le lieu du point de rencontre de cette droite avec le plan mené par Oz perpendiculairement à la droite MM'. Ce lieu est une courbe Γ du quatrième degré.

2° Montrer que le paraboloïde est la seule quadrique qui passe par la courbe Γ.

3° Établir la relation nécessaire et suffisante qui doit lier les abscisses x_1, x_2, x_3, x_4 de quatre points de la courbe Γ, pour que ces quatre points soient dans un même plan.

4° Former l'équation aux abscisses des points où le plan osculateur coupe la courbe en quatre points confondus ; résoudre et discuter cette équation.

5° Indiquer le nombre de plans osculateurs qu'on peut mener d'un point de l'espace à la courbe Γ.

1° Les équations de la courbe Γ sont

$$y = -\frac{x^2(ax + c)}{bx + d}, \qquad z = -\frac{x^3(ax + c)}{bx + d}.$$

3° La relation demandée est

$$(1) \qquad S_4 + \frac{d}{b}S_3 + \frac{d^2}{b^2}S_2 + \frac{cd^2}{ab^2}S_1 + \frac{c^2d^2}{a^2b^2} = 0,$$

S_p désignant la somme des produits p à p des abscisses x_1, x_2, x_3, x_4.

4° De cette relation on déduit immédiatement l'équation demandée,

$$x^4 + 4\frac{d}{b}x^3 + 6\frac{d^2}{b^2}x^2 + 4\frac{cd^2}{ab^2}x + \frac{c^2d^2}{a^2b^2} = 0,$$

qu'on peut encore écrire

$$\left(x^2 + \frac{2d}{b}x + \frac{dc}{ab}\right)^2 = \frac{2d(bc - ad)}{ab^2}x^2,$$

ce qui permet de la résoudre et de la discuter.

5° On pourra aussi utiliser la relation (1) pour former l'équation du plan osculateur à la courbe Γ au point d'abscisse x; on verra que les coefficients de l'équation de ce plan renferment x au sixième degré. Par suite, par un point de l'espace, il passe six plans osculateurs à la courbe Γ.

82. *On donne trois axes rectangulaires Ox, Oy, Oz, un cylindre parabolique et un plan définis respectivement par les équations*

$$y^2 - 2px = 0, \qquad z + \lambda(x - y) = 0.$$

Le plan rencontre le cylindre suivant une parabole (P).

1° Calculer les coordonnées du sommet S de la parabole (P).

2° Quand λ varie, le point S décrit une courbe (C), unicursale et du cinquième degré. Quelles sont les relations qui existent entre les valeurs de λ qui correspondent aux points de rencontre de cette courbe et d'un plan quelconque? En déduire que la courbe admet deux points doubles.

3° Déterminer l'intersection de la courbe et d'un plan osculateur quelconque.

4° Démontrer que, par toute droite tangente à la courbe (C) en un point A, on peut mener trois plans tangents à la courbe, chacun en un point autre que A.

5° Montrer que les plans bitangents à la courbe (C) se partagent en deux familles: les plans de l'une des familles sont tangents au cylindre parabolique, ceux de l'autre famille enveloppent une surface développable.

1° La direction asymptotique de la parabole (P) est parallèle à l'intersection du plan de la courbe et du plan de directions asymptotiques du cylindre parabolique. Par suite, cette direction est définie par les équations $z + \lambda(x - y) = 0$, $y = 0$, ou $z + \lambda x = 0$, $y = 0$.

On obtiendra facilement les coordonnées du point S en cherchant le point de la courbe où la tangente est perpendiculaire à la direction asymptotique.

On obtient ainsi

$$x = \frac{p\lambda^4}{2(\lambda^2 + 1)^2}, \qquad y = \frac{p\lambda^2}{\lambda^2 + 1}, \qquad z = \frac{p\lambda^3(\lambda^2 + 2)}{2(\lambda^2 + 1)^2}.$$

2° Ce sont les équations paramétriques de la courbe (C). Entre les λ des cinq points de rencontre de la courbe et d'un plan quelconque, il existe deux relations,

$$\Sigma\lambda_1\lambda_2 = 2, \qquad \Sigma\lambda_1\lambda_2\lambda_3\lambda_4 = 0.$$

On en déduit que la courbe admet deux points doubles : l'origine, correspondant à $\lambda = 0$, et le point $(2p, 2p, 0)$, correspondant aux racines de l'équation $\lambda^2 + 2 = 0$.

3° Le plan osculateur au point $\lambda = t$ rencontre la courbe en trois points confondus au point t et en deux autres points dont les λ sont racines de l'équation

$$8t\lambda^2 + 3(3t^2 - 2)\lambda + t(3t^2 - 2) = 0,$$

Ces points sont réels si t est compris entre $-\sqrt{\dfrac{2}{3}}$ et $+\sqrt{\dfrac{2}{3}}$.

4° Soient t le λ du point A et θ celui d'un des autres points de contact. On a la relation

$$(\theta + t)(\theta^2 + 3t\theta + t^2 - 2) = 0.$$

Il y a trois valeurs de θ.

5° On voit aussi qu'il y a deux familles de plans bitangents.

La première correspond à $\theta + t = 0$; on montrera que les plans bitangents correspondants sont tangents au cylindre parabolique $y^2 - 2px = 0$.

La deuxième correspond à l'équation

$$\theta^2 + 3t\theta + t^2 - 2 = 0.$$

Si l'on pose $\theta + t = a$, on en déduit $\theta t = 2 - a^2$, et l'équation du plan bitangent aux points t et θ peut s'écrire

$$2(a^6 - a^4 + 3a^2 - 2)x - (a^2 - 2)(2a^4 - 3a^2 + 4)y$$
$$- 4az + (a^2 - 2)^3 p = 0.$$

Quand a varie, ce plan enveloppe une surface développable de sixième classe.

83. *Étant donnés trois axes de coordonnées rectangulaires, Ox, Oy, Oz, on considère la surface (S) définie par l'équation*

$$z = xy + x^3,$$

et la droite (D) définie par les équations

$$y = b, \qquad z = c,$$

où b et c sont deux constantes données, la seconde n'étant pas nulle. Dans tout ce qui suit, cette droite (D) restera fixe.

1° Montrer que la surface (S) est réglée et trouver ses génératrices.

2° A chaque génératrice rectiligne (G) de la surface (S) on fait correspondre le plan (P) mené par la droite (D) et parallèle à la symétrique de (G) par rapport au plan xOy. Déterminer le lieu du point d'intersection de (G) et de (P), quand la droite (G) décrit la surface (S).

Montrer que ce lieu est une courbe (C) située sur une quadrique (Q) et déterminer cette quadrique.

3° Former l'équation du quatrième degré donnant les abscisses des points d'intersection de la courbe (C) avec un plan donné par son équation

$$ux + vy + wz + s = 0.$$

Calculer les fonctions symétriques élémentaires des racines en fonction de u, v, w, s. En déduire la relation à laquelle doivent satisfaire les abscisses x_1, x_2, x_3, x_4 de quatre points de la courbe (C) pour que ces quatre points soient dans un même plan.

Cette relation sera utile dans la plupart des questions qui vont suivre.

4° Déduire de la relation précédente les relations auxquelles doivent satisfaire les abscisses x_1, x_2, x_3 de trois points de la courbe (C) pour que ces trois points soient en ligne droite.

Former l'équation générale du troisième degré dont les racines sont les abscisses de trois points en ligne droite de la courbe (C). Montrer que les droites qui coupent (C) en trois points engendrent l'une des familles de génératrices rectilignes de la quadrique (Q).

5° Montrer que la condition nécessaire et suffisante pour que les plans osculateurs à la courbe (C) en trois points donnés se coupent sur la courbe (C) est que ces trois points soient en ligne droite.

6° Par un point quelconque M de la courbe (C) il passe deux plans jouissant de la propriété d'être tangents à la courbe (C) au point M et en un autre point (c'est-à-dire d'être bitangents à la courbe). Soient M' et M'' les seconds points de contact de ces deux plans. Montrer qu'il existe un plan bitangent à la courbe (C) en M' et M''.

À quelles relations doivent satisfaire les abscisses de trois points M, M', M'' de la courbe (C) pour que deux quelconques d'entre eux soient les points de contact d'un plan bitangent à la courbe (C)?

7° Former l'équation générale du troisième degré dont les racines sont les abcisses de trois points, M, M', M'', de la courbe (C) satisfaisant aux conditions précédentes. Exprimer les coefficients de cette équation au moyen de l'abscisse ξ du quatrième point d'intersection μ de la courbe (C) avec le plan (Π) déterminé par les points M, M', M''.

Calculer, en fonction de ξ, les coefficients de l'équation du plan (Π) et les coordonnées du point de concours A des tangentes à la courbe (C) aux points M, M', M''. Ce point A sera dit le point associé au point μ de la courbe (C).

8° Montrer qu'il existe une infinité de quadriques, ne dépendant que de b et de c, par rapport auxquelles le point A est le pôle du plan (Π); déterminer ces quadriques, et montrer que l'une d'elles est la quadrique (Q) déjà considérée.

Déterminer le lieu (Γ) du point A, ainsi que l'enveloppe du plan (Π), quand le point μ décrit la courbe (C).

9° À trois points quelconques en ligne droite μ_1, μ_2, μ_3, pris *sur la courbe (C), sont associés les trois sommets A_1, A_2, A_3 d'un triangle inscrit dans la courbe (Γ). Déterminer, en supposant $b = 0$, l'enveloppe des côtés de ce triangle quand la droite $\mu_1\mu_2\mu_3$ varie. Montrer que, dans la même hypothèse $b = 0$, le cercle circonscrit au triangle $A_1A_2A_3$ passe par deux points fixes.*

1° Les génératrices ont pour équations

$$x = \lambda, \qquad z = \lambda y + \lambda^3.$$

2° La courbe (C) est définie par les équations

$$y = \frac{-x^3 + bx + c}{2x}, \qquad z = \frac{x^3 + bx + c}{2}.$$

Cette courbe est l'intersection de la surface (S) et du paraboloïde (Q),

$$(Q) \qquad x(y - b) + z - c = 0.$$

3° Si l'on désigne par S_p la somme des produits p à p des abscisses des points d'intersection de la courbe (C) et du plan $ux + vy + wz + s = 0$, on a

$$S_1 = \frac{v}{w}, \qquad S_2 = \frac{2u + bw}{w},$$

$$S_3 = -\frac{bu + cw + 2s}{w}, \qquad S_4 = \frac{cv}{w}.$$

Pour que les quatre points x_1, x_2, x_3, x_4 soient dans un même plan, il faut qu'on ait $S_4 = cS_1$, ou

$$(1) \qquad x_1 x_2 x_3 x_4 - c(x_1 + x_2 + x_3 + x_4) = 0.$$

4° Pour que trois points soient en ligne droite, il faut qu'on ait les deux conditions

$$x_1 + x_2 + x_3 = 0, \qquad x_1 x_2 x_3 - c = 0;$$

x_1, x_2, x_3 doivent être racines d'une équation de la forme

$$(2) \qquad x^3 + \lambda x - c = 0.$$

Une génératrice quelconque du paraboloïde (Q), parallèle au

plan directeur $y = 0$, rencontre la surface (S) et par suite la courbe (C) en trois points dont les abscisses sont racines d'une équation de la forme (2).

5° Le plan osculateur en un point x rencontre (C) en un autre point x_4, défini par la relation

$$x^3 x_4 - c(3x + x_4) = 0,$$

ou

$$x^3 - \frac{3c}{x_4} x - c = 0,$$

équation de la forme (2).

6° Les relations que doivent vérifier les abscisses x, x', x'' des points M, M', M'' sont

$$xx'x'' = -2c, \qquad x'x'' + x''x + xx' = 0.$$

7° L'équation demandée est

$$x^3 + 3\xi x^2 + 2c = 0.$$

Le plan (II) a pour équation

$$(3\xi^2 + b)x + 4\xi y - 2z - (2b\xi + c) = 0,$$

et le point A a pour coordonnées

$$x = -2\xi, \qquad y = \frac{b - 3\xi^2}{2}, \qquad z = \frac{5c - 2b\xi}{2}.$$

8° L'équation générale des quadriques demandées est

$$\lambda\left[x(y - b) + z - c\right] + \mu(bx - 2z + 5c)^2 = 0.$$

Le lieu du point A est une parabole (Γ) définie par les équations

$$z = \frac{5c + bx}{2}, \qquad y = \frac{4b - 3x^2}{8},$$

et l'enveloppe du plan (II) est un cône du second degré,

$$(2y - b)^2 - 3x(bx - 2z - c) = 0.$$

9° Si $b = 0$, les équations de la parabole (Γ) sont

$$z = \frac{5c}{2}, \qquad y = -\frac{3x^2}{8}.$$

L'enveloppe des côtés du triangle $A_1 A_2 A_3$ est une parabole

$$z = \frac{5c}{2}, \qquad y^2 = -\frac{9cx}{2};$$

et le cercle circonscrit au triangle $A_1 A_2 A_3$ passe par les deux points fixes $\left(-\dfrac{9c}{2},\ 0,\ \dfrac{5c}{2}\right)$ et $\left(0,\ 0,\ \dfrac{5c}{2}\right)$.

84. 1° *Les coordonnées d'un point d'une courbe* (C) *étant représentées par les formules*

$$x = \frac{2}{t - a}, \qquad y = \frac{2}{t - b}, \qquad z = \frac{2}{t - c},$$

où t désigne un paramètre variable et a, b, c sont trois constantes différentes, on considère tous les segments de droite dont les deux extrémités sont sur la courbe (C), *et on demande de trouver la surface* (S), *lieu des milieux M de ces cordes.*

2° *Démontrer que la surface* (S) *contient la courbe* (C) *et ses trois asymptotes.*

3° *Montrer qu'à chaque point M de cette surface correspond une seule corde de la courbe* (C) *ayant son milieu en M. Discuter analytiquement et mettre ainsi en évidence trois droites tracées sur la surface* (S).

4° *Délimiter la région du plan de xy où doit se projeter un point M de la surface* (S) *pour que la corde dont ce point est le milieu joigne deux points réels de la courbe* (C).

5° *Trouver toutes les droites situées à distance finie sur la surface* (S).

6° *Trouver le lieu des cordes de la courbe* (C) *dont les milieux sont sur une droite.*

85. *Une courbe* (L) *est rapportée à trois axes rectangulaires Ox, Oy, Oz. Les coordonnées d'un point* M *de cette courbe s'expriment en fonction d'un paramètre φ par les équations*

$$x = \sin \varphi \cos \varphi, \qquad y = \sin^2 \varphi, \qquad z = \operatorname{tg}\varphi.$$

1° Trouver la transformée de la courbe (L) *dans le développement du cylindre de génératrices parallèles à* Oz *et de directrice* (L). — *Trouver les courbes tracées sur ce cylindre et dont la tangente en chaque point est perpendiculaire à la droite joignant l'origine* O *au point de rencontre de cette tangente et du plan* xOy. — *Exprimer les coordonnées d'un point* M *de la courbe* (L) *en fonction de la cote z de ce point.*

2° Soient S_0 et S_1 deux points de la courbe (L) *dont les cotes sont z_0 et z_1. La droite $S_0 S_1$ rencontre le plan* xOy *en un point* P. *Calculer les coordonnées du point* P *en fonction de z_0 et z_1.* — *Réciproquement, étant donné le point* P, *déterminer les points S_0 et S_1 qui lui correspondent. Dans quelle région du plan* xOy *le point* P *doit-il se trouver pour que S_0 et S_1 soient réels?*

3° Lorsque le point S_0 est fixe et le point S_1 variable sur (L), *le lieu du point* P *est un cercle* (C), *perspective de la courbe* (L) *sur le plan* xOy *à partir du point de vue S_0. Trouver le lieu des centres et l'enveloppe des cercles* (C) *lorsque S_0 décrit la courbe* (L).

4° Trouver le lieu des points de rencontre Q *de deux cercles* (C) *orthogonaux.* — *Calculer les angles que font avec* Ox *les tangentes en* Q *aux deux cercles et trouver l'enveloppe de ces tangentes.*

5° Exprimer les coordonnées du point P *en fonction des valeurs φ_0 et φ_1 du paramètre φ qui correspondent aux points S_0 et S_1.* — *Montrer que les perspectives sur le plan* xOy *d'un même point* M *de* (L) *à partir de deux points de vue différents fixes, pris sur cette courbe, décrivent des arcs semblables lorsque* M *varie. Démontrer qu'il existe une infinité de polygones gauches de n côtés dont les sommets sont situés sur* (L) *et dont les perspectives sur* xOy *à partir des différents points S_0 de* (L) *sont toutes des polygones réguliers.*

6° *Soient S_0' et S_1' deux points quelconques de l'espace. Montrer qu'il existe une courbe (L') passant par S_0' et S_1' et telle que les perspectives de cette courbe sur le plan xOy, faites à partir d'un point de vue pris sur (L'), forment la même famille de cercles (C) que les perspectives définies à partir de la courbe (L).*

CHAPITRE III

CÔNES ET CONOÏDES

---

86. *Former l'équation du cône qui a pour sommet le point (x_0, y_0, z_0) et pour directrice la courbe du plan des xy qui est définie par les équations*

$$f(x, y) = 0, \qquad z = 0.$$

En écrivant que la droite

$$(1) \qquad \frac{x - x_0}{\lambda} = \frac{y - y_0}{\mu} = \frac{z - z_0}{\nu}$$

rencontre la directrice, on obtient aisément la condition

$$(2) \qquad f\left(\frac{\nu x_0 - \lambda z_0}{\nu}, \ \frac{\nu y_0 - \mu z_0}{\nu} \right) = 0,$$

et il n'y a plus qu'à éliminer λ, μ, ν entre (1) et (2) pour obtenir l'équation du cône. On trouve ainsi

$$f\left(\frac{z x_0 - x z_0}{z - z_0}, \ \frac{z y_0 - y z_0}{z - z_0} \right) = 0.$$

87. *On donne une ellipse* E *et un plan* P *non parallèle au plan de l'ellipse, et on demande le lieu du sommet d'un cône passant par l'ellipse et qui soit coupé par le plan* P *suivant un cercle.*

Nous pouvons évidemment remplacer le plan P par un plan

parallèle, puisque des plans parallèles coupent une surface du second degré suivant des coniques homothétiques.

Par le centre O de l'ellipse nous menons un plan Q parallèle au plan P, et nous désignons par Ox la trace du plan Q sur le plan de l'ellipse ; soit Oy le diamètre conjugué de Ox par rapport à l'ellipse, et Oz la perpendiculaire à Ox située dans le plan Q. Nous prendrons Ox, Oy, Oz comme axes de coordonnées.

Les équations de l'ellipse sont de la forme

$$\frac{x^2}{a^2} + \frac{y^2}{b^2} - 1 = 0, \qquad z = 0 \, ;$$

le plan Q coïncide avec le plan xOz, *les axes Ox et Oz étant rectangulaires.*

Soit $(x_0,\ y_0,\ z_0)$ un point du lieu ; le cône qui a pour sommet ce point et qui passe par l'ellipse a pour équation (86)

$$\frac{(zx_0 - xz_0)^2}{a^2} + \frac{(zy_0 - yz_0)^2}{b^2} - (z - z_0)^2 = 0.$$

Écrivons que ce cône est coupé par le plan des zx suivant un cercle. Nous obtenons les conditions

$$x_0 = 0, \qquad \frac{y_0^2}{b^2} - \frac{z_0^2}{a^2} - 1 = 0.$$

On voit ainsi que le lieu est une hyperbole située dans le plan des yz.

88. *On donne une ellipse et un plan non parallèle au plan de l'ellipse, et on demande le lieu du sommet d'un cône passant par l'ellipse et qui soit coupé par le plan P suivant une hyperbole équilatère.*

Mêmes axes et mêmes notations qu'au n° 87.

Le lieu est un ellipsoïde ayant pour équation

$$\frac{x^2}{a^2} + \frac{y^2}{b^2} + \frac{z^2}{a^2} - 1 = 0.$$

89. *Résoudre les deux questions précédentes en remplaçant l'ellipse par une parabole.*

90. *On donne un ellipsoïde E et un plan P, et on demande le lieu du sommet d'un cône circonscrit à l'ellipsoïde et qui soit coupé par le plan P suivant un cercle.*

Nous menons par le centre O de l'ellipsoïde un plan Q parallèle au plan P ; ce plan Q coupe la surface suivant une ellipse E'. Nous prenons comme axes Ox, Oy les *axes* de l'ellipse E' et comme axe Oz le diamètre conjugué du plan Q par rapport à l'ellipsoïde E. De cette façon, le plan Q coïncide avec le plan des xy, *les axes Ox, Oy étant rectangulaires*, et l'ellipsoïde a une équation de la forme

$$\frac{x^2}{a^2} + \frac{y^2}{b^2} + \frac{z^2}{c^2} - 1 = 0.$$

Soit (x_0, y_0, z_0) un point du lieu ; le cône ayant pour sommet ce point et circonscrit à l'ellipsoïde a pour équation

$$\left(\frac{xx_0}{a^2} + \frac{yy_0}{b^2} + \frac{zz_0}{c^2} - 1\right)^2$$
$$- \left(\frac{x^2}{a^2} + \frac{y^2}{b^2} + \frac{z^2}{c^2} - 1\right)\left(\frac{x_0^2}{a^2} + \frac{y_0^2}{b^2} + \frac{z_0^2}{c^2} - 1\right) = 0.$$

Il suffit d'écrire que ce cône est coupé par le plan des xy suivant un cercle.

On trouve alors aisément que le lieu se compose des deux coniques

$$\begin{cases} \dfrac{x^2}{a^2 - b^2} + \dfrac{z^2}{c^2} - 1 = 0, \\ y = 0, \end{cases} \qquad \begin{cases} \dfrac{y^2}{a^2 - b^2} - \dfrac{z^2}{c^2} + 1 = 0, \\ x = 0. \end{cases}$$

Comme on peut toujours supposer $a^2 - b^2 > 0$, la première est une ellipse, la seconde une hyperbole.

Dans le cas particulier où l'on a $a^2 - b^2 = 0$, c'est-à-dire où le plan Q coupe l'ellipsoïde suivant un cercle, le lieu se réduit à l'axe des z.

91. *On donne un ellipsoïde et un plan* P, *et on demande le lieu du sommet d'un cône circonscrit à l'ellipsoïde et qui soit coupé par le plan suivant une hyperbole équilatère.*

Mêmes axes et mêmes notations qu'au n° 90.
Le lieu est un ellipsoïde ayant pour équation

$$\frac{x^2 + y^2}{a^2 + b^2} + \frac{z^2}{c^2} - 1 = 0.$$

92. *On donne un ellipsoïde* E, *un plan* P *et un point* C *situé dans le plan* P; *on demande le lieu du sommet d'un cône circonscrit à l'ellipsoïde et qui soit coupé par le plan* P *suivant une conique ayant pour centre le point* C.

Menons par le centre O de l'ellipsoïde un plan Q parallèle au plan P; ce plan Q coupe la surface suivant une ellipse E′ ayant pour centre le point O. Nous prendrons comme origine le point O, comme axe dés z le diamètre conjugué du plan P par rapport à l'ellipsoïde, et comme axes des x et des y deux diamètres conjugués de l'ellipse E′, tels que l'un d'eux, Ox par exemple, soit parallèle à la droite qui joint le point C au point de rencontre de Oz et du plan P.

Les équations de E et P sont respectivement

$$\frac{x^2}{a^2} + \frac{y^2}{b^2} + \frac{z^2}{c^2} - 1 = 0, \qquad z - h = 0,$$

et les coordonnées du point C sont α, 0, h.

On trouve alors aisément que le lieu demandé est une conique située dans le plan zOx et ayant pour équation, par rapport aux axes Ox, Oz,

$$hxz - \alpha z^2 - c^2 x + c^2 \alpha = 0.$$

On trouve aussi comme lieu singulier la courbe de contact du cône circonscrit à l'ellipsoïde qui a pour sommet le point C.

93. *On donne un ellipsoïde E, un plan P et un point F dans ce plan ; on demande le lieu du sommet d'un cône circonscrit à l'ellipsoïde et qui soit coupé par le plan P suivant une conique ayant pour foyer le point F.*

Nous prendrons comme origine le point F, comme plan des xy le plan P, comme axes des x et des y des parallèles aux axes de l'ellipse section de l'ellipsoïde par un plan quelconque parallèle à P, enfin pour axe des z une parallèle au diamètre conjugué du plan P.

Dans ces conditions, l'équation de la surface est de la forme

$$A x^2 + A' y^2 + A'' z^2 + 2C x + 2C' y + 2C'' z + D = 0.$$

On écrira que le cône circonscrit de sommet (x_0, y_0, z_0) est coupé par le plan des xy suivant une conique ayant pour foyer l'origine ; on obtiendra deux équations homogènes et du deuxième degré par rapport à x_0, y_0, z_0. Ces deux équations représentent deux cônes qui ont pour sommet le point F ; on montrera qu'ils se coupent suivant deux génératrices réelles et deux imaginaires.

On en conclut que le lieu se compose de deux droites passant par le point F.

94. *Former l'équation du cône qui a pour sommet le point (x_0, y_0, z_0) et pour directrice la courbe définie par les équations paramétriques $x = f(t), y = \varphi(t), z = \psi(t)$.*

Les équations de la droite joignant le sommet à un point quelconque de la directrice sont

$$\frac{x - x_0}{f(t) - x_0} = \frac{y - y_0}{\varphi(t) - y_0} = \frac{z - z_0}{\psi(t) - z_0} ;$$

nous aurons l'équation du cône en éliminant t entre ces deux équations.

95. *Former l'équation du cône qui a pour sommet le point (α, β, γ) et pour directrice la cubique gauche définie par les équations paramétriques*

$$x = \frac{a^2\alpha}{t + a^2}, \qquad y = \frac{b^2\beta}{t + b^2}, \qquad z = \frac{c^2\gamma}{t + c^2}.$$

Nous éliminons t entre les équations

$$\frac{x - \alpha}{\dfrac{a^2\alpha}{t + a^2} - \alpha} = \frac{y - \beta}{\dfrac{b^2\beta}{t + b^2} - \beta} = \frac{z - \gamma}{\dfrac{c^2\gamma}{t + c^2} - \gamma},$$

ou

$$\frac{(x - \alpha)(t + a^2)}{\alpha} = \frac{(y - \beta)(t + b^2)}{\beta} = \frac{(z - \gamma)(t + c^2)}{\gamma}.$$

Désignons par $-\lambda$ ces trois rapports égaux ; nous aurons à éliminer t et λ entre les équations

$$t + a^2 + \frac{\alpha\lambda}{x - \alpha} = 0,$$

$$t + b^2 + \frac{\beta\lambda}{y - \beta} = 0,$$

$$t + c^2 + \frac{\gamma\lambda}{z - \gamma} = 0 ;$$

nous obtenons immédiatement

$$\begin{vmatrix} 1 & a^2 & \dfrac{\alpha}{x - \alpha} \\[2ex] 1 & b^2 & \dfrac{\beta}{y - \beta} \\[2ex] 1 & c^2 & \dfrac{\gamma}{z - \gamma} \end{vmatrix} = 0,$$

ou

$$\frac{\alpha(b^2 - c^2)}{x - \alpha} + \frac{\beta(c^2 - a^2)}{y - \beta} + \frac{\gamma(a^2 - b^2)}{z - \gamma} = 0,$$

ou enfin

$$\alpha(b^2 - c^2)(y - \beta)(z - \gamma) + \beta(c^2 - a^2)(z - \gamma)(x - \alpha)$$
$$+ \gamma(a^2 - b^2)(x - \alpha)(y - \beta) = 0.$$

REMARQUES. — 1. Ce cône est du second degré, et ceci pouvait être prévu, car le sommet S du cône est sur la cubique, il correspond à la valeur zéro du paramètre t. Par suite, un plan quelconque passant par le point S coupe la cubique aux trois points S, A, B, et le cône suivant deux génératrices SA, SB.

11. La cubique donnée est la cubique d'Apollonius relative au point (α, β, γ) et à l'ellipsoïde $\dfrac{x^2}{a^2} + \dfrac{y^2}{b^2} + \dfrac{z^2}{c^2} - 1 = 0$, c'est-à-dire la cubique qui rencontre l'ellipsoïde aux pieds des normales issues du point (α, β, γ).

On en conclut le théorème suivant, dû à CHASLES :

Les six normales issues d'un point à un ellipsoïde sont sur un cône du deuxième degré.

96. *Former l'équation du cône qui a pour sommet l'origine des coordonnées et pour directrice la cubique envisagée au n°précédent.*

On trouve

$$\alpha a^2(b^2 - c^2)yz + \beta b^2(c^2 - a^2)zx + \gamma c^2(a^2 - b^2)xy = 0.$$

97. *Former l'équation du cône qui a pour sommet le point $(1, 1, 1)$ et pour directrice la cubique $x = t^3$, $y = t^2$, $z = t$.*

On trouve $(x - y)(z - 1) - (y - z)^2 = 0.$

98. *On donne dans l'espace une droite fixe D et deux points A et B, la droite qui joint ces deux points étant orthogonale à D. Par A et B on mène deux droites mobiles Δ, Δ' orthogonales entre elles et rencontrant D. Lieu géométrique de la perpendiculaire commune à Δ et Δ'.*

Soit O le point de rencontre de la droite D et du plan mené par AB perpendiculairement à D. Menons AA' perpendiculaire sur OB et BB′ perpendiculaire sur OA, et soit S le point de rencontre de ces deux perpendiculaires.

Le lieu cherché est le cône qui a pour sommet le point S et pour base le cercle de diamètre AB′ dans le plan AOD, ou le cercle de diamètre BA′ dans le plan BOD.

99. *Si par le sommet d'un cône du deuxième degré* (C) *on mène des perpendiculaires aux plans tangents, le lien de ces droites est un cône du second degré* (C′), *qui est appelé le cône supplémentaire du cône* (C).

Réciproquement, le cône supplémentaire du cône (C′) *est le cône* (C) *lui-même.*

Soit

$$A x^2 + A'y^2 + A''z^2 = 0$$

l'équation du cône (C) rapporté à ses axes.

Désignons par α, β, γ les paramètres directeurs d'une génératrice ; nous avons

$$(1) \qquad A\alpha^2 + A'\beta^2 + A''\gamma^2 = 0,$$

et la perpendiculaire au plan tangent le long de cette génératrice a pour équations

$$(2) \qquad \frac{x}{A\alpha} = \frac{y}{A'\beta} = \frac{z}{A''\gamma}.$$

Nous aurons l'équation du lieu demandé en éliminant α, β, γ entre (1) et (2). Nous avons ainsi

$$\frac{x^2}{A} + \frac{y^2}{A'} + \frac{z^2}{A''} = 0 ;$$

c'est l'équation du cône (C′).

Cette équation se déduit de celle du cône (C) en y remplaçant les coefficients par leurs inverses.

Ceci démontre la réciproque.

On peut dire alors que (C) et (C′) sont deux cônes supplémentaires.

100. *Former l'équation du cône supplémentaire du cône* (C) *défini par l'équation*

$$\varphi(x, y, z) \equiv Ax^2 + A'y^2 + A''z^2 + 2Byz + 2B'zx + 2B''xy = 0,$$

les axes de coordonnées étant rectangulaires.

Il faut éliminer α, β, γ entre les équations

(1) $$\varphi(\alpha, \beta, \gamma) = 0,$$

(2) $$\frac{x}{\varphi'_\alpha} = \frac{y}{\varphi'_\beta} = \frac{z}{\varphi'_\gamma}.$$

Les équations (2) peuvent s'écrire

(3)
$$\begin{cases} \dfrac{1}{2}\varphi'_\alpha - \lambda x = 0, \\[2mm] \dfrac{1}{2}\varphi'_\beta - \lambda y = 0, \\[2mm] \dfrac{1}{2}\varphi'_\gamma - \lambda z = 0. \end{cases}$$

Multiplions-les respectivement par α, β, γ, puis ajoutons-les membre à membre ; nous obtenons

$$\varphi(\alpha,\beta,\gamma) - \lambda(\alpha x + \beta y + \gamma z) = 0;$$

ceci nous montre qu'on peut remplacer (1) par l'équation suivante :

(4) $$\alpha x + \beta y + \gamma z = 0.$$

Il n'y a plus qu'à éliminer α, β, γ, λ entre les équations (3) et (4), qui sont linéaires et homogènes. Nous obtenons immédiatement

$$\begin{vmatrix} A & B'' & B' & x \\ B'' & A' & B & y \\ B' & B & A'' & z \\ x & y & z & 0 \end{vmatrix} = 0,$$

ou

$$ax^2 + a'y^2 + a''z^2 + 2byz + 2b'zx + 2b''xy = 0,$$

a, a',... désignant les coefficients de A, A',. . dans le développement du déterminant

$$\begin{vmatrix} A & B'' & B' \\ B'' & A' & B \\ B' & B & A'' \end{vmatrix}.$$

101. *Étant donnée l'équation d'une quadrique rapportée à des axes rectangulaires Ox, Oy, Oz,*

(1) $\quad f(x, y, z) \equiv \varphi(x, y, z) + 2Cx + 2C'y + 2C''z + D = 0,$

$\varphi(x, y, z)$ désignant la forme quadratique

$$Ax^2 + A'y^2 + A''z^2 + 2Byz + 2B'zx + 2B''xy,$$

on rapporte cette quadrique à de nouveaux axes rectangulaires, d'ailleurs quelconques, ωX, ωY, ωZ ; on remplace alors dans l'équation (1) x, y, z par des fonctions linéaires de X, Y, Z sans chasser aucun dénominateur. L'équation (1) prend la forme

(2) $\quad f_1(X, Y, Z) \equiv \varphi_1(X, Y, Z) + 2C_1 X + 2C_1' Y + 2C_1'' Z + D_1 = 0,$

en posant

$$\varphi_1(X, Y, Z) \equiv A_1 X^2 + A_1' Y^2 + A_1'' Z^2 + 2B_1 YZ + 2B_1' ZX + 2B_1'' XY.$$

On désigne par Δ et Δ_1 les discriminants de $\varphi(x, y, z)$ et de $\varphi_1(X, Y, Z)$, par a, a', a'' les coefficients de A, A', A'' dans le développement de Δ, par a_1, a_1', a_1'' ceux de A_1, A_1', A_1'' dans le développement de Δ_1.

Démontrer que l'on a

$$A_1 + A_1' + A_1'' = A + A' + A'',$$
$$a_1 + a_1' + a_1'' = a + a' + a'',$$
$$\Delta_1 = \Delta.$$

Quand on transporte les axes de coordonnées parallèlement à eux-mêmes, les coefficients de $\varphi(x, y, z)$ ne sont pas modifiés ; par suite, il suffit d'établir la proposition en supposant que *l'origine ne change pas.*

Dans ces conditions x, y, z sont des fonctions linéaires et homogènes de X, Y, Z, et en conséquence, $\varphi(x, y, z)$ se transforme en φ_1(X, Y, Z). De même $x^2 + y^2 + z^2$ se transforme en $X^2 + Y^2 + Z^2$, puisque ces deux quantités sont égales au carré de la distance d'un même point à l'origine.

On en conclut que, si dans la forme quadratique

$$(3) \qquad \varphi(x, y, z) - S(x^2 + y^2 + z^2)$$

on remplace x, y, z par leurs valeurs en fonction de X, Y, Z, cette forme devient

$$(4) \qquad \varphi_1(X, Y, Z) - S(X^2 + Y^2 + Z^2),$$

et cela quel que soit le nombre S. Par suite, ces deux formes seront décomposables en une somme de deux carrés pour les mêmes valeurs de S.

Ceci revient à dire que leurs discriminants s'annulent pour les mêmes valeurs de S. Or, en égalant ces discriminants à zéro, on obtient précisément les équations en S,

$$S^3 - (A + A' + A'')S^2 + (a + a' + a'')S - \Delta = 0,$$
$$S^3 - (A_1 + A_1' + A_1'')S^2 + (a_1 + a_1' + a_1'')S - \Delta_1 = 0.$$

Comme ces équations ont mêmes racines, on a

$$A_1 + A_1' + A_1'' = A + A' + A'',$$
$$a_1 + a_1' + a_1'' = a + a' + a'',$$
$$\Delta_1 = \Delta.$$

102. *Étant donné un cône du deuxième degré ayant pour sommet l'origine de trois axes rectangulaires,*

$$\varphi(x, y, z) \equiv Ax^2 + A'y^2 + A''z^2 + 2Byz + 2B'zx + 2B''xy = 0,$$

la condition nécessaire et suffisante pour que le cône contienne trois génératrices formant un trièdre trirectangle est que l'on ait

$$A + A' + A'' = 0.$$

$1°$ *La condition est nécessaire.* — Supposons que le cône

contienne trois génératrices formant un trièdre trirectangle ;
prenons ces trois droites comme nouveaux axes de coordonnées.
L'équation du cône devient alors

$$\varphi_1(X,\ Y,\ Z) \equiv A_1 X^2 + A_1' Y^2 + A_1'' Z^2 + 2B_1 YZ + 2B_1' ZX$$
$$+ 2B_1'' XY = 0.$$

Mais comme la surface contient les axes OX, OY, OZ, on a
$A_1 = 0$, $A_1' = 0$, $A_1'' = 0$.

D'autre part, d'après le théorème précédent (101), on a

$$A + A' + A'' = A_1 + A_1' + A_1''.$$

On en conclut

$$A + A' + A'' = 0.$$

2^0 *La condition est suffisante.* — Supposons qu'on ait

$$A + A' + A'' = 0.$$

Faisons une transformation de coordonnées en prenant pour
axe des Z une génératrice quelconque G du cône. L'équation de
la surface devient

$$A_1 X^2 + A_1' Y^2 + A_1'' Z^2 + 2B_1 YZ + 2B_1' ZX + 2B_1'' XY = 0,$$

et l'on a $A_1'' = 0$, puisque le cône passe par OZ.

La relation

$$A_1 + A_1' + A_1'' = A + A' + A''$$

nous donne alors $A_1 + A_1' = 0$. Elle exprime que le plan des XY
coupe le cône suivant deux génératrices rectangulaires ; celles-ci
forment avec OZ un trièdre trirectangle situé sur le cône.

Remarque. — On voit de plus que si $A + A' + A''$ est nul, il
existe une *infinité* de trièdres trirectangles sur le cône, puisque
la génératrice G a été choisie arbitrairement.

On dit dans ce cas que le cône est *capable d'un trièdre trirectangle inscrit.*

On dit qu'une quadrique est *équilatère* lorsque le cône des
directions asymptotiques est capable d'un trièdre trirectangle
inscrit.

103. *Étant donné un cône du deuxième degré ayant pour sommet l'origine de trois axes rectangulaires,*

$$\varphi(x, y, z) \equiv Ax^2 + A'y^2 + A''z^2 + 2Byz + 2B'zx + 2B''xy = 0,$$

la condition nécessaire et suffisante pour que ce cône admette trois plans tangents formant un trièdre trirectangle est que l'on ait

$$a + a' + a'' = 0.$$

Il suffit d'appliquer le théorème précédent au cône supplémentaire.

Si cette condition est remplie, on dit que le cône est *capable d'un trièdre trirectangle circonscrit.*

104. *On donne trois axes rectangulaires Ox, Oy, Oz et une ellipse qui a pour équations*

$$\frac{x^2}{a^2} + \frac{y^2}{b^2} - 1 = 0, \qquad z = 0.$$

Trouver le lieu des sommets des trièdres trirectangles dont les arêtes rencontrent l'ellipse donnée;

Soient x_0, y_0, z_0 les coordonnées d'un point du lieu; on écrira que le cône qui a pour sommet ce point est capable d'un trièdre trirectangle inscrit.

Le lieu a pour équation

$$\frac{x^2}{a^2} + \frac{y^2}{b^2} + z^2\left(\frac{1}{a^2} + \frac{1}{b^2}\right) = 1.$$

105. *Même question pour la parabole* $y^2 - 2px = 0$, $z = 0$.

Le lieu est le paraboloïde de révolution engendré par la parabole en tournant autour de son axe.

106. *Lieu des sommets des trièdres trirectangles dont les* *arêtes sont tangentes à l'ellipsoïde* $\dfrac{x^2}{a^2}+\dfrac{y^2}{b^2}+\dfrac{z^2}{c^2}-1=0$, *les axes de coordonnées étant supposés rectangulaires.*

On écrira que le cône circonscrit qui a pour sommet un point du lieu est capable d'un trièdre trirectangle inscrit.

Le lieu est un ellipsoïde,

$$\frac{x^2}{a^2}\left(\frac{1}{b^2}+\frac{1}{c^2}\right)+\frac{y^2}{b^2}\left(\frac{1}{c^2}+\frac{1}{a^2}\right)+\frac{z^2}{c^2}\left(\frac{1}{a^2}+\frac{1}{b^2}\right)$$
$$-\left(\frac{1}{a^2}+\frac{1}{b^2}+\frac{1}{c^2}\right)=0.$$

107. *Lieu des sommets des trièdres trirectangles dont les plans des faces sont tangents à l'ellipsoïde* $\dfrac{x^2}{a^2}+\dfrac{y^2}{b^2}+\dfrac{z^2}{c^2}-1=0$ *(axes rectangulaires).*

On écrira que le cône circonscrit qui a pour sommet un point du lieu est capable d'un trièdre trirectangle circonscrit.

Le lieu demandé est la sphère de Monge

$$x^2+y^2+z^2=a^2+b^2+c^2.$$

En faisant le calcul, on trouve comme facteur étranger le premier membre de l'équation de l'ellipsoïde. C'est qu'en effet si un point est sur l'ellipsoïde, le cône circonscrit se réduit à un plan double et les mineurs $A'A''-B^2$, $A''A-B'^2$, $AA'-B''^2$ sont nuls.

108. *Lieu des sommets des trièdres trirectangles dont les arêtes sont tangentes au paraboloïde* $\dfrac{y^2}{p}+\dfrac{z^2}{q}-2x=0$ *(axes rectangulaires).*

Le lieu a pour équation

$$\frac{y^2+z^2}{pq}-2x\left(\frac{1}{p}+\frac{1}{q}\right)-1=0.$$

109. *Lieu des sommets des trièdres trirectangles dont les plans des faces sont tangents au paraboloïde* $\dfrac{y^2}{p} + \dfrac{z^2}{q} - 2x = 0$ *(axes rectangulaires).*

Le lieu est le plan de Monge

$$x + \frac{p+q}{2} = 0.$$

110. *Un trièdre trirectangle tourne autour de son sommet O supposé fixe et situé sur une quadrique. Démontrer que le plan qui contient les points de rencontre de la quadrique et des arêtes du trièdre passe par un point fixe.*

On prendra comme origine le point O et comme axe des z la normale en O à la quadrique.

On coupe la quadrique par un plan (P), et on forme l'équation du cône qui a pour sommet le point O et pour base la section de la quadrique et du plan. On écrit que ce cône est capable d'un trièdre trirectangle inscrit, on en déduit que le plan (P) rencontre Oz en un point fixe.

111. *On donne un cône ayant pour sommet l'origine et défini par l'équation*

$$(1) \quad \varphi(x, y, z) \equiv Ax^2 + A'y^2 + A''z^2 + 2Byz + 2B'zx + 2B''xy = 0,$$

et un plan passant par l'origine et ayant pour équation

$$(2) \qquad\qquad ux + vy + wz = 0\,;$$

ce plan coupe le cône suivant deux génératrices G_1 *et* G_2.

Trouver la condition pour que ces deux génératrices soient rectangulaires.

Première méthode. — Supposons que le plan ne soit pas parallèle à Oz, c'est-à-dire $w \neq 0$; éliminons z entre les équations (1) et (2) ; nous obtenons l'équation

$$y^2(A'w^2 - 2Bvw + A''v^2) + 2xy(B''w^2 - Buw - B'vw + A''uv)$$
$$+ x^2(Aw^2 - 2B'uw + A''u^2) = 0,$$

qui représente l'ensemble des projections des deux génératrices G_1 et G_2 sur le plan des xy.

Nous représenterons ces projections par les équations

$$y = m_1 x, \qquad y = m_2 x,$$

m_1 et m_2 étant les racines de l'équation

$$(3) \quad m^2(A'w^2 - 2Bvw + A''v^2) + 2m(B''w^2 - Buw - B'vw + A''uv)$$
$$+ Aw^2 - 2B'uw + A''u^2 = 0.$$

Par suite, les génératrices elles-mêmes seront définies par les ensembles d'équations

$$\left\{ \begin{array}{l} y = m_1 x, \\ ux + vy + wz = 0, \end{array} \right. \qquad \left\{ \begin{array}{l} y = m_2 x, \\ ux + vy + wz = 0 ; \end{array} \right.$$

leurs paramètres directeurs seront respectivement

$$1, m_1, \quad -\frac{u + vm_1}{w} \quad \text{et} \quad 1, m_2, \quad -\frac{u + vm_2}{w},$$

ou

$$w, \quad m_1 w, \quad -(u + vm_1) \quad \text{et} \quad w, \quad m_2 w, \quad -(u + vm_2).$$

Pour que ces droites soient perpendiculaires, il faut qu'on ait

$$w^2 + w^2 m_1 m_2 + (u + vm_1)(u + vm_2) = 0,$$

ou

$$(v^2 + w^2)m_1 m_2 + uv(m_1 + m_2) + u^2 + w^2 = 0.$$

En remplaçant $m_1 m_2$ et $m_1 + m_2$ par leurs valeurs déduites de l'équation (3), nous obtenons la condition cherchée,

$$A(v^2 + w^2) + A'(w^2 + u^2) + A''(u^2 + v^2) - 2Bvw$$
$$- 2B'wu - 2B''uv = 0,$$

qui peut encore se mettre sous la forme

$$(4) \qquad (A + A' + A'')(u^2 + v^2 + w^2) - \varphi(u, v, w) = 0.$$

La symétrie de cette équation montre qu'elle est indépendante de l'hypothèse $w \neq 0$.

Deuxième méthode. — Nous allons former l'équation de l'ensemble des deux plans menés par les droites G_1 et G_2 perpendiculairement au plan (2), et nous écrirons que ces deux plans sont perpendiculaires.

Nous considérons l'ensemble de ces plans comme un cylindre dont la directrice est la courbe définie par les équations (1) et (2), et dont les génératrices sont perpendiculaires au plan (2). Soit (x, y, z) un point du cylindre; nous menons par ce point une perpendiculaire au plan (2),

$$X = x + u\rho, \qquad Y = y + v\rho, \qquad Z = z + w\rho,$$

et nous écrivons que cette droite rencontre la directrice, et pour cela que les équations

$$u(x + u\rho) + v(y + v\rho) + w(z + w\rho) = 0,$$
$$\varphi(x + u\rho, y + v\rho, z + w\rho) = 0,$$

ou

$$\rho(u^2 + v^2 + w^2) + ux + vy + wz = 0,$$
$$\rho^2\varphi(u, v, w) + \rho(x\varphi'_u + y\varphi'_v + z\varphi'_w) + \varphi(x, y, z) = 0,$$

ont une solution commune en ρ. Nous avons ainsi l'équation du cylindre, ou de l'ensemble des deux plans,

$$(ux + vy + wz)^2 \varphi(u, v, w)$$
$$- (x\varphi'_u + y\varphi'_v + z\varphi'_w)(ux + vy + wz)(u^2 + v^2 + w^2)$$
$$+ (u^2 + v^2 + w^2)^2 \varphi(x, y, z) = 0.$$

Pour que ces deux plans soient perpendiculaires, il faut que la somme des coefficients de x^2, y^2, z^2 soit nulle : ceci nous donne immédiatement la condition (4).

Troisième méthode. — Nous formerons l'équation d'un cône du second degré passant par G_1, G_2 et par la droite G menée par le point O et perpendiculaire au plan (2), et nous écrirons que ce cône est *capable d'un trièdre trirectangle inscrit* (102).

L'équation générale des cônes passant par G_1 et G_2 est

$$\varphi(x, y, z) + (ux + vy + wz)(\alpha x + \beta y + \gamma z) = 0,$$

α, β, γ étant des paramètres variables. Pour que ce cône contienne la droite G, il faut qu'on ait

$$\varphi(u, v, w) + (u^2 + v^2 + w^2)(\alpha u + \beta v + \gamma w) = 0.$$

D'autre part, pour que le cône soit capable d'un trièdre trirectangle inscrit, il faut qu'on ait

$$\Lambda + \Lambda' + \Lambda'' + \alpha u + \beta v + \gamma w = 0.$$

Éliminons $\alpha u + \beta v + \gamma w$ entre ces deux dernières équations, nous obtenons la condition (4).

112. *Calculer l'angle des deux génératrices suivant lesquelles le plan $ux + vy + wz = 0$ coupe le cône $ax^2 + by^2 + cz^2 = 0$.*

Soit θ cet angle ; on a la formule

$$\cos\theta = \pm \frac{w^2 + w^2 m_1 m_2 + (u + vm_1)(u + vm_2)}{\sqrt{\big[w^2 + w^2 m_1^2 + (u + vm_1)^2\big]\big[w^2 + w^2 m_2^2 + (u + vm_2)^2\big]}},$$

m_1, m_2 étant les racines de l'équation

$$m^2(bw^2 + cv^2) + 2cuvm + aw^2 + cv^2 = 0.$$

On trouve ainsi

$$\cos\theta = \pm \frac{a(v^2 + w^2) + b(w^2 + u^2) + c(u^2 + v^2)}{\sqrt{\Delta}},$$

en posant

$$\Delta = (b - c)^2 u^4 + (c - a)^2 v^4 + (a - b)^2 w^4 - 2(c - a)(a - b)v^2 w^2$$
$$- 2(a - b)(b - c)w^2 u^2 - 2(b - c)(c - a)u^2 v^2$$

113. *Même question pour le plan* $ux + vy + wz = 0$ *et pour le cône* $\alpha yz + \beta zx + \gamma xy = 0$.

On a

$$\cos \theta = \pm \frac{\alpha vw + \beta wu + \gamma uv}{\sqrt{\Delta}},$$

en posant

$$\Delta = \alpha^2(u^2 + v^2)(u^2 + w^2) + \beta^2(v^2 + w^2)(v^2 + u^2)$$
$$+ \gamma^2(w^2 + u^2)(w^2 + v^2) - 2\beta\gamma vw(v^2 + w^2) - 2\gamma\alpha wu(w^2 + u^2)$$
$$- 2\alpha\beta uv(u^2 + v^2).$$

114. *Démontrer que le plan* $x + y + z = 0$ *coupe le cône*

$$\frac{yz}{b - c} + \frac{zx}{c - a} + \frac{xy}{a - b}$$

suivant deux génératrices qui font l'angle $\dfrac{\pi}{3}$.

Montrer que les paramètres directeurs de ces génératrices sont $a - b$, $b - c$, $c - a$ *et* $c - a$, $a - b$, $b - c$.

115. *Lieu des points d'où l'on peut mener deux plans tangents rectangulaires au cône*

$$f(x, y, z) \equiv ax^2 + by^2 + cz^2 = 0.$$

Soit (x_0, y_0, z_0) un point du lieu ; l'équation de l'ensemble des plans tangents menés de ce point au cône est

$$(x_0 f'_x + y_0 f'_y + z_0 f'_z)^2 - 4f(x, y, z)f(x_0, y_0, z_0) = 0.$$

En écrivant que ces deux plans sont perpendiculaires, on a

$$a(b + c)x_0^2 + b(c + a)y_0^2 + c(a + b)z_0^2 = 0 ;$$

c'est l'équation du lieu.

116. *Même question pour le cône*

$$Ax^2 + A'y^2 + A''z^2 + 2Byz + 2B'zx + 2B''xy = 0.$$

On trouve

$$(a' + a'')x^2 + (a'' + a)y^2 + (a + a')z^2$$
$$- 2byz - 2b'zx - 2b''xy = 0,$$

$a, a', \ldots b, b', \ldots$ étant les coefficients de A, A', $\ldots$ B, B', $\ldots$ dans le développement du déterminant

$$\begin{vmatrix} A & B'' & B' \\ B'' & A' & B \\ B' & B & A'' \end{vmatrix}.$$

117. *Former l'équation générale des conoïdes.*

On appelle *conoïde* la surface engendrée par une droite variable (G) qui se déplace en rencontrant une droite fixe (Δ), appelée *axe* du conoïde, en restant parallèle à un plan fixe (P), appelé *plan directeur* du conoïde, et en étant assujettie à une autre condition.

On suppose que la droite (Δ) n'est pas parallèle au plan (P). Si la droite (Δ) est perpendiculaire au plan (P), on dit que le conoïde est *droit*.

Soient P = 0 l'équation du plan (P), Q = 0, R = 0 les équations de la droite (Δ), P, Q, R désignant des fonctions linéaires indépendantes de x, y, z.

Une droite quelconque parallèle au plan (P) et rencontrant (Δ) a des équations de la forme

$$(1) \qquad\qquad P = \lambda, \qquad Q = \mu R,$$

λ et μ étant des constantes.

En écrivant que cette droite satisfait à une certaine condition géométrique, on obtient une relation entre λ et μ,

$$(2) \qquad\qquad f(\lambda, \mu) = 0.$$

L'équation du conoïde engendré par la droite (1) s'obtient en éliminant λ et μ entre les équations (1) et (2). On trouve ainsi

$$(3) \qquad\qquad f\left(P, \frac{Q}{R}\right) = 0.$$

Réciproquement, toute équation de cette forme représente un conoïde ayant pour axe la droite $Q = 0$, $R = 0$, et pour plan directeur le plan $P = 0$; car on peut considérer cette surface comme engendrée par la droite (1), λ et μ satisfaisant à la condition (2).

On peut remarquer aussi que l'équation (3) est homogène par rapport à Q et R.

On peut donc dire que l'équation générale des conoïdes est une équation entre trois fonctions linéaires indépendantes, *homogène par rapport à deux d'entre elles.*

Si l'axe du conoïde est l'axe des z, et le plan directeur le plan des xy, l'équation du conoïde est de la forme

$$f\left(z, \frac{y}{x}\right) = 0, \qquad \text{ou} \qquad z = \varphi\left(\frac{y}{x}\right).$$

118. *On donne trois axes de coordonnées rectangulaires, Ox, Oy, Oz, et un cercle (C) ayant son centre sur Ox et son plan perpendiculaire à Ox. Former l'équation du conoïde engendré par une droite rencontrant Oz, parallèle au plan xOy et assujettie à rencontrer le cercle (C).*

Soient

$$(1) \qquad y^2 + z^2 - R^2 = 0, \qquad x - a = 0$$

les équations du cercle (C).

Une droite quelconque rencontrant Oz et parallèle au plan des xy a des équations de la forme

$$(2) \qquad\qquad z = \lambda, \qquad y = \mu x.$$

Écrivons que cette droite rencontre le cercle, et pour cela que les équations (1) et (2) ont un ensemble de solutions en x, y, z.

On trouve ainsi la condition

$$(3) \qquad \mu^2 a^2 + \lambda^2 - R^2 = 0.$$

On aura l'équation de la surface en éliminant λ et μ entre (2) et (3); on trouve

$$a^2 \frac{y^2}{x^2} + z^2 - R^2 = 0,$$

ou

$$x^2 z^2 + a^2 y^2 - R^2 x^2 = 0.$$

119. *On donne trois axes rectangulaires et une sphère (S) ayant son centre sur Ox. Former l'équation du conoïde engendré par une droite rencontrant Oz, parallèle au plan xOy et assujettie à être tangente à la sphère.*

Soit $(x-a)^2 + y^2 + z^2 - R^2 = 0$ l'équation de la sphère (S). Pour exprimer que la droite

$$z = \lambda, \qquad y = \mu x$$

est tangente à la sphère, on peut écrire soit qu'elle rencontre la sphère en deux points confondus, soit que sa distance au centre est égale au rayon ; on a la condition

$$\lambda^2 \mu^2 + \lambda^2 + \mu^2(a^2 - R^2) - R^2 = 0.$$

Il en résulte que l'équation du conoïde est

$$z^2(x^2 + y^2) + y^2(a^2 - R^2) - R^2 x^2 = 0.$$

120. *Étant donnés trois axes de coordonnées rectangulaires, trouver l'équation du conoïde engendré par une droite qui se meut en s'appuyant sur Ox, en restant parallèle au plan yOz, et de façon que sa plus courte distance à la droite $\dfrac{x}{a} = \dfrac{y}{b} = \dfrac{z}{c}$ soit égale à une longueur donnée l.*

On trouve

$$(l^2 - x^2)(bz - cy)^2 + a^2 l^2(y^2 + z^2) = 0.$$

121. *Étant donnés trois axes rectangulaires, former l'équation du conoïde engendré par une droite qui se déplace en s'appuyant sur la droite $x - p = 0$, $y = 0$, en restant parallèle au plan des xy et en étant tangente à l'ellipsoïde*

$$\frac{x^2}{a^2} + \frac{y^2}{b^2} + \frac{z^2}{c^2} - 1 = 0.$$

On trouve

$$\left[\frac{(x-p)^2}{a^2} + \frac{y^2}{b^2}\right]\left[\frac{z^2}{c^2} - 1\right] + \frac{p^2 y^2}{a^2 b^2} = 0.$$

122. *Trouver un conoïde droit tel que le lieu des projections d'un point fixe quelconque sur ses génératrices soit une courbe plane.*

Prenons pour axe Oz l'axe du conoïde et pour plan des xy le plan directeur, supposé perpendiculaire à Oz. Les équations d'une génératrice peuvent s'écrire

$$y = mx, \qquad z = \varphi(m).$$

La projection d'un point (α, β, γ) sur cette droite a pour coordonnées

$$x = \frac{\alpha + m\beta}{1 + m^2}, \qquad y = \frac{m(\alpha + m\beta)}{1 + m^2}, \qquad z = \varphi(m).$$

Quel que soit m, ce point doit être dans un plan,

$$Ax + By + Cz + D = 0,$$

dont les coefficients sont fonctions de α, β, γ. On a donc

$$\frac{(A + mB)(\alpha + m\beta)}{1 + m^2} + C\varphi(m) + D = 0.$$

Cette relation doit avoir lieu *identiquement* quels que soient α, β, γ et m; donc, en donnant à α, β, γ des valeurs constantes, d'ailleurs arbitraires, on voit que $\varphi(m)$ est nécessairement de la forme

$$\varphi(m) = \frac{am^2 + bm + c}{1 + m^2},$$

a, b, c désignant des constantes

Je dis maintenant que cette forme nécessaire de $\varphi(m)$ est suffisante.

Considérons en effet le conoïde engendré par la droite

$$(1) \qquad y = mx, \qquad z = \frac{am^2 + bm + c}{1 + m^2};$$

la projection du point (α, β, γ) sur cette génératrice a pour coordonnées

$$x = \frac{\alpha + m\beta}{1 + m^2}, \qquad y = \frac{m(\alpha + m\beta)}{1 + m^2}, \qquad z = \frac{am^2 + bm + c}{1 + m^2}.$$

On reconnaît les équations paramétriques d'une ellipse (32), qui se projette sur le plan des xy suivant une circonférence passant par le point O.

En éliminant m entre les équations (1), on obtient

$$(2) \qquad z = \frac{ay^2 + bxy + cx^2}{x^2 + y^2};$$

c'est l'équation générale des conoïdes droits jouissant de la propriété indiquée, quand on prend l'axe du conoïde pour axe des z, et le plan directeur pour plan des xy.

Chacun de ces conoïdes est appelé *conoïde de Plücker* ou *cylindroïde*.

On peut simplifier l'équation (2) par une transformation des axes de coordonnées.

Transportons d'abord l'origine en un point $O'(0, 0, \lambda)$ de l'axe Oz ; l'équation devient

$$z' = \frac{(a - \lambda)y^2 + bxy + (c - \lambda)x^2}{x^2 + y^2}.$$

On peut déterminer λ de façon que la forme quadratique du numérateur, égalée à zéro, représente deux droites rectangulaires Δ et Δ' ; il suffit pour cela de faire $a + c - 2\lambda = 0$.

La constante λ étant ainsi déterminée, on peut prendre pour axes des x' et des y' les droites Δ, Δ', où leurs bissectrices; l'équation du conoïde devient alors, dans le premier cas,

$$z' = \frac{kx'y'}{x'^2 + y'^2},$$

et dans le second,

$$z' = \frac{k(x'^2 - y'^2)}{x'^2 + y'^2}.$$

Il est également possible de choisir λ de façon que l'équation

$$(a - \lambda)y^2 + bxy + (c - \lambda)x^2 = 0$$

représente une droite double; et, si l'on prend cette droite double pour axe des x', l'équation du conoïde prend la forme simple

$$z'' = \frac{ky'^2}{x'^2 + y'^2}.$$

123. 1° *Tout conoïde droit dont les génératrices sont assujetties à rencontrer une ellipse qui se projette sur le plan directeur suivant un cercle passant par le pied de l'axe sur ce plan, est un cylindroïde.*

2° *Cette ellipse est le lieu des projections d'un certain point sur les génératrices du conoïde.*

3° *Montrer qu'un cylindre de révolution passant par l'axe d'un cylindroïde coupe celui-ci suivant une ellipse.*

124. *Lieu des perpendiculaires communes à l'axe des z et à une droite variable rencontrant Ox en un point fixe, A, d'abscisse a, et située dans le plan bissecteur $y = z$.*

Le lieu est le cylindroïde $z = \dfrac{axy}{x^2 + y^2}.$

125. *On donne dans le plan xOz la parabole qui a pour équations $x^2 - 2pz = 0$, $y = 0$, et un point S sur Oy ayant pour* ordonnée a. On demande le lieu des perpendiculaires communes à l'axe Oz et aux génératrices du cône qui a pour sommet le point S et pour directrice la parabole.

Le lieu est le cylindroïde $z = \dfrac{a^2 y^2}{2p(x^2 + y^2)}$.

126. *Étant donné un hyperboloïde à une nappe rapporté à ses axes,* $\dfrac{x^2}{a^2} + \dfrac{y^2}{b^2} - \dfrac{z^2}{c^2} - 1 = 0$, *le lieu des perpendiculaires communes à l'axe des z et aux génératrices d'un même système de l'hyperboloïde est un cylindroïde.*

Si l'on considère par exemple le système de génératrices défini par les équations

$$\frac{x}{a} = \cos \varphi + \frac{z}{c} \sin \varphi,$$

$$\frac{y}{b} = \sin \varphi - \frac{z}{c} \cos \varphi,$$

on trouve que le lieu demandé a pour équation

$$z = \frac{-c(a^2 - b^2)xy}{ab(x^2 + y^2)}.$$

127. *1° Démontrer que le lieu des points équidistants de deux droites est un paraboloïde hyperbolique équilatère.*

2° Étant donné un paraboloïde hyperbolique équilatère, il existe une infinité de couples de droites telles que le lieu des points équidistants des deux droites d'un même couple soit le paraboloïde donné. Toutes ces droites sont les génératrices d'un cylindroïde.

128. *On considère le cylindroïde qui, rapporté à des axes rectangulaires, a pour équation*

$$z(x^2 + y^2) - m(x^2 - y^2) = 0.$$

Soit M un point de l'espace dont les coordonnées sont x', y', z'; on propose de mener de ce point des normales au cylindroïde.

1° Désignant par α, β, γ les coordonnées du pied de l'une quelconque des normales abaissées du point M sur le cylindroïde, on formera l'équation du quatrième degré (1) ayant pour racines les valeurs de $\frac{\beta}{\alpha}$, l'équation (II) ayant pour racines les valeurs de γ, et l'on montrera comment, des racines de l'une ou de l'autre de ces équations, on déduirait les coordonnées des pieds des normales cherchées.

2° Sur quel lieu doit se trouver le point M pour que l'équation (1) soit réciproque? Trouver, en supposant le point M situé sur ce lieu, les coordonnées des pieds des normales.

3° Sur quel lieu doit se trouver le point M pour que l'équation (11) ait une racine double égale à z'? En supposant le point M situé sur ce lieu, reconnaître si les racines de l'équation (11), différentes de z', sont réelles ou imaginaires.

4° Que représente l'équation (11) quand on y regarde l'inconnue comme une constante et x', y', z' comme les coordonnées d'un point variable?

1° En posant $\frac{\beta}{\alpha} = \mu$, on trouve que μ est racine de l'équation

$$(1) \qquad \mu^4 x'y' + \mu^3[x'^2 - y'^2 + 4m(z' + m)]$$
$$+ \mu[x'^2 - y'^2 + 4m(z' - m)] - x'y' = 0 ;$$

l'équation (11) peut se mettre sous la forme

$$(11) \quad (m^2 - \gamma^2)(x'^2 - y'^2 + 4mz' - 4m\gamma)^2 - 4\gamma^2 x'^2 y'^2 = 0.$$

2° Le lieu demandé est le paraboloïde

$$x^2 - y^2 + 4mz = 0.$$

Quand le point M est sur ce lieu, l'équation (I) se réduit à

$$(\mu^2 - 1)[\mu^2 x'y' + 4m^2\mu + x'y'] = 0.$$

3° Le lieu demandé se compose: 1° des deux droites $z = 0$,

$x \pm y = 0$; 2° de l'intersection du cylindroïde et de la quadrique

$$x^2 + y^2 - 4(z^2 - m^2) = 0 ;$$

3° enfin de l'intersection du cylindroïde symétrique du cylindroïde donné par rapport au plan des xy avec la quadrique

$$x^2 + y^2 + 4(z^2 - m^2) = 0.$$

Les deux autres racines sont toujours réelles et de signes contraires.

4° L'équation représente deux paraboloïdes hyperboliques.

129. *Par un point donné* $A(\alpha, \beta, \gamma)$ *on mène des perpendiculaires sur les génératrices du cylindroïde représenté par l'équation*

$$z = \frac{kxy}{x^2 + y^2},$$

en coordonnées rectangulaires.

1° *Le lieu des pieds de ces perpendiculaires est une ellipse* (E) *située dans un plan* (P).

2° *Trouver le lieu du centre de cette ellipse quand on assujettit son plan à passer par un point donné* $B(x_0, y_0, z_0)$.

3° *Par le centre de l'ellipse on mène la perpendiculaire au plan* (P) ; *trouver le nombre de ces perpendiculaires qui passent par un point donné* $C(x_1, y_1, z_1)$. *Quel est le lieu des points* C *pour lesquels deux des perpendiculaires qui y passent sont confondues ?*

4° *Par le point* A' *symétrique du point* A *par rapport au plan* zOx, *on mène la perpendiculaire* (Δ) *au plan* (P). *Soit* θ *l'angle qu'elle fait avec* Oz, *et soit* δ *la plus courte distance de* (Δ) *et* Oz. *Démontrer que le produit* δ tg θ *est indépendant du point* A.

1° La première partie est établie au n° 122.

2° Le lieu est une conique, située dans le plan des xy et ayant pour équation

$$2z_0(x^2 + y^2) + 2kxy - k(xy_0 + yx_0) = 0.$$

3° Il existe quatre droites (Δ) passant par le point C ; deux d'entre elles sont confondues si le point C est sur la surface

$$(x^2 + y^2)^2 + 4kz(2xy + kz) = 0.$$

4° Le produit $\delta\mathrm{tg}\,\theta$ est égal à k.

130. *On donne trois axes rectangulaires et le point A de Ox qui a pour abscisse $+1$. On considère le cylindre (C) qui admet pour section droite le cercle décrit sur OA comme diamètre, dans le plan des xy, et le cône de révolution (C') qui a pour sommet le point A, pour axe une parallèle à Oz et dont le demi-angle au sommet est égal à $\dfrac{\pi}{4}$. Ces deux surfaces se coupent suivant une courbe (Γ).*

1° Calculer les coordonnées d'un point quelconque M de cette courbe en fonction de l'angle polaire φ de sa projection sur le plan xOy.

2° Construire les projections de la courbe (Γ) sur les plans de coordonnées.

3° Trouver l'équation du conoïde droit qui a pour axe Oz et dont les génératrices rencontrent (Γ). Prouver que les plans qui passent par Ox coupent ce conoïde suivant des ellipses. Lieux des sommets et des foyers de ces ellipses.

4° Montrer que la courbe (Γ) est située sur une sphère qui a pour centre le point O.

CHAPITRE IV

SURFACES RÉGLÉES

---

131. *La droite variable définie par les équations*

$$x = az + p, \qquad y = bz + q,$$

où a, b, p, q sont des fonctions d'un paramètre t, engendre une surface réglée (S).

On considère la génératrice G_0 de cette surface, correspondant à la valeur t_0 du paramètre t, puis on prend sur cette génératrice un point M_0 défini par sa cote z_0.

1° Former l'équation du plan tangent à la surface (S) au point M_0.

2° Condition pour que le plan tangent reste le même quand le point M_0 se déplace sur la génératrice G_0.

3° Montrer que cette condition est remplie si la surface est un cône ou un cylindre.

1° Désignons par a_0, b_0, p_0, q_0 les valeurs que prennent les fonctions a, b, p, q pour $t = t_0$; les équations de la droite G_0 sont alors

$$x = a_0 z + p_0, \qquad y = b_0 z + q_0,$$

et comme le plan tangent au point M_0 contient cette droite, l'équation de ce plan est de la forme

$$(1) \qquad x - a_0 z - p_0 + \lambda(y - b_0 z - q_0) = 0.$$

Pour déterminer λ, nous écrirons que ce plan contient la tangente en M_0 à une courbe tracée sur la surface (S) et passant par M_0 ; nous prendrons, pour simplifier le calcul, la courbe (C), intersection de la surface par le plan $z = z_0$.

Les équations paramétriques de cette courbe sont

$$x = az_0 + p, \qquad y = bz_0 + q, \qquad z = z_0 ;$$

la tangente en un point quelconque a pour paramètres directeurs

$$a'z_0 + p', \qquad b'z_0 + q', \qquad 0,$$

les accents indiquant des dérivées par rapport à t, et les paramètres directeurs de la tangente au point M_0 sont

$$a'_0 z_0 + p'_0, \qquad b'_0 z_0 + q'_0, \qquad 0,$$

a'_0, b'_0, ... désignant les valeurs de a', b', ... correspondant à $t = t_0$.

Pour que le plan (1) contienne cette tangente, il faut qu'on ait

$$a'_0 z_0 + p'_0 + \lambda(b'_0 z_0 + q'_0) = 0,$$

ou

$$\lambda = - \frac{a'_0 z_0 + p'_0}{b'_0 z_0 + q'_0}.$$

On en conclut que l'équation du plan tangent au point M_0 est

$$x - a_0 z - p_0 - \frac{a'_0 z_0 + p'_0}{b'_0 z_0 + q'_0} (y - b_0 z - q_0) = 0.$$

2° Pour que ce plan ne varie pas quand le point M_0 se déplace sur G_0, il faut et il suffit que le rapport $\dfrac{a'_0 z_0 + p'_0}{b'_0 z_0 + q'_0}$ conserve la même valeur quel que soit z_0 ; pour cela, il faut qu'on ait

$$\frac{a'_0}{b'_0} = \frac{p'_0}{q'_0},$$

ou

$$a'_0 q'_0 - b'_0 p'_0 = 0.$$

DÉFINITION. — Lorsque cette relation a lieu pour toutes les

valeurs de t_0, c'est-à-dire lorsqu'on a, *quel que soit t,*

$$a'q' - b'p' = 0,$$

on dit que la surface est *développable*.

Dans ce cas, le plan tangent en un point d'une génératrice reste le même quand le point se déplace sur la génératrice. On peut dire que ce plan est tangent le long de la génératrice.

3° Supposons que la surface soit un cône; alors les génératrices passent par un point fixe (α, β, γ) et on a, quel que soit t,

$$\alpha = a\gamma + p, \qquad \beta = b\gamma + q,$$

et, en dérivant par rapport à t,

$$0 = a'\gamma + p', \qquad 0 = b'\gamma + q'.$$

Si on élimine γ entre ces deux équations, on obtient la condition

$$a'q' - b'p' = 0.$$

Si la surface est un cylindre, la génératrice reste parallèle à elle-même, et les quantités a et b sont constantes; donc a' et b' sont nulles, et la condition est encore vérifiée.

Il en résulte que le cône et le cylindre sont des surfaces développables.

132. *Les génératrices d'une surface développable sont tangentes à une courbe fixe.*

Supposons que la droite variable G,

$$x = az + p, \qquad y = bz + q,$$

engendre une surface développable; nous avons alors, quel que soit t,

$$a'q' - b'p' = 0.$$

Nous allons démontrer qu'il existe sur chaque génératrice G un point M tel que le lieu de ce point quand t varie soit une courbe tangente à chaque droite G au point M correspondant.

Soit $\varphi(t)$ la cote du point M ; les équations paramétriques de la courbe décrite par ce point sont

$$x = a\varphi(t) + p, \qquad y = b\varphi(t) + q, \qquad z = \varphi(t),$$

et les paramètres directeurs de la tangente sont

$$x' = a\varphi'(t) + a'\varphi(t) + p', \qquad y' = b\varphi'(t) + b'\varphi(t) + q', \qquad z' = \varphi'(t).$$

Pour que cette tangente coïncide avec G, il faut que ces quantités soient proportionnelles aux paramètres directeurs a, b, 1 de G ; on doit donc avoir

$$\frac{a\varphi'(t) + a'\varphi(t) + p'}{a} = \frac{b\varphi'(t) + b'\varphi(t) + q'}{b} = \frac{\varphi'(t)}{1},$$

ou

$$a'\varphi(t) + p' = 0, \qquad b'\varphi(t) + q' = 0.$$

Comme $a'q' - b'p'$ est nul, ces équations définissent la fonction $\varphi(t)$; on a

$$\varphi(t) = -\frac{p'}{a'} = -\frac{q'}{b'}.$$

La courbe à laquelle sont tangentes les génératrices d'une surface développable est appelée *arête de rebroussement* de la surface.

133. 1° *Les tangentes à une courbe gauche (C) engendrent une surface développabble.*

2° *Le plan tangent le long d'une génératrice G est le plan osculateur à la courbe (C) au point de contact de G..*

On peut définir la courbe (C) par les équations

$$x = f(z), \qquad y = \varphi(z).$$

La tangente au point de cette courbe qui a pour cote t a pour équations

$$x = f(t) + f'(t)(z - t), \qquad y = \varphi(t) + \varphi'(t)(z - t).$$

Au moyen de ces équations on établira facilement les propriétés énoncées.

134. *Tout plan passant par un point A de l'arête de rebroussement d'une surface développable coupe cette surface suivant une courbe qui a un point de rebroussement au point A.*

On prendra comme origine le point A et pour plan des xy le plan sécant.

135. *Un plan variable qui dépend d'un seul paramètre enveloppe une surface développable.*

En effet, soit

$$(1) \qquad Ax + By + Cz + D = 0$$

l'équation d'un plan variable, les coefficients A, B, ... étant fonctions d'un paramètre t.

On sait que l'équation de l'enveloppe de ce plan s'obtient en éliminant t entre l'équation (1) et la suivante :

$$(2) \qquad A'x + B'y + C'z + D' = 0,$$

A', B', ... désignant les dérivées de A, B, ... par rapport à t.

Or les équations (1) et (2) représentent une droite Δ, qui est la caractéristique du plan (1), et ce plan est tangent à l'enveloppe en tous les points de la droite Δ.

On en conclut que l'enveloppe est une surface réglée engendrée par Δ, et que le plan tangent est le même en tous les points d'une génératrice. Donc la surface est développable.

On peut d'ailleurs établir analytiquement la proposition, en résolvant les deux équations (1) et (2) par rapport à x et y ; on a des équations de la forme

$$x = az + p, \qquad y = bz + q,$$

et on vérifie que l'on a bien $a'q' - b'p' = 0$.

136. *On donne l'équation d'un plan variable*

$$(1) \qquad Ax + By + Cz + D = 0,$$

dont les coefficients A, B, . . . *sont fonctions d'un paramètre* t ; *ce plan enveloppe une surface développable.*

Dérivons deux fois l'équation (1) *par rapport à* t ; *nous obtenons les équations*

$$(2) \qquad A'x + B'y + C'z + D' = 0,$$

$$(3) \qquad A''x + B''y + C''z + D'' = 0.$$

Démontrer que si l'on résout les équations (1), (2), (3) *par rapport à* x, y, z, *on obtient les équations paramétriques de l'arête de rebroussement.*

137. *Démontrer que toute surface développable admet deux équations tangentielles.*

Considérons la surface développable, enveloppe du plan

$$(1) \qquad Ax + By + Cz + D = 0,$$

A, B, ... étant fonctions de t.

Pour qu'un plan

$$(2) \qquad ux + vy + wz + r = 0$$

soit tangent à la surface, il faut qu'il existe une valeur de t telle que les équations (1) et (2) représentent le même plan. On doit donc avoir

$$\frac{A}{u} = \frac{B}{v} = \frac{C}{w} = \frac{D}{r} \, ;$$

en éliminant t entre ces équations, on obtiendra deux relations entre u, v, w, r. Ce sont les équations tangentielles de la surface.

Exemples. — Les équations tangentielles du cône

$$\frac{x^2}{a^2} + \frac{y^2}{b^2} - \frac{z^2}{c^2} = 0$$

sont

$$a^2u^2 + b^2v^2 - c^2w^2 = 0, \qquad r = 0\,;$$

celles du cylindre $\dfrac{x^2}{a^2} + \dfrac{y^2}{b^2} - 1 = 0$ sont

$$a^2u^2 + b^2v^2 - r^2 = 0, \qquad w = 0.$$

138. *On considère une surface réglée non développable et une génératrice G de cette surface. Le plan tangent en un point M de la droite G est un plan P passant par cette droite.*

1° Démontrer que tout plan P passant par G est tangent à la surface en un point M de G.

2° Les points de contact M, M₁ de deux plans rectangulaires quelconques P, P₁ passant par G forment des divisions en involution.

1° Soient

$$X = aZ + p, \qquad Y = bZ + q$$

les équations de la génératrice G, correspondant à la valeur t du paramètre ; si M est un point de cette génératrice ayant pour cote z, le plan tangent en ce point à la surface a pour équation

$$X - aZ - p - \frac{a'z + p'}{b'z + q'}(Y - bZ - q) = 0.$$

Puisque la surface n'est pas développable, la quantité $a'q' - b'p'$ n'est pas nulle ; dans ce cas, le rapport $\dfrac{a'z + p'}{b'z + q'}$ est une fonction homographique de z qui passe une fois et une seule fois par toutes les valeurs, quand z croît de $-\infty$ à $+\infty$.

Par conséquent, un plan quelconque P, passant par la droite G et ayant pour équation

$$X - aZ - p - \lambda(Y - bZ - q) = 0,$$

sera tangent à la surface au point M de G dont la cote est racine de l'équation

$$\frac{a'z + p'}{b'z + q'} = \lambda.$$

2° Soient z et z_1 les cotes de deux points M et M_1 de la droite G. Si on écrit que les plans tangents en ces deux points sont perpendiculaires, on obtient la relation involutive

$$A z z_1 + B(z + z_1) + C = 0,$$

où l'on pose

$$A = a'^2 + b'^2 + (ab' - ba')^2,$$
$$B = p'[a' - b(ab' - ba')] + q'[b' + a(ab' - ba')],$$
$$C = p'^2 + q'^2 + (bp' - aq')^2.$$

Le point central de cette involution, qui a pour cote $-\dfrac{B}{A}$, est appelé le *point central* de la génératrice G.

On appelle *plan central* relatif à G le plan tangent au point central.

Le lieu des points centraux est une courbe qui est appelée la *ligne de striction* de la surface.

D'autre part, on appelle *plan asymptote* relatif à G le plan passant par G et dont le point de contact est à l'infini.

L'équation de ce plan est

$$X - aZ - p - \frac{a'}{b'}(Y - bZ - q) = 0.$$

Comme le point central est l'homologue du point à l'infini dans l'involution considérée, on en conclut que le plan central est perpendiculaire au plan asymptote.

En s'appuyant sur cette remarque, on obtient aisément pour équation du plan central

$$X - aZ - p + \frac{b' + a(ab' - ba')}{a' - b(ab' - ba')}(Y - bZ - q) = 0,$$

et pour cote du point central

$$(1) \qquad z = -\frac{p'[a' - b(ab' - ba')] + q'[b' + a(ab' - ba')]}{a'^2 + b'^2 + (ab' - ba')^2}.$$

139. *Dans une surface réglée non développable on considère* *les génératrices* G, G' *correspondant aux valeurs* t, $t + \Delta t$ *du paramètre, et leur perpendiculaire commune, qui rencontre* G *au point* A. *Démontrer que si* Δt *tend vers zéro, c'est-à-dire si* G' *se rapproche indéfiniment de* G, *le point* A *a pour limite le point central de* G.

Soient

$$\begin{cases} X = aZ + p, \\ Y = bZ + q, \end{cases} \qquad \begin{cases} X = (a + \Delta a)Z + p + \Delta p, \\ Y = (b + \Delta b)Z + q + \Delta q, \end{cases}$$

les équations des génératrices G et G' ; on trouve que la cote du point A est

$$- \frac{\Delta p \big[\Delta a - (b + \Delta b)(a\Delta b - b\Delta a)\big] + \Delta q \big[\Delta b + (a + \Delta a)(a\Delta b - b\Delta a)\big]}{(\Delta a)^2 + (\Delta b)^2 + (a\Delta b - b\Delta a)^2}.$$

Si on divise haut et bas par $(\Delta t)^2$, et si on fait tendre Δt vers zéro, $\dfrac{\Delta a}{\Delta t}$, $\dfrac{\Delta b}{\Delta t}$, ... ont pour limites a', b', ... et par suite la cote de A a pour limite la cote du point central, donnée au n° précédent.

140. Loi de Chasles. — *Soit* G *une génératrice d'une surface réglée non développable ; soient* M_0 *le point central de cette génératrice,* P_0 *le plan central,* M *un point quelconque de la droite* G, P *le plan tangent en ce point.*

Désignons par θ *l'angle compris entre* 0 *et* π *dont il faut faire tourner le plan* P_0 *autour de* G *pour l'amener à coïncider avec le plan* P, *la rotation étant faite toujours dans le même sens (ce sens étant d'ailleurs choisi arbitrairement).*

Démontrer la formule

$$\mathrm{tg}\, \theta = \frac{\overline{M_0 M}}{k},$$

k *étant un nombre fixe.*

Prenons la droite G comme axe des z, le point M_0 pour origine, le plan P_0 pour plan des zx, et le plan asymptote pour plan des yz.

Ceci revient à supposer d'abord qu'il existe une valeur de t pour laquelle a, b, p, q sont nuls. Alors le plan tangent en un point quelconque de cote z a pour équation

$$X - \frac{a'z + p'}{b'z + q'} Y = 0.$$

Le plan asymptote est défini par l'équation

$$X - \frac{a'}{b'} Y = 0 ;$$

comme il coïncide avec le plan des yz, on a $a' = 0$.

D'autre part, le plan central est le plan des zx, donc la cote du point central doit annuler $b'z + q'$, et comme ce point est à l'origine, on a $q' = 0$.

Par suite, l'équation du plan P, tangent au point M de cote z, peut s'écrire

$$Y = \frac{b'z}{p'} X.$$

On a alors

$$\operatorname{tg} \theta = \frac{b'z}{p'},$$

ou

$$\operatorname{tg} \theta = \frac{\overline{M_0M}}{k},$$

k désignant la constante $\dfrac{p'}{b'}$.

Le nombre k est appelé le *paramètre de distribution* relatif à G.

141. *Le lieu des normales en tous les points d'une génératrice d'une surface réglée non développable est un paraboloïde hyperbolique équilatère dont le sommet est le point central et dont un des plans directeurs est parallèle au plan central et l'autre perpendiculaire à la génératrice.*

On prendra les mêmes axes qu'au n° précédent.

142. *Si deux surfaces réglées non développables ont une génératrice commune G, elles sont tangentes en général en deux points de cette génératrice.*

Si elles sont tangentes en plus de deux points, elles sont tangentes en tout point de G ; on dit qu'elles se raccordent le long de la génératrice.

On s'appuiera sur la loi de Chasles.

143. *On donne un cercle (C) et deux droites (A), (B) dont les équations sont, par rapport à trois axes rectangulaires,*

$$(C) \qquad x^2 + y^2 - R^2 = 0, \qquad = 0,$$

$$(A) \quad \begin{cases} x = 0, \\ z + a = 0, \end{cases} \qquad (B) \quad \begin{cases} y = 0, \\ z - a = 0. \end{cases}$$

On considère la surface réglée (S) engendrée par une droite variable assujettie à rencontrer le cercle (C) et les droites (A), (B).

1° Former l'équation de la surface (S).

2° Déterminer la ligne de striction de cette surface.

3° Montrer que cette ligne est une hélice tracée sur un cylindre dont la section droite est une hypocycloïde à quatre rebroussements.

1° Une droite quelconque rencontrant (A) et (B) a des équations de la forme

$$(1) \qquad x = \lambda(z + a), \qquad y = \mu(z - a);$$

pour écrire qu'elle rencontre le cercle, nous écrivons que son point d'intersection avec le plan des xy, $x = \lambda a$, $y = -\mu a$, $z = 0$, est situé sur le cercle. Nous avons ainsi

$$(2) \qquad \lambda^2 a^2 + \mu^2 a^2 = R^2.$$

Nous obtiendrons l'équation de la surface en éliminant λ et μ

entre les équations (1) et (2). Ceci nous donne

$$\frac{x^2}{(z+a)^2} + \frac{y^2}{(z-a)^2} = \frac{R^2}{a^2},$$

ou

$$a^2\left[x^2(z-a)^2 + y^2(z+a)^2\right] = R^2(z^2-a^2)^2.$$

C'est l'équation d'une surface du quatrième degré.

2° Pour déterminer la ligne de striction de la surface, nous chercherons à exprimer les équations d'une génératrice en fonction d'un seul paramètre. Nous désignerons pour cela par $R\cos t$, $R\sin t$, 0 les coordonnées du point de rencontre de la génératrice avec le cercle ; nous avons alors

$$\lambda a = R\cos t, \qquad -\mu a = R\sin t,$$

et $\lambda = \dfrac{R}{a}\cos t, \quad \mu = -\dfrac{R}{a}\sin t.$

Par suite, les équations de la génératrice sont

$$(3) \quad x = z\frac{R}{a}\cos t + R\cos t, \qquad y = -z\frac{R}{a}\sin t + R\sin t.$$

Le plan tangent en un point quelconque, de cote z, situé sur cette génératrice a pour équation (138)

$$X - Z\frac{R}{a}\cos t - R\cos t - \frac{z+a}{z-a}\operatorname{tg} t\left[Y + Z\frac{R}{a}\sin t - R\sin t\right] = 0.$$

On en conclut que le plan asymptote est défini par l'équation

$$X - Z\frac{R}{a}\cos t - R\cos t - \operatorname{tg} t\left[Y + Z\frac{R}{a}\sin t - R\sin t\right] = 0.$$

Écrivons alors que le plan

$$X - Z\frac{R}{a}\cos t - R\cos t + \lambda\left[Y + Z\frac{R}{a}\sin t - R\sin t\right] = 0$$

est perpendiculaire au plan asymptote ; nous avons $\lambda = \cot t$; ceci détermine le plan central ; et alors la cote du point central est définie par l'équation

$$-\frac{z+a}{z-a}\,\mathrm{tg}\,t = \cot t,$$

d'où nous tirons

$$z = a\cos 2t.$$

On peut d'ailleurs déduire ce résultat de la formule (1) du n° 138.

Remplaçons z par cette valeur dans les équations (3); nous obtenons les coordonnées du point central de la génératrice. Nous trouvons

$$x = 2R\cos^3 t, \qquad y = 2R\sin^3 t, \qquad z = a\cos 2t:$$

ce sont les équations paramétriques de la ligne de striction. En posant $\mathrm{tg}\,\dfrac{t}{2} = u$, on reconnaît que cette ligne est une courbe unicursale du sixième degré.

3° Cette courbe est située sur le cylindre parallèle à Oz dont la directrice dans le plan des xy a pour équations $x = 2R\cos^3 t$, $y = 2R\sin^3 t$; on reconnaît les équations d'une hypocycloïde à quatre rebroussements dont l'équation rectiligne est

$$x^{\frac{2}{3}} + y^{\frac{2}{3}} = (2R)^{\frac{2}{3}}.$$

On vérifiera facilement que la cote du point central,

$$z = a\cos 2t,$$

est une fonction linéaire de l'arc de l'hypocycloïde : et cela démontre que la ligne de striction est une hélice.

144. *Trouver la ligne de striction d'un système de génératrices d'un paraboloïde hyperbolique.*

Soit le paraboloïde hyperbolique

$$\frac{y^2}{p} - \frac{z^2}{q} - 2x = 0;$$

considérons le système de génératrices défini par les équations

$$(1) \qquad \frac{y}{\sqrt{p}} + \frac{z}{\sqrt{q}} = 2\lambda x, \qquad \frac{y}{\sqrt{p}} - \frac{z}{\sqrt{q}} = \frac{1}{\lambda},$$

λ désignant un paramètre.

Pour déterminer le point central de la génératrice (1), nous prenons la génératrice voisine,

$$(2) \qquad \frac{y}{\sqrt{p}} + \frac{z}{\sqrt{q}} = 2\lambda_1 x, \qquad \frac{y}{\sqrt{p}} - \frac{z}{\sqrt{q}} = \frac{1}{\lambda_1},$$

nous cherchons la perpendiculaire commune à ces deux droites, et le point I où cette perpendiculaire rencontre la génératrice (1). Le point central est la limite du point I quand λ_1 tend vers λ.

Comme les droites (1) et (2) sont toutes deux parallèles au plan directeur

$$(3) \qquad \frac{y}{\sqrt{p}} - \frac{z}{\sqrt{q}} = 0,$$

nous mènerons par la droite (2) un plan perpendiculaire au plan (3), et nous prendrons l'intersection de ce plan avec la génératrice (1) : ce sera le point I.

Un plan quelconque passant par (2) a pour équation

$$(4) \qquad \frac{y}{\sqrt{p}} + \frac{z}{\sqrt{q}} - 2\lambda_1 x + h\left[\frac{y}{\sqrt{p}} - \frac{z}{\sqrt{q}} - \frac{1}{\lambda_1}\right] = 0;$$

pour qu'il soit perpendiculaire à (3), il faut qu'on ait $h = \dfrac{p-q}{p+q}$.

Remplaçons h par cette valeur dans l'équation (4), puis cherchons l'abscisse du point de rencontre du plan ainsi obtenu avec la droite (1) ; nous obtenons sans difficulté

$$x = \frac{p-q}{2(p+q)\lambda\lambda_1}.$$

Quand λ_1 tend vers λ, cette abscisse a pour limite $\dfrac{p-q}{2(p+q)\lambda^2}$. On en déduit alors que les coordonnées du point central sont

$$x = \frac{p-q}{2(p+q)\lambda^2}, \qquad y = \frac{p\sqrt{p}}{(p+q)\lambda}, \qquad z = \frac{-q\sqrt{q}}{(p+q)\lambda}.$$

On en conclut que la ligne de striction est la parabole, section de la surface par le plan

$$\frac{y}{p\sqrt{p}} + \frac{z}{q\sqrt{q}} = 0.$$

Si l'on considère le second système de génératrices

$$\frac{y}{\sqrt{p}} - \frac{z}{\sqrt{q}} = 2\mu x, \qquad \frac{y}{\sqrt{p}} - \frac{z}{\sqrt{q}} = \frac{1}{\mu},$$

la ligne de striction est la parabole section de la surface par le plan

$$\frac{y}{p\sqrt{p}} - \frac{z}{q\sqrt{q}} = 0.$$

145. *Trouver la ligne de striction d'un système de génératrices d'un hyperboloïde à une nappe.*

Soient l'hyperboloïde à une nappe

$$\frac{x^2}{a^2} + \frac{y^2}{b^2} - \frac{z^2}{c^2} - 1 = 0,$$

et le système de génératrices défini par les équations

$$\frac{x}{a} = \frac{z}{c}\sin\varphi + \cos\varphi, \qquad \frac{y}{b} = -\frac{z}{c}\cos\varphi + \sin\varphi,$$

où φ est une variable.

On trouve que les équations paramétriques de la ligne de striction sont

$$\frac{x}{a} = \frac{a^2(b^2 + c^2)\cos\varphi}{b^2c^2\sin^2\varphi + a^2c^2\cos^2\varphi + a^2b^2},$$

$$\frac{y}{b} = \frac{b^2(c^2 + a^2)\sin\varphi}{b^2c^2\sin^2\varphi + a^2c^2\cos^2\varphi + a^2b^2},$$

$$\frac{z}{c} = \frac{c^2(a^2 - b^2)\sin\varphi\cos\varphi}{b^2c^2\sin^2\varphi + a^2c^2\cos^2\varphi + a^2b^2}.$$

En posant $\operatorname{tg} \dfrac{\varphi}{2} = t$, on voit que cette ligne est une courbe unicursale du quatrième degré.

146. *Trouver la ligne de striction d'un conoïde.*

Nous prendrons des axes de coordonnées rectangulaires ainsi définis : plan xOy, le plan directeur ; origine, le point où ce plan rencontre l'axe ; plan des zx, le plan qui projette orthogonalement l'axe sur le plan xOy.

Les équations de l'axe sont de la forme

$$y = 0, \qquad x - \alpha z = 0,$$

et celle du plan directeur, $z = 0$.

Par suite, l'équation du conoïde peut s'écrire (117)

$$z = f\left(\frac{y}{x - \alpha z}\right),$$

et les équations d'une génératrice en fonction d'un paramètre t sont

$$\frac{y}{x - \alpha z} = t, \qquad z = f(t),$$

ou

$$y = t[x - \alpha f(t)], \qquad z = f(t).$$

Le plan tangent en un point (d'abscisse x_0) de cette génératrice a pour équation

$$y - tx + \alpha t f(t) - \frac{x_0 - \alpha[tf'(t) + f(t)]}{f'(t)}[z - f(t)] = 0.$$

On en conclut que le plan asymptote et le plan central ont respectivement pour équations $z = f(t)$, $y = tx - \alpha t f(t)$, et que les coordonnées du point central sont

$$x = \alpha[f(t) + tf'(t)],$$
$$y = \alpha t^2 f'(t),$$
$$z = f(t).$$

Ce sont aussi les équations paramétriques de la ligne de striction.

CAS PARTICULIER. — Si le conoïde est droit, α est nul, et la ligne de striction se réduit à l'axe du conoïde. Et ceci était à prévoir, car l'axe est la perpendiculaire commune à deux génératrices quelconques.

147. *Démontrer que les projections orthogonales des génératrices d'un conoïde sur le plan directeur sont tangentes à la projection de la ligne de striction.*

148. *On donne les deux paraboles tangentes à Oz*

$$\begin{cases} (z-a)^2 - 2px = 0, \\ y = 0, \end{cases} \qquad \begin{cases} (z+a)^2 - 2py = 0, \\ x = 0 ; \end{cases}$$

on considère un point variable S situé sur Oz et ayant pour cote t, et de ce point on mène à la première parabole une tangente (autre que Oz) qui la touche en M, et à la seconde une tangente (autre que Oz) qui la touche en N.

1° Démontrer que la droite MN engendre une surface développable (Σ). Déterminer le plan tangent le long d'une génératrice.

2° Déterminer l'arête de rebroussement, et vérifier que le plan tangent est osculateur à cette courbe.

3° Construire les sections de la surface (Σ) par des plans parallèles aux plans de coordonnées. Vérifier que le point de rencontre d'un de ces plans et de l'arête de rebroussement est un point de rebroussement de la section.

4° Un plan tangent fixe rencontre une génératrice quelconque MN en un point A. Démontrer que le rapport $\dfrac{AM}{AN}$ est constant.

5° Tout plan tangent coupe la surface suivant une droite et une parabole tangentes entre elles ; déterminer le point de contact.

1° On trouve sans difficulté que les coordonnées du point M

sont $x = \dfrac{2(t-a)^2}{p}$, $y = 0$, $z = 2t - a$, et celles du point N,

$x = 0$, $y = \dfrac{2(t+a)^2}{p}$, $z = 2t + a$.

On peut alors écrire les équations de la droite MN sous la forme

$$(1) \quad \begin{cases} x = -\dfrac{(t-a)^2}{ap} z + \dfrac{(t-a)^2(2t+a)}{ap}, \\[2mm] y = \dfrac{(t+a)^2}{ap} z - \dfrac{(t+a)^2(2t-a)}{ap}. \end{cases}$$

Quand t varie, cette droite engendre une surface réglée.

Considérons la génératrice relative à la valeur t_0 du paramètre, et prenons sur cette droite le point qui a pour cote z_0. Nous avons vu (131) que le plan tangent en ce point a pour équation

$$(2) \quad x + \dfrac{(t_0-a)^2}{ap} z - \dfrac{(t_0-a)^2(2t_0+a)}{ap}$$
$$- \lambda \left[y - \dfrac{(t_0+a)^2}{ap} z + \dfrac{(t_0+a)^2(2t_0-a)}{ap} \right] = 0,$$

λ ayant la valeur $\dfrac{a_0' z_0 + p_0'}{b_0' z_0 + q_0'}$. Or cette quantité est ici

$$-\dfrac{\dfrac{2(t_0-a)}{ap} z_0 + \dfrac{6t_0(t_0-a)}{ap}}{\dfrac{2(t_0+a)}{ap} z_0 - \dfrac{6t_0(t_0+a)}{ap}} \qquad \text{ou} \qquad -\dfrac{t_0-a}{t_0+a};$$

elle est indépendante de z_0; donc la surface est développable.

L'équation du plan tangent le long de la génératrice t_0 se déduit de l'équation (2) en remplaçant λ par $-\dfrac{t_0-a}{t_0+a}$.

On obtient ainsi

$$(3) \quad (t_0+a)x + (t_0-a)y - \dfrac{2(t_0^2-a^2)}{p} z + \dfrac{2t_0(t_0^2-a^2)}{p} = 0.$$

2° La cote du point où la droite (1) touche l'arête de rebroussement est égale à $-\dfrac{p'}{a'}$, ou $-\dfrac{q'}{b'}$ (132); ces quantités sont égales ici à $3t$. Remplaçons z par $3t$ dans les équations (1); nous obtiendrons les équations paramétriques de l'arête de rebroussement

$$x = -\frac{(t-a)^3}{ap}, \qquad y = \frac{(t+a)^3}{ap}, \qquad z = 3t.$$

On vérifie sans peine que le plan osculateur à cette courbe au point t_0 est le plan (3).

REMARQUE. — On peut aussi considérer la surface comme l'enveloppe du plan tangent

$$f(t) \equiv (t+a)x + (t-a)y - \frac{2(t^2-a^2)}{p}z + \frac{2t(t^2-a^2)}{p} = 0.$$

Si on résout par rapport à x et y les équations $f(t) = 0$, $f'(t) = 0$, on doit retrouver les équations (1).

3° La section de la surface par le plan $z = h$ a pour équations paramétriques

$$x = \frac{(t-a)^2(2t+a-h)}{ap},$$

$$y = -\frac{(t+a)^2(2t-a-h)}{ap}.$$

Nous en tirons

$$\frac{dx}{dt} = \frac{2(t-a)(3t-h)}{ap},$$

$$\frac{dy}{dt} = -\frac{2(t+a)(3t-h)}{ap}.$$

Ces dérivées s'annulent pour $t = \dfrac{h}{3}$; donc la courbe présente un point de rebroussement au point correspondant. Or c'est précisément le point de rencontre du plan sécant et de l'arête de rebroussement.

Si l'on coupe par le plan $x = k$, on obtient la courbe

$$z = 2t + a - \frac{kap}{(t-a)^2},$$

$$y = \frac{2(t+a)^2}{p} - k\frac{(t+a)^2}{(t-a)^2};$$

et l'on voit sans difficulté que $\dfrac{dz}{dt}$ et $\dfrac{dy}{dt}$ s'annulent pour les valeurs de t racines de l'équation $k = -\dfrac{(t-a)^3}{ap}$. Les points correspondants sont les points de rencontre du plan et de l'arête de rebroussement.

4° Considérons le plan tangent le long de la génératrice t_0, défini par l'équation (3). Il rencontre la droite (1) en un point A, et l'on sait que le rapport $\dfrac{\overline{AM}}{\overline{AN}}$ est égal au quotient des résultats obtenus en remplaçant dans le premier membre de l'équation du plan les coordonnées courantes successivement par les coordonnées des points M et N. On trouve ainsi

$$\frac{\overline{AM}}{\overline{AN}} = \frac{t_0 + a}{t_0 - a},$$

et ce rapport est indépendant de t.

5° Enfin, cherchons l'intersection de la surface et du plan (3). Pour cela, nous remplaçons dans l'équation (3) x et y par leurs valeurs (1) en fonction de z et de t, et, après un calcul facile, nous obtenons l'équation

$$(t - t_0)^2\big[z - (2t + t_0)\big] = 0.$$

Cette équation est vérifiée, *quel que soit z*, par $t = t_0$. Ceci nous montre déjà que le plan tangent contient tous les points de la génératrice t_0.

Mais on a aussi la solution $z = 2t + t_0$. Portons cette valeur dans les équations (1); nous avons les équations paramétriques du reste de l'intersection de la surface et du plan : ce sont

$$x = -\frac{(t-a)^2(t_0 - a)}{ap}, \qquad y = \frac{(t+a)^2(t_0 + a)}{ap}, \qquad z = 2t + t_0.$$

On reconnaît les équations d'une parabole, et on voit aisément que cette courbe est tangente à la génératrice t_0 au point $t = t_0$, c'est-à-dire au point où la génératrice touche l'arête de rebroussement.

149. *On considère les surfaces développables dont les génératrices font un angle donné α avec Oz et qui passent par la parabole $y^2 - 2px = 0$, $z = 0$.*

1° Montrer que ces surfaces sont des cylindres, excepté une surface développable S.

2° Démontrer que S est l'enveloppe des cylindres et trouver son arête de rebroussement.

Les paramètres directeurs d'une droite qui fait l'angle α avec Oz sont de la forme $\operatorname{tg} \alpha \cos t$, $\operatorname{tg} \alpha \sin t$, 1, t étant une variable.

Si la droite rencontre la parabole donnée au point d'ordonnée u, les équations de cette droite sont

$$\frac{x - \dfrac{u^2}{2p}}{\operatorname{tg} \alpha \cos t} = \frac{y - u}{\operatorname{tg} \alpha \sin t} = \frac{z}{1},$$

ou

$$(1) \qquad \begin{cases} x = z \operatorname{tg} \alpha \cos t + \dfrac{u^2}{2p}, \\[2mm] y = z \operatorname{tg} \alpha \sin t + u. \end{cases}$$

Si t est constant, cette droite engendre un cylindre parabolique qui a pour équation

$$(y - z \operatorname{tg} \alpha \sin t)^2 - 2p(x - z \operatorname{tg} \alpha \cos t) = 0.$$

Pour que la droite (1) engendre une surface développable, autre qu'un cylindre, il faut qu'on ait $u = -p \operatorname{tg} t$.

La surface S est donc engendrée par la droite

$$x = z \operatorname{tg} \alpha \cos t + \frac{p}{2} \operatorname{tg}^2 t,$$

$$y = z \operatorname{tg} \alpha \sin t - p \operatorname{tg} t.$$

L'arête de rebroussement est définie par ces deux équations et par $z = \dfrac{p}{\operatorname{tg} \alpha \cos^3 t}$.

150. *On donne les équations d'une droite*

$$x = \left(z + e^{\frac{\alpha^2}{2}}\right) \cos \alpha - v \sin \alpha,$$

$$y = \left(z + e^{\frac{\alpha^2}{2}}\right) \sin \alpha + v \cos \alpha,$$

où v est une fonction du paramètre α.

Déterminer la fonction v de façon que la surface engendrée par la droite soit développable, et former les équations paramétriques de l'arête de rebroussement.

On trouve $v = \alpha e^{\frac{\alpha^2}{2}}$, et les équations de l'arête de rebroussement sont

$$x = -e^{\frac{\alpha^2}{2}}\left[\alpha \sin \alpha + (1 + \alpha^2) \cos \alpha\right],$$

$$y = e^{\frac{\alpha^2}{2}}\left[\alpha \cos \alpha - (1 + \alpha^2) \sin \alpha\right],$$

$$z = -e^{\frac{\alpha^2}{2}}(2 + \alpha^2).$$

151. *Un paraboloïde (S) est représenté par les équations*

$$x = 2\lambda p \cos \varphi,$$

$$y = 2\lambda q \sin \varphi,$$

$$z = 2\lambda^2 (p \cos^2 \varphi + q \sin^2 \varphi),$$

où p et q sont constants, λ et φ variables.

1° Quelle relation doit-il exister entre λ et φ pour que la courbe (C), tracée sur la surface (S), soit telle que le plan tangent à (S) le long de cette courbe fasse un angle constant avec le plan xOy ?

2° Le plan tangent à (S) le long de (C) engendre une surface développable (Σ); montrer que ses génératrices font un angle *constant avec Oz. Exprimer en fonction de φ les coordonnées d'un point de l'arête de rebroussement.*

3° Déterminer sur la développable (Σ) les courbes normales en chaque point à la génératrice de (Σ) qui passe en ce point. Montrer que ces courbes sont planes, et que leurs projections sur le plan des xy ont pour développée la projection de l'arête de rebroussement de (Σ).

1° λ doit être constant.

2° Les génératrices de (Σ) font avec Oz un angle dont le cosinus est $\dfrac{2\lambda}{\sqrt{1+4\lambda^2}}$.

Les équations paramétriques de l'arête de rebroussement sont

$$x = 2\lambda(p-q)\cos^3\varphi,$$
$$y = 2\lambda(q-p)\sin^3\varphi,$$
$$z = \lambda^2[3(p-q)\cos 2\varphi - (p+q)].$$

3° Les courbes cherchées sont définies par les équations paramétriques

$$x = \lambda(q-p)\cos^3\varphi + \left[3\lambda\frac{p-q}{2} + C\right]\cos\varphi,$$
$$y = \lambda(p-q)\sin^3\varphi + \left[3\lambda\frac{p-q}{2} + C\right]\sin\varphi,$$
$$z = 2\lambda C - \lambda^2(p+q),$$

où C est une constante arbitraire.

152. *On considère la droite variable définie par les équations*

$$x = tz + u, \qquad y = uz + \frac{t^3}{3},$$

où u est une fonction du paramètre t.

1° Déterminer la fonction u de façon que cette droite engendre une surface développable.

2° *Déterminer l'arête de rebroussement d'une des surfaces obtenues, et la trace de cette surface sur le plan des xy.*

3° *Lieu des arêtes de rebroussement de toutes ces surfaces.*

1° On trouve $u = \varepsilon \dfrac{t^2}{2} + C$, $\varepsilon = \pm 1$ et C constante arbitraire.

2° Les équations paramétriques de l'arête de rebroussement sont

$$x = C - \frac{\varepsilon}{2} t^2, \qquad y = -C\varepsilon t - \frac{t^3}{6}, \qquad z = -\varepsilon t.$$

La trace de la surface sur le plan des xy est la cubique

$$9y^2 - 8\varepsilon(x - C)^3 = 0.$$

3° Le lieu demandé a pour équation

$$\frac{2}{3}\varepsilon z^3 + xz - y = 0.$$

153. *On considère la surface développable* S *enveloppe du plan variable*

$$2tx + y(t^2 - 1) + z(t^2 + 1) - t^3 = 0.$$

1° *Exprimer les coordonnées d'un point x, y de la surface en fonction de z et du paramètre t.*

2° *Montrer que les sections de* S *par des plans parallèles au plan xOy ont chacune un rebroussement réel, et que tous ces points sont situés sur l'arête de rebroussement de la surface.*

154. *Une courbe* (C) *située sur le paraboloïde* $z = xy$ *a pour projection sur le plan xOy un cercle de centre* O. *On mène le plan tangent au paraboloïde au point* M *de la courbe* (C).

1° *Montrer que lorsque* M *décrit la courbe* (C) *ce plan forme avec Oz un angle constant.*

2° *Trouver l'enveloppe de sa trace sur le plan des xy et l'arête de rebroussement de la surface développable qu'il enveloppe.*

155. *On considère les droites représentées par les équations*

$$x = az + p,$$

$$y = a^2 z + 4ap,$$

où a est un paramètre variable et p une fonction de a.

Déterminer cette fonction p de façon que la droite engendre une surface développable et trouver son arête de rebroussement.

156. *On donne trois axes rectangulaires et deux paraboles focales l'une de l'autre, situées l'une dans le plan xOy, l'autre dans le plan xOz : elles ont pour axe commun Ox, et leurs sommets sont symétriques par rapport au point O.*

Soient M un point de l'une de ces paraboles, M′ un point de l'autre ; soient I le milieu de MM′ et (P) le plan perpendiculaire à MM′ mené par ce point.

1° Former l'équation générale des plans (P). Chercher les plans (P) qui passent à l'origine.

2° On considère les plans (P) parallèles à l'axe commun Ox des paraboles. Chercher l'enveloppe de ces plans, le lieu des points I et des droites MM′ qui leur correspondent. Le lieu de MM′ est une surface réglée dont on cherchera le degré, la ligne de striction et le contour apparent sur le plan des yz.

3° On considère les plans (P) qui font avec Ox un angle constant. L'arête de rebroussement de l'enveloppe de ces plans est une hélice située sur un cylindre à base hypocycloïdale et sur un hyperboloïde de révolution. La trace de (P) sur yOz enveloppe une hypocycloïde à quatre rebroussements.

1° Les équations des paraboles sont

$$\begin{cases} y^2 - 2p\left(x + \dfrac{p}{4}\right) = 0, \\ z = 0, \end{cases} \qquad \begin{cases} z^2 + 2p\left(x - \dfrac{p}{4}\right) = 0, \\ y = 0 \, ; \end{cases}$$

les coordonnées d'un point M de la première peuvent s'exprimer en fonction du paramètre u,

$$x_1 = -\frac{p}{4} + 2pu^2, \qquad y_1 = 2pu, \qquad z_1 = 0,$$

et celles d'un point M' de la deuxième en fonction du paramètre v,

$$x_2 = \frac{p}{4} - 2pv^2, \qquad y_2 = 0, \qquad z_2 = -2pv.$$

On en déduit aisément les coordonnées du point I et l'équation du plan (P).

2° Pour que le plan (P) soit parallèle à Ox, il faut qu'on ait $u^2 + v^2 = \frac{1}{4}$, ou $u = \frac{1}{2}\cos\varphi$, $v = \frac{1}{2}\sin\varphi$.

La trace du plan sur le plan yOz a pour équation

$$y\cos\varphi + z\sin\varphi - \frac{p}{2}\cos 2\varphi = 0 ;$$

cette droite enveloppe une hypocycloïde à quatre rebroussements, situés sur les bissectrices des axes de coordonnées, et le plan (P) enveloppe le cylindre qui a cette courbe comme section droite.

Le lieu de I est une courbe unicursale du quatrième degré.

Les équations de MM' peuvent s'écrire

$$x = \frac{p}{4}\cos 2\varphi, \qquad y\sin\varphi - z\cos\varphi - \frac{p}{2}\sin 2\varphi = 0.$$

En éliminant φ on obtient l'équation de la surface engendrée,

$$\left[4x(y^2 - z^2) - p(y^2 + z^2) - 8px^2 + \frac{p^3}{2}\right]^2 = 4z^2 y^2(p^2 - 16x^2).$$

Comme la droite MM' est parallèle au plan des yz, la ligne de striction coïncide avec le contour apparent sur le plan des yz. La projection de cette courbe sur le plan des yz est une hypocycloïde à quatre rebroussements.

3° Pour que le plan (P) fasse un angle constant avec Ox, il faut que $u^2 + v^2$ soit constant.

On pourra poser $u^2 + v^2 = m^2$, ou $u = m \cos \varphi$, $v = m \sin \varphi$.
L'équation du plan (P) a la forme

$$\left(2m^2 - \frac{1}{2}\right)x + 2my \cos\varphi + 2mz \sin\varphi - pm^2\left(2m^2 + \frac{3}{2}\right)\cos 2\varphi = 0.$$

Ce plan engendre une surface développable dont l'arête de rebroussement a pour équations paramétriques

$$x = -3pm^2\,\frac{4m^2 + 3}{4m^2 - 1}\cos 2\varphi,$$

$$y = pm(4m^2 + 3)\cos^3\varphi,$$

$$z = -pm(4m^2 + 3)\sin^3\varphi.$$

157. *On donne trois axes rectangulaires et dans le plan des xy une droite (D) parallèle à Oy et ayant pour abscisse a.*

On considère les droites (G) qui s'appuient sur Oz et sur (D) et qui font avec Oz un angle donné θ.

1° Trouver l'équation de la surface décrite par les droites (G).

2° Montrer que cette surface est coupée suivant une hyperbole (H) par tout plan parallèle au plan des yz.

3° Trouver le lieu des asymptotes de cette hyperbole quand son plan varie.

4° Lieu des foyers.

1° L'équation de la surface est

$$(x - a)^2(x^2 + y^2) - x^2 z^2 \operatorname{tg}^2 \theta = 0.$$

3° Le lieu se compose de deux paraboloïdes hyperboliques,

$$(x - a)y \pm xz \operatorname{tg} \theta = 0.$$

4° Le lieu est une hyperbole,

$$\bar{y} = 0, \qquad z^2 = x^2 + (x - a)^2 \cot^2 \theta.$$

158. *On donne deux droites de l'espace qui ne sont pas dans le même plan, D et D', et la perpendiculaire commune à ces* *deux droites, AB ; on prolonge AB d'une longueur BC = AB et sur BC comme diamètre on décrit une sphère S.*

1° Cela posé, on envisage une droite variable Δ, qui s'appuie sur D et D' et qui est tangente à la sphère au point M ; on demande le lieu du point M.

2° Trouver le lieu engendré par la droite Δ.

3° Lieu du milieu des points de rencontre de Δ avec D et D'. Construire ce lieu dans le cas particulier où D et D' sont perpendiculaires.

Prenons pour axe des z la droite AB, pour origine le milieu O de AB et pour axes des x et des y deux parallèles aux bissectrices de l'angle formé par les directions de D et D'.

Les équations de D et D' sont

$$\begin{cases} z - a = 0, \\ y - mx = 0, \end{cases} \qquad \begin{cases} z + a = 0, \\ y + mx = 0, \end{cases}$$

et celle de la sphère S est

$$x^2 + y^2 + (z - 2a)^2 - a^2 = 0.$$

1° Le lieu du point M est une courbe, section de la sphère S et du cône

$$(1 + m^2)xy - 2m(z - a)^2 = 0.$$

2° La surface Σ engendrée par Δ a pour équation

$$(y^2 - m^2x^2)^2 + 2(1 + m^2)(y + mx)^2(z - a)^2$$
$$+ (m^2 - 1)(y^2 - m^2x^2)(z^2 - a^2) - m^2(z^2 - a^2)^2 = 0.$$

3° Le lieu demandé est la section de la surface Σ par le plan des xy.

Si les droites D et D' sont perpendiculaires, on a $m = 1$, et l'équation de cette section est

$$(x^2 - y^2)^2 + 4a^2(x + y)^2 - a^4 = 0.$$

159. *Les axes sont rectangulaires. On donne deux droites*

$$D \begin{cases} y = 0, \\ z = a, \end{cases} \qquad \Delta \begin{cases} x = 0, \\ z = -a, \end{cases}$$

et on considère les droites G qui rencontrent D et Δ aux points A et α tels que la longueur Aα soit constante et égale à $2l$.

1° La droite G, qui rencontre le plan des xy au point P, engendre une surface, S. On cherchera les coordonnées d'un point courant de la surface S en fonction des deux paramètres z et $\varphi = (Ox, OP)$. Écrire l'équation de la surface S, et montrer que toute section plane est unicursale.

2° Les sections de la surface S par des plans parallèles au plan des xy sont des ellipses E. Montrer que les plans normaux à ces ellipses aux points où elles sont rencontrées par une génératrice donnée G passent par une droite fixe.

3° Écrire l'équation du plan tangent à S au point (z, φ). Trouver le plan asymptote correspondant à une génératrice G. Vérifier que ce plan asymptote coupe les bissectrices des axes Ox, Oy en des points U et V dont la distance est indépendante de la génératrice choisie.

4° Trouver le point central d'une génératrice G, et montrer que le lieu de ce point est la courbe de contact du cylindre circonscrit à S parallèlement à Oz.

160. Les axes étant supposés rectangulaires, on mène par un point A, situé sur la partie positive de Ox à une distance donnée a de l'origine, une parallèle Δ à Oy, et l'on considère la surface Σ engendrée par une droite mobile assujettie à la triple condition de s'appuyer constamment sur Oz, sur la droite Δ et de rester à la distance a de l'origine.

Former l'équation de la surface Σ.

Soit P la projection de l'origine sur la droite variable; démontrer que la normale à la surface au point P engendre une surface développable.

161. On donne trois axes rectangulaires et sur Oz le point A qui a pour cote $+\frac{1}{4}$; on considère le cercle (C) décrit sur OA comme diamètre dans le plan yOz et la droite (D) bissectrice de l'angle zOx.

1° On prend un point quelconque P sur (C), défini par l'angle $(Oy, OP) = \varphi$; on le joint au point Q de (D) qui a même cote. On obtient ainsi une droite (Δ). Écrire les équations de (Δ) et trouver l'équation de la surface (S) qu'elle engendre quand P décrit (C).

2° On oriente (Δ) de P vers Q et l'on fixe la position d'un point quelconque M de (Δ) par la valeur algébrique du vecteur $\overline{PM} = \rho$. Calculer les coordonnées du point M en fonction de φ et de ρ. Former l'équation du plan tangent en M.

3° Déterminer la ligne de striction de (S) et le paramètre de distribution.

4° Construire la section de la surface (S) par le plan $x = \dfrac{3}{8}$.

162. On donne trois axes rectangulaires, un cercle (C) situé dans le plan des xy et ayant pour centre le point O et une droite (Δ) parallèle à Oy.

1° Former l'équation de la surface engendrée par une droite variable assujettie à rencontrer le cercle (C), la droite (Δ) et l'axe des z.

2° Montrer que tout plan parallèle au plan des xy coupe cette surface suivant une conchoïde de Nicomède.

3° Un plan quelconque (P) passant par Oy coupe la surface suivant une conique (γ); soit (γ_1) la projection de cette conique sur le plan des xy. Montrer que la conique (γ_1) rencontre le cercle (C) en deux points fixes, réels ou imaginaires, qu'elle admet pour foyer le point O, et pour directrice correspondante la projection sur le plan des xy de la trace du plan (P) sur le plan mené par (Δ) parallèlement au plan des xy.

163. Soit le plan (Π) représenté par l'équation

$$x \cos u + y \sin u + vz + \cos 2u + v^2 = 0.$$

1° Quand u et v varient, (II) enveloppe une surface (Σ). Calculer les coordonnées du point de contact M, en fonction de u et v. Montrer que (Σ) admet les trois plans de coordonnées pour plans de symétrie.

2° Lorsque v seul varie, montrer que (II) enveloppe un cylindre circonscrit à (Σ) le long d'une parabole, section droite du cylindre. Équation de ce dernier. Déterminer le plan (P), l'axe (A) et le sommet S de la parabole.

3° Déterminer et construire le lieu (L) de S et l'enveloppe (E) de (A). Quelle relation y a-t-il entre ces deux courbes ?

Soient α, β les points de rencontre de (A) avec Ox et Oy, I leur milieu, γ la projection de O sur (A). Prouver que S est au milieu de Iγ.

3° Quel est le lieu de M quand u seul varie ? Le construire dans les cas $v = 0$ et $v = \sqrt{3}$. Déterminer l'arête de rebroussement de l'enveloppe de (II) et montrer que c'est une hélice sur le cylindre dont (E) est section droite.

CHAPITRE V

SURFACES DE RÉVOLUTION

---

164. *Trouver les conditions pour que l'équation générale du deuxième degré à trois variables représente une surface de révolution.*

Nous écrirons l'équation générale du deuxième degré sous la forme habituelle :

$$f(x, y, z) \equiv \varphi(x, y, z) + 2Cx + 2C'y + 2C''z + D = 0,$$

$\varphi(x, y, z)$ désignant l'ensemble des termes du second degré,

$$\varphi(x, y, z) \equiv Ax^2 + A'y^2 + A''z^2 + 2Byz + 2B'zx + 2B''xy,$$

et nous établirons d'abord le théorème suivant :

La condition nécessaire et suffisante pour que l'équation $f(x, y, z) = 0$ représente une surface de révolution est qu'il existe un nombre S non nul, tel que la forme quadratique

$$(1) \qquad \varphi(x, y, z) - S(x^2 + y^2 + z^2)$$

soit le carré d'une fonction linéaire.

1° *La condition est nécessaire.* — On sait que toute surface de révolution peut être représentée par une équation de la forme $g(\Sigma, P) = 0$, où Σ désigne le premier membre de l'équation d'une sphère, et P celui de l'équation d'un plan, ce qui revient à dire que l'on a

$$\Sigma \equiv x^2 + y^2 + z^2 - 2ax - 2by - 2cz + d,$$
$$P \equiv ux + vy + wz + r.$$

Si la surface est du deuxième degré, $g(\Sigma, P)$ contiendra Σ au premier degré et P au second, et par suite l'équation de la surface pourra s'écrire

$$(2) \qquad \Sigma + \alpha P^2 + \beta P + \gamma = 0,$$

α, β, γ étant des constantes.

Supposons alors que l'équation $f(x, y, z) = 0$ représente une surface de révolution ; comme cette surface peut aussi être définie par une équation telle que (2), on aura l'identité

$$f(x, y, z) \equiv S(\Sigma + \alpha P^2 + \beta P + \gamma),$$

S désignant un nombre non nul.

Conservons seulement les termes du second degré ; nous avons

$$\varphi(x, y, z) \equiv S[x^2 + y^2 + z^2 + \alpha(ux + vy + wz)^2],$$

ou

$$\varphi(x, y, z) - S(x^2 + y^2 + z^2) \equiv S\alpha(ux + vy + wz)^2,$$

ce qui montre bien que la condition est nécessaire.

2° *La condition est suffisante.* — Si l'on a

$$\varphi(x, y, z) - S(x^2 + y^2 + z^2) \equiv \lambda(ux + vy + wz)^2,$$

on en déduit

$$\varphi(x, y, z) \equiv \lambda(ux + vy + wz)^2 + S(x^2 + y^2 + z^2),$$

et

$$f(x, y, z) \equiv \lambda(ux + vy + wz)^2 + S(x^2 + y^2 + z^2) \\ + 2Cx + 2C'y + 2C''z + D,$$

ou

$$f(x, y, z) \equiv \lambda P^2 + \Sigma,$$

en posant

$$P \equiv ux + vy + wz,$$
$$\Sigma \equiv S(x^2 + y^2 + z^2) + 2Cx + 2C'y + 2C''z + D = 0.$$

On en conclut que l'équation $f(x, y, z) = 0$ représente une surface de révolution.

REMARQUE. — L'axe de révolution est la perpendiculaire menée par le centre de la sphère $\Sigma = 0$ sur le plan $P = 0$. Les équations de cet axe sont donc

$$\frac{x + \dfrac{C}{S}}{u} = \frac{y + \dfrac{C'}{S}}{v} = \frac{z + \dfrac{C''}{S}}{w}.$$

Cela posé, il nous reste à chercher les relations qui doivent exister entre les coefficients de l'équation $f(x, y, z) = 0$ pour que la forme quadratique (1) soit le carré d'une fonction linéaire.

Pour qu'il en soit ainsi, il faut et il suffit que tous les mineurs du premier ordre du discriminant de cette forme soient nuls. Ce discriminant est

$$\begin{vmatrix} A - S & B'' & B' \\ B'' & A' - S & B \\ B' & B & A'' - S \end{vmatrix},$$

et en écrivant que tous ces mineurs sont nuls, nous avons les équations

$$(1) \qquad (A' - S)(A'' - S) - B^2 = 0,$$
$$(2) \qquad (A'' - S)(A - S) - B'^2 = 0,$$
$$(3) \qquad (A - S)(A' - S) - B''^2 = 0,$$
$$(4) \qquad B'B'' - B(A - S) = 0,$$
$$(5) \qquad B''B - B'(A' - S) = 0,$$
$$(6) \qquad BB' - B''(A'' - S) = 0.$$

Pour que la surface $f(x, y, z) = 0$ soit de révolution, il faut et il suffit qu'il existe une valeur de S non nulle vérifiant ces six équations [1].

PREMIER CAS. — *Les trois nombres* B, B', B" *sont différents de zéro, ou* $BB'B'' \neq 0$.

____

[1] Ceci revient à dire qu'il faut et il suffit que l'équation en S ait une racine double non nulle.

On peut résoudre les équations (4), (5), (6) par rapport à S ; on a

$$(7) \qquad S = A - \frac{B'B''}{B}, \qquad S = A' - \frac{B''B}{B'}, \qquad S = A'' - \frac{BB'}{B''}.$$

On doit donc avoir déjà

$$A - \frac{B'B''}{B} = A' - \frac{B''B}{B'} = A'' - \frac{BB'}{B''} \neq 0.$$

Ce sont là des conditions nécessaires ; il est facile de voir qu'elles sont suffisantes.

En effet, si elles sont remplies, la valeur de S définie par les équations (7) vérifie les équations (1), (2), (3) ; on le voit aisément en remplaçant dans celles-ci $A - S$ par $\frac{B'B''}{B}$, $A' - S$ par $\frac{B''B}{B'}$, $A'' - S$ par $\frac{BB'}{B''}$.

Les nombres $A - \frac{B'B''}{B}$, $A' - \frac{B''B}{B'}$, $A'' - \frac{BB'}{B''}$ sont appelés *les nombres de Jacobi*.

On peut donc dire que si aucun des nombres B, B', B'' n'est nul, la condition nécessaire et suffisante pour que la surface soit de révolution est que les nombres de Jacobi soient égaux et non nuls.

Cherchons les équations de l'axe de révolution. Il faut abaisser du centre de la sphère

$$\Sigma \equiv S(x^2 + y^2 + z^2) + 2Cx + 2C'y + C''z + D = 0$$

une perpendiculaire sur le plan

$$P \equiv ux + vy + wz = 0,$$

$ux + vy + wz$ désignant la racine carrée de la forme quadratique $\varphi(x, y, z) - S(x^2 + y^2 + z^2)$. Or cette racine est proportionnelle à une dérivée partielle quelconque, par exemple

$$(A - S)x + B''y + B'z,$$

ou, en y remplaçant $A - S$ par $\frac{B'B''}{B}$, et en divisant par le produit $B'B''$,

$$\frac{x}{B} + \frac{y}{B'} + \frac{z}{B''}.$$

Donc l'équation du plan (P) peut s'écrire

$$\frac{x}{B} + \frac{y}{B'} + \frac{z}{B''} = 0,$$

et par suite les équations de l'axe sont

$$B\left(x + \frac{C}{S}\right) = B'\left(x + \frac{C'}{S}\right) = B''\left(x + \frac{C''}{S}\right),$$

S étant égal aux nombres de Jacobi.

DEUXIÈME CAS. — *L'un des nombres* B, B', B'' *est nul, par exemple* $B'' = 0$.

L'équation (6) donne $BB' = 0$, d'où nous tirons soit $B = 0$, soit $B' = 0$.

Prenons d'abord $B' = 0$, $B \neq 0$. L'équation (5) est identiquement vérifiée, et l'équation (4) donne $S = A$. Cette valeur de S vérifie (2) et (3), et si nous la portons dans (1) nous avons la condition

$$(A' - A)(A'' - A) - B^2 = 0, \qquad A \neq 0.$$

Et en supposant cette condition remplie, on trouve aisément que les équations de l'axe sont

$$x + \frac{C}{A} = 0, \qquad \frac{y + \dfrac{C'}{A}}{A' - A} = \frac{z + \dfrac{C''}{A}}{B}.$$

On verrait de même qu'en supposant $B = 0$, $B' \neq 0$, on a la condition

$$(A'' - A')(A - A') - B'^2 = 0. \qquad A' \neq 0.$$

Et, enfin, dans l'hypothèse où l'on a $B = 0$, $B' = 0$, $B'' \neq 0$, on doit avoir

$$(A - A'')(A' - A'') - B''^2 = 0. \qquad A'' \neq 0.$$

TROISIÈME CAS. — *Les nombres* B, B', B'' *sont nuls tous les trois.*

Dans ce cas, il faut que deux des nombres A, A', A'' soient égaux (sans être nuls).

Si $A = A'$, les équations de l'axe sont

$$x + \frac{C}{A} = 0, \qquad y + \frac{C'}{A} = 0.$$

165. *Lieu des sommets des cônes de révolution passant par une ellipse.*

Montrer que le lieu se compose d'une ellipse imaginaire et d'une hyperbole, et que, S étant un point quelconque de cette hyperbole, l'axe du cône de révolution qui a pour sommet le point S et pour directrice l'ellipse donnée est la tangente à l'hyperbole au point S.

Prenons comme axes des x et des y les axes de l'ellipse, et pour axe des z la perpendiculaire à son plan, menée par son centre. Les équations de cette courbe sont alors

$$\frac{x^2}{a^2} + \frac{y^2}{b^2} - 1 = 0, \qquad z = 0.$$

Nous supposons $a > b$, et nous poserons $a^2 - b^2 = c^2$.

Soient (x_0, y_0, z_0) les coordonnées d'un point du lieu. Le cône qui a ce point pour sommet et l'ellipse comme directrice a pour équation (86)

$$x^2 \frac{z_0^2}{a^2} + y^2 \frac{z_0^2}{b^2} + z^2\left(\frac{x_0^2}{a^2} + \frac{y_0^2}{b^2} - 1\right) - 2yz\frac{y_0 z_0}{b^2} - 2zx\frac{z_0 x_0}{a^2} + 2zz_0 - z_0^2 = 0.$$

Nous allons écrire que cette équation représente une surface de révolution, en appliquant la méthode indiquée au n° 164.

Le coefficient B'' étant nul, nous avons deux hypothèses à envisager successivement, soit $B' = 0$, soit $B = 0$.

1° Supposons d'abord $B' = 0$, c'est-à-dire $z_0 x_0 = 0$.

Or z_0 ne peut être nul, autrement le cône se réduirait à un plan double. On doit donc avoir $x_0 = 0$, ce qui montre déjà que le lieu est une courbe située dans le plan des yz.

Il nous faut écrire maintenant la condition

$$(A - A')(A - A'') - B^2 = 0,$$

qui devient ici

$$\left(\frac{z_0^2}{a^2} - \frac{z_0^2}{b^2}\right)\left(\frac{z_0^2}{a^2} - \frac{x_0^2}{a^2} - \frac{y_0^2}{b^2} + 1\right) - \frac{y_0^2 z_0^2}{b^4} = 0,$$

ou encore, en divisant par z_0^2, en y remplaçant x_0 par 0 et en simplifiant,

$$\frac{y_0^2}{c^2} + \frac{z_0^2}{a^2} + 1 = 0.$$

On voit ainsi que les équations du lieu sont

$$x = 0, \qquad \frac{y^2}{c^2} + \frac{z^2}{a^2} + 1 = 0;$$

elles représentent une ellipse imaginaire.

$2°$ Soit maintenant $B = 0$, ou $y_0 z_0 = 0$, ou encore $y_0 = 0$.

Nous avons la condition

$$(A'' - A')(A - A') - B'^2 = 0,$$

et en opérant comme plus haut, on obtient pour équations du lieu

$$y = 0, \qquad \frac{x^2}{c^2} - \frac{z^2}{b^2} - 1 = 0.$$

Ces équations représentent une hyperbole située dans le plan des zx, ayant pour sommets les foyers de l'ellipse, et pour foyers les sommets du grand axe de l'ellipse.

L'axe de révolution a pour équations

$$y + \frac{C'}{A'} = 0, \qquad \frac{x + \dfrac{C}{A'}}{A - A'} = \frac{z + \dfrac{C''}{A'}}{B'};$$

ces équations peuvent s'écrire

$$y = 0, \qquad \frac{x x_0}{c^2} - \frac{z z_0}{b^2} - 1 = 0.$$

Elles représentent la tangente à l'hyperbole au point $(x_0, 0, z_0)$.

166. *Lieu des sommets des cônes de révolution passant par une hyperbole.*

Montrer que le lieu se compose d'une ellipse imaginaire et d'une ellipse réelle, et que, S étant un point quelconque de celle-ci, l'axe du cône de révolution qui a pour sommet le point S et pour directrice l'hyperbole donnée est la tangente à l'ellipse au point S.

Nous prendrons comme axes des x et des y les axes de l'hyperbole, et pour axe des z la perpendiculaire à son plan menée par son centre. Les équations de cette courbe sont alors

$$\frac{x^2}{a^2} - \frac{y^2}{b^2} - 1 = 0, \qquad z = 0;$$

nous poserons $c^2 = a^2 + b^2$.

Les calculs sont les mêmes que dans l'exercice précédent; il n'y a qu'à changer b^2 en $- b^2$.

Le lieu se compose de l'ellipse imaginaire

$$x = 0, \qquad \frac{y^2}{c^2} + \frac{z^2}{a^2} + 1 = 0,$$

et de l'ellipse réelle

$$y = 0, \qquad \frac{x^2}{c^2} + \frac{z^2}{b^2} - 1 = 0.$$

167. *On considère une ellipse et une hyperbole ayant même axe focal et leurs plans perpendiculaires, les foyers de chacune de ces courbes étant les sommets (de l'axe focal) de l'autre. Démontrer que chacune de ces courbes est le lieu géométrique des sommets des cônes de révolution passant par l'autre, et que la ntagente en un point du lieu est l'axe du cône correspondant.*

Cela résulte immédiatement des deux exercices qui précèdent. Chacune de ces courbes est dite la *focale* de l'autre.

168. *On considère une ellipse* (E) *et une hyperbole* (H), *focales* *l'une de l'autre et définies par les équations*

$$(E) \begin{cases} \dfrac{x^2}{a^2} + \dfrac{y^2}{b^2} - 1 = 0, \\[2mm] z = 0; \end{cases} \qquad (H) \begin{cases} \dfrac{x^2}{c^2} - \dfrac{z^2}{b^2} - 1 = 0, \\[2mm] y = 0. \end{cases}$$

Soient M un point quelconque de l'ellipse, P un point quelconque de l'hyperbole. La normale en M à l'ellipse rencontre Ox au point N ; par ce point on mène une droite (D) perpendiculaire à Ox dans le plan xOz, et on abaisse PH perpendiculaire sur (D). La normale en P à l'hyperbole rencontre Ox au point Q : par ce point on mène une droite (Δ) perpendiculaire à Ox dans le plan xOy, et on abaisse MK perpendiculaire sur (Δ).

Démontrer que l'on a

$$\frac{MP}{MK} = \frac{c}{a}, \qquad \frac{PM}{PH} = \frac{a}{c}.$$

On s'appuiera sur la formule

$$\overline{MP}^2 = \left(\frac{c}{a} x - \frac{a}{c} \alpha \right)^2,$$

x et α désignant les abscisses des points M et P.

169. *Étant données l'ellipse (E) et l'hyperbole (H) définies au n° précédent, démontrer les théorèmes suivants :*

1° La différence des distances d'un point quelconque de l'ellipse à deux points fixes de la même branche d'hyperbole est constante.

2° La somme des distances d'un point quelconque de l'ellipse à deux points fixes pris sur des branches différentes de l'hyperbole est constante.

3° La différence des distances d'un point quelconque de l'hyperbole à deux points fixes de l'ellipse est constante.

170. *Lieu des sommets des cônes de révolution passant par une parabole.*

Montrer que le lieu est une parabole et que, S étant un point quelconque de cette courbe, l'axe du cône de révolution qui a pour sommet le point S et pour directrice la parabole donnée est la tangente en S à la parabole-lieu.

On prendra comme axe des x l'axe de la parabole, comme axe des y la tangente au sommet, comme axe des z la perpendiculaire à son plan menée par son sommet.

Les équations de la courbe sont alors

$$y^2 - 2px = 0, \qquad z = 0.$$

Le lieu cherché a pour équations

$$y = 0, \qquad z^2 + 2px - p^2 = 0.$$

On établira sans difficulté la propriété de l'axe.

171. *On considère deux paraboles ayant même axe et leurs plans perpendiculaires, le foyer de chacune d'elles étant le sommet de l'autre. Démontrer que chacune de ces courbes est le lieu géométrique des sommets des cônes de révolution passant par l'autre, et que la tangente en un point du lieu est l'axe du cône correspondant.*

Chacune de ces paraboles est dite la *focale* de l'autre. Que deviennent les propriétés des n°ˢ 168 et 169 pour ces deux paraboles ?

172. *Trouver le lieu des sommets des cônes de révolution passant par la conique $z = 0$, $y = 2px + qx^2$. Comparer avec les résultats précédents.*

173. *On coupe une quadrique de révolution par un plan, et on prend la section comme base d'un cône ayant pour sommet l'un des points de rencontre de la surface et de l'axe de révolution.*

Démontrer que tout plan perpendiculaire à l'axe coupe le cône suivant un cercle.

174. *On considère une surface de révolution engendrée par une conique tournant autour de son axe focal. On coupe cette surface par un plan, et on prend la section comme base d'un cône ayant pour sommet l'un des foyers de la conique.*

Démontrer que ce cône est de révolution, et que son axe passe par le pôle du plan sécant par rapport à la surface.

Soient F l'un des foyers de la conique, (D) la directrice correspondante, et e l'excentricité ; soit en outre (P) le plan engendré par la droite (D) tournant autour de l'axe focal de la conique.

On peut considérer la surface engendrée par la conique comme le lieu des points dont le rapport des distances au point F et au plan (P) est égal à la constante e. Par suite, si on désigne par x_0, y_0, z_0 les coordonnées du point F, et par

$$ux + vy + wz + r = 0$$

l'équation du plan (P), l'équation de la surface est

$$(x - x_0)^2 + (y - y_0)^2 + (z - z_0)^2 = e^2 \frac{(ux + vy + wz + r)^2}{u^2 + v^2 + w^2}.$$

Réciproquement, toute équation de la forme

$$(x - x_0)^2 + (y - y_0)^2 + (z - z_0)^2 = (lx + my + nz + h)^2$$

représente une surface, qui est le lieu des points dont le rapport des distances au point $(x_0,\ y_0,\ z_0)$ et au plan

$$lx + my + nz + h = 0$$

est constant (ce rapport est égal à $\sqrt{l^2 + m^2 + n^2}$) ; cette surface peut être engendrée par une conique tournant autour de son axe focal.

Cette surface est d'ailleurs un ellipsoïde de révolution allongé, un hyperboloïde de révolution à deux nappes, où un paraboloïde de révolution suivant que $\sqrt{l^2 + m^2 + n^2}$ est inférieur, supérieur ou égal à 1.

175. *On considère toutes les quadriques de révolution (engendrées par une conique tournant autour de son axe focal) qui passent par une ellipse donnée* (E). *On demande le lieu décrit par les foyers des méridiennes.*

Soit $(x_0,\ y_0,\ z_0)$ un point du lieu; l'équation de la surface correspondante a la forme

$$(x - x_0)^2 + (y - y_0)^2 + (z - z_0)^2 = (lx + my + nz + h)^2.$$

On écrira que cette surface passe par l'ellipse (E), qui peut être définie par les équations

$$\frac{x^2}{a^2} + \frac{y^2}{b^2} - 1 = 0, \qquad z = 0,$$

et on éliminera $l,\ m,\ n,\ h$ entre les conditions obtenues.

Le lieu se compose des focales de l'ellipse (E). Ne pouvait-on prévoir ce résultat d'après l'exercice précédent?

176. *Même question en remplaçant l'ellipse* (E) *par une hyperbole ou une parabole.*

177. *Lieu des sommets des cônes de révolution circonscrits à une quadrique à centre unique.*

Soit

$$\frac{x^2}{A} + \frac{y^2}{B} + \frac{z^2}{C} - 1 = 0$$

l'équation de la quadrique rapportée à ses axes; nous supposons que A, B, C ont des signes quelconques, et que l'on a $A > B > C$.

Soit $S(x_0,\ y_0,\ z_0)$ un point du lieu; nous écrirons que le cône qui a pour sommet le point S et qui est circonscrit à la quadrique est de révolution.

Première méthode. — L'équation de ce cône est

$$\left(\frac{xx_0}{A} + \frac{yy_0}{B} + \frac{zz_0}{C} - 1\right)^2 - \left(\frac{x^2}{A} + \frac{y^2}{B} + \frac{z^2}{C} - 1\right)E_0 = 0,$$

en posant

$$E_0 = \frac{x_0^2}{A} + \frac{y_0^2}{B} + \frac{z_0^2}{C} - 1.$$

On voit tout d'abord aisément que les nombres de Jacobi (164) ne peuvent être égaux.

Il faut alors que deux des coefficients de yz, zx, xy soient nuls. En supposant $x_0 = 0$, les coefficients de zx et de xy sont nuls ; on doit alors avoir $(A - A')(A - A'') - B^2 = 0$, et en supprimant le facteur E_0 qui ne peut être nul, on obtient la condition

$$\frac{y_0^2}{B - A} + \frac{z_0^2}{C - A} - 1 = 0.$$

On suppose ensuite $y_0 = 0$, puis $z_0 = 0$, et on voit ainsi que le lieu se compose des trois coniques définies par les équations

$$x = 0, \qquad \frac{y^2}{B - A} + \frac{z^2}{C - A} - 1 = 0,$$

$$y = 0, \qquad \frac{x^2}{A - B} + \frac{z^2}{C - B} - 1 = 0,$$

$$z = 0, \qquad \frac{x^2}{A - C} + \frac{y^2}{B - C} - 1 = 0.$$

La première est une ellipse imaginaire, la seconde une hyperbole, et la troisième une ellipse réelle.

Ces coniques sont appelées les *focales* de la quadrique.

Deuxième méthode. — Le calcul est un peu plus simple en substituant au cône circonscrit le cône supplémentaire.

Si α, β, γ désignent les paramètres directeurs d'une génératrice de ce cône supplémentaire, le plan mené par le point S perpendiculairement à cette droite,

$$\alpha(x - x_0) + \beta(y - y_0) + \gamma(z - z_0) = 0,$$

est tangent au cône circonscrit et par suite à la quadrique donnée. On a donc [1].

$$A\alpha^2 + B\beta^2 + C\gamma^2 - (\alpha x_0 + \beta y_0 + \gamma z_0)^2 = 0,$$

et par suite, le cône supplémentaire a pour équation

$$A(x - x_0)^2 + B(y - y_0)^2 + C(z - z_0)^2$$
$$- [x_0(x - x_0) + y_0(y - y_0) + z_0(z - z_0)]^2 = 0.$$

On écrira que ce cône est de révolution.

178. *Lieu des sommets des cônes de révolution circonscrits à un paraboloïde.*

Soit

$$\frac{y^2}{p} + \frac{z^2}{q} - 2x = 0$$

l'équation du paraboloïde rapporté à ses plans principaux et au plan tangent au sommet. On suppose que p et q ont des signes quelconques.

Le lieu se compose des deux paraboles définies par les équations

$$y = 0, \qquad \frac{z^2}{q - p} - 2x + p = 0,$$

$$z = 0, \qquad \frac{y^2}{p - q} - 2x + q = 0.$$

Elles sont appelées les *focales* du paraboloïde.

179. *La tangente en un point S d'une focale d'une quadrique est l'axe du cône de révolution qui a pour sommet le point S et qui est circonscrit à la quadrique.*

---

[1] On sait que la condition pour que le plan $ux + vy + wz + r = 0$ soit tangent à la quadrique $\dfrac{x^2}{A} + \dfrac{y^2}{B} + \dfrac{z^2}{C} - 1 = 0$ est $Au^2 + Bv^2 + Cw^2 - r^2 = 0$.

180. *Lieu des sommets des paraboloïdes de révolution qui passent par une ellipse donnée.*

Soient $\dfrac{x^2}{a^2} + \dfrac{y^2}{b^2} - 1 = 0$, $z = 0$ les équations de l'ellipse ; on suppose comme d'habitude $a > b$, et $a^2 - b^2 = c^2$.

L'équation générale des quadriques passant par l'ellipse doit être telle qu'en y faisant $z = 0$, on obtienne $\dfrac{x^2}{a^2} + \dfrac{y^2}{b^2} - 1 = 0$. Donc cette équation est

$$\frac{x^2}{a^2} + \frac{y^2}{b^2} - 1 + A''z^2 + 2Byz + 2B'zx + 2C''z = 0.$$

Pour que cette équation représente un paraboloïde, il faut que l'ensemble des termes du second degré

$$\varphi(x, y, z) \equiv \frac{x^2}{a^2} + \frac{y^2}{b^2} + A''z^2 + 2Byz + 2B'zx$$

soit réductible à une somme de deux carrés.

On peut écrire

$$\varphi(x, y, z) \equiv \left(\frac{x}{a} + aB'z \right)^2 + \left(\frac{y}{b} + bBz \right)^2 + z^2(A'' - a^2B'^2 - b^2B^2).$$

On doit donc avoir

$$A'' = a^2B'^2 + b^2B^2 \,(^1),$$

et par suite l'équation générale des paraboloïdes passant par l'ellipse donnée est

$$\frac{x^2}{a^2} + \frac{y^2}{b^2} + (B^2b^2 + B'^2a^2)z^2 + 2Byz + 2B'zx + 2C''z - 1 = 0.$$

On écrira que cette équation représente une surface de révolution ; en se bornant aux valeurs réelles de B et B', on trouve $B = 0$, $B' = \pm \dfrac{c}{a^2b}$. Puis on éliminera le paramètre restant C'' entre les équations de la surface et de l'axe.

(^{1}) On peut aussi obtenir cette relation en annulant le discriminant de la forme $\varphi(x, y, z)$.

On trouve ainsi que le lieu se compose des deux hyperboles

$$y = 0, \qquad \frac{x^2}{a^2} \pm \frac{2byz}{a^2c} - \frac{a^2 + b^2}{a^2 b^2} z^2 - 1 = 0.$$

181. *Déterminer la méridienne de la surface de révolution définie par l'équation*

$$(1) \qquad f(\Sigma, P) = 0,$$

où l'on pose

$$\Sigma \equiv (x - a)^2 + (y - b)^2 + (z - c)^2 - R^2,$$
$$P \equiv ux + vy + wz + r.$$

L'axe de la surface est la droite qui passe par le point $\omega(a, b, c)$ et qui est perpendiculaire au plan (P).

Faisons une transformation de coordonnées ; prenons le point ω pour origine, l'axe de révolution pour axe des Z ; le plan des XY sera alors le plan (Q) mené par le point ω parallèlement au plan (P), les axes ωX, ωY étant rectangulaires.

Il n'est pas nécessaire ici d'écrire les formules de transformation de coordonnées ; il suffit de remarquer que si l'on désigne par (x, y, z) et (X, Y, Z) les coordonnées d'un point quelconque M de l'espace par rapport aux deux systèmes, on a

$$(x - a)^2 + (y - b)^2 + (z - c)^2 = X^2 + Y^2 + Z^2,$$
$$\frac{u(x - a) + v(y - b) + w(z - c)}{\sqrt{u^2 + v^2 + w^2}} = Z,$$

les deux membres de la première égalité étant égaux à $\overline{\omega M}^2$, et ceux de la deuxième à la distance du point M au plan (Q). On peut choisir un signe arbitraire devant le radical, cela revient à se donner le sens positif de l'axe ωZ.

On tire de là

$$\Sigma = X^2 + Y^2 + Z^2 - R^2,$$
$$P = Z\sqrt{u^2 + v^2 + w^2} + ua + vb + wc + r,$$

et en portant ces valeurs dans l'équation (1), on obtient l'équation de la surface par rapport aux nouveaux axes.

Il suffit alors de faire dans cette équation $Y = 0$ pour obtenir l'équation de la méridienne rapportée aux axes ωX, ωZ. On a ainsi :

$$f(X^2 + Z^2 - R^2, \quad Z\sqrt{u^2 + v^2 + w^2} + ua + vb + wc + r) = 0.$$

182. *On donne trois axes rectangulaires Ox, Oy, Oz, un point ω, ayant pour coordonnées a, b, c, et une demi-droite ωZ ayant pour cosinus directeurs α, β, γ. Dans un plan quelconque (P) passant par ωZ on trace une demi-droite ωX perpendiculaire à ωZ; et on considère une courbe (C) située dans le plan (P), et ayant pour équation, par rapport aux axes ωX, ωZ,*

$$(1) \qquad \varphi(X, Z) = 0.$$

On fait tourner cette courbe autour de ωZ ; elle engendre une surface de révolution. Former l'équation de cette surface par rapport aux axes Ox, Oy, Oz.

L'équation demandée se déduit de l'équation (1) en y remplaçant X par

$$\sqrt{(x-a)^2 + (y-b)^2 + (z-c)^2 - \left[\alpha(x-a) + \beta(y-b) + \gamma(z-c)\right]^2}$$

et Z par $\alpha(x-a) + \beta(y-b) + \gamma(z-c)$.

183. *Démontrer que toute équation du second degré, symétrique par rapport à x, y, z, représente une quadrique de révolution. Déterminer la méridienne, et en déduire la nature de la surface.*

Toute équation du second degré symétrique par rapport à x, y, z est de la forme

$$A(x^2 + y^2 + z^2) + 2B(yz + zx + xy) + 2C(x + y + z) + D = 0.$$

Remplaçons-y $2(yz + zx + xy)$ par

$$(x + y + z)^2 - (x^2 + y^2 + z^2) ;$$

l'équation devient

$$(A - B)(x^2 + y^2 + z^2) + B(x + y + z)^2 + 2C(x + y + z) + D = 0.$$

Comme le premier membre est une fonction de $x^2 + y^2 + z^2$ et de $x + y + z$, l'équation représente une surface de révolution, l'axe de révolution étant la droite $x = y = z$.

En opérant comme au n° 181, on montrera que, si l'on désigne par OZ l'axe de révolution et par OX une demi-droite quelconque perpendiculaire à OZ, l'équation de la méridienne située dans le plan XOZ est, rapportée aux axes OX, OZ,

$$(A - B)X^2 + (A + 2B)Z^2 + 2CZ\sqrt{3} + D = 0.$$

Il est alors facile de discuter la nature de cette conique, et on en déduit aisément la nature de la surface correspondante.

Les résultats sont les suivants :

Si $B = 0$, la surface est une sphère.

Soit maintenant $B \neq 0$. Nous pouvons supposer $B > 0$.

Nous désignons par M la quantité $D - \dfrac{3C^2}{A + 2B}$.

$$A < -2B \begin{cases} M > 0 & \text{Ellipsoïde allongé,} \\ M < 0 & \text{Ellipsoïde imaginaire,} \\ M = 0 & \text{Cône imaginaire.} \end{cases}$$

$$A = -2B \begin{cases} C \neq 0 & \text{paraboloïde.} \\ C = 0 \begin{cases} D > 0 & \text{Cylindre réel,} \\ D < 0 & \text{Cylindre imaginaire,} \\ D = 0 & \text{Deux plans sécants imaginaires.} \end{cases} \end{cases}$$

$$-2B < A < B \begin{cases} M > 0 & \text{Hyperboloïde à une nappe,} \\ M < 0 & \text{Hyperboloïde à deux nappes,} \\ M = 0 & \text{Cône réel.} \end{cases}$$

$$A = B \begin{cases} M > 0 & \text{Deux plans parallèles imaginaires,} \\ M < 0 & \text{Deux plans parallèles réels,} \\ M = 0 & \text{Deux plans confondus.} \end{cases}$$

$$A > B \begin{cases} M > 0 & \text{Ellipsoïde imaginaire,} \\ M < 0 & \text{Ellipsoïde aplati,} \\ M = 0 & \text{Cône imaginaire.} \end{cases}$$

184. *Démontrer que l'équation*

$$x^3 + y^3 + z^3 - 3xyz - 1 = 0$$

représente une surface de révolution et construire sa méridienne.

On s'appuie sur l'identité

$$x^3 + y^3 + z^3 - 3xyz$$
$$\equiv (x + y + z)(x^2 + y^2 + z^2 - yz - zx - xy).$$

185. *Étant donnés une droite* (D) *et un point* A, *non situé sur cette droite, le lieu des points dont le rapport des distances au point* A *et à la droite* (D) *est égal à un nombre constant* k *est un ellipsoïde de révolution si* $k < 1$, *un hyperboloïde de révolution à une nappe si* $k > 1$, *un cylindre parabolique si* $k = 1$.

On pourra prendre la droite (D) pour axe des z, et faire passer l'axe des x par le point A.

Pour $k \neq 1$, l'axe de révolution de la surface est parallèle à (D) et situé dans le plan des zx.

186. *On donne deux droites qui ne se rencontrent pas* (D) *et* (Δ), *et on considère une hyperbole ayant la droite* (D) *pour directrice et qui est méridienne d'une surface gauche de révolution contenant la droite* (Δ).

Trouver le lieu du foyer correspondant à la directrice (D).

Prenons pour axe des z la droite (Δ) et pour axe des x la perpendiculaire commune à (D) et (Δ), l'axe Oy étant perpendiculaire au plan xOz.

Les équations de (D) sont de la forme

$$x - a = 0, \qquad y - mz = 0.$$

Soient α, β, γ les coordonnées d'un point F du lieu.

D'après l'exercice précédent, l'hyperbole qui a le point F pour foyer, pour directrice correspondante la droite (D) et pour excentricité e est précisément la méridienne de la surface de révolution, lieu des points de l'espace dont le rapport des distances à F et (D) est égal à e.

L'équation de cette surface est

$$(x - \alpha)^2 + (y - \beta)^2 + (z - \gamma)^2 = e^2 \left[(x - a)^2 + \frac{(y - mz)^2}{1 + m^2} \right];$$

il suffit d'écrire que cette surface contient Oz, puis d'éliminer e entre les équations obtenues.

On trouve alors que le lieu de F est un cercle dans le plan des xy, ayant pour centre l'origine.

187. Théorème de Villarceau. — *Tout plan bitangent au tore coupe la surface suivant deux cercles.*

Le tore engendré par le cercle

$$\text{(C)} \qquad (x - a)^2 + z^2 - R^2 = 0, \qquad y = 0,$$

tournant autour de Oz, a pour équation

$$(x^2 + y^2 + z^2 + a^2 - R^2)^2 - 4a^2(x^2 + y^2) = 0.$$

La méridienne située dans le plan des zx se compose du cercle (C) et du cercle (C_1) symétrique de (C) par rapport à Oz. Menons une tangente commune intérieure à ces deux cercles, et soient A, A_1 les points de contact. Cette tangente passe par le point O et fait avec Ox un angle α défini par la relation

$$\sin \alpha = \frac{R}{a}.$$

Le plan passant par AA_1 et l'axe Oy est perpendiculaire au plan méridien zOx; il est tangent au tore aux deux points A, A_1,

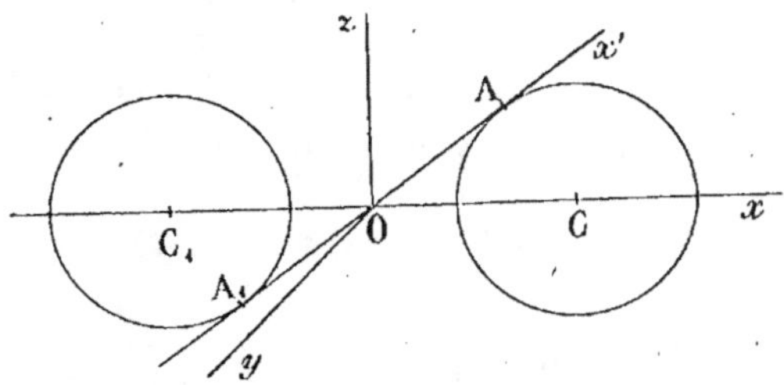

c'est un plan bitangent. Nous allons montrer que ce plan coupe le tore suivant deux cercles.

Nous chercherons l'équation de la section par rapport aux axes Ox', Oy de ce plan. Si on désigne par x, y, z les coordonnées d'un point M de ce plan par rapport aux axes Ox, Oy, Oz, et par x' son abscisse dans le système Ox', Oy, on a $x = x' \cos \alpha$, $z = x' \sin \alpha$. Remplaçons x et z par ces valeurs dans l'équation du tore; nous obtiendrons l'équation de la section par rapport aux axes Ox', Oy; nous avons ainsi

$$(x'^2 + y^2 + a^2 - R^2)^2 - 4a^2(x'^2 \cos^2 \alpha + y^2) = 0,$$

ou, en remplaçant $\cos^2 \alpha$ par $\dfrac{a^2 - R^2}{a^2}$,

$$(x'^2 + y^2 + a^2 - R^2)^2 - 4x'^2(a^2 - R^2) - 4a^2y^2 = 0,$$

ou

$$(x'^2 + y^2 + a^2 - R^2)^2 - 4(x'^2 + y^2)(a^2 - R^2) - 4R^2y^2 = 0,$$

ou encore

$$(x'^2 + y^2 - a^2 + R^2)^2 - 4R^2y^2 = 0,$$

ou enfin

$$\left[x'^2 + (y - R)^2 - a^2\right]\left[x'^2 + (y + R)^2 - a^2\right] = 0.$$

Cette équation représente deux cercles égaux de rayon a, et dont les centres sont sur Oy et ont pour abscisses $\pm R$. Ces cercles passent par les points A, A_1.

188. Théorème de Mannheim. — *Toute sphère bitangente à un tore coupe cette surface suivant deux cercles.*

Mêmes axes et mêmes notations qu'au n° précédent.

Un cercle de rayon ρ, tangent extérieurement au cercle (C) et intérieurement au cercle (C_1), a pour équations

$$\left(x + \frac{R\rho}{a}\right)^2 + \left(z - \frac{M}{a}\right)^2 - \rho^2 = 0, \qquad y = 0,$$

en posant $M = \varepsilon\sqrt{(a^2 - R^2)(\rho^2 - a^2)}$, $(\varepsilon = \pm 1)$.

La sphère qui admet ce cercle pour grand cercle est bitangente au tore ; elle a pour équation

$$\left(x + \frac{R\rho}{a}\right)^2 + y^2 + \left(z - \frac{M}{a}\right)^2 - \rho^2 = 0,$$

ou

$$(1) \qquad x^2 + y^2 + z^2 + \frac{2R\rho}{a}x - \frac{2M}{a}z + R^2 - a^2 = 0.$$

L'intersection de cette sphère et du tore est définie par l'équation (1) et par l'équation du tore, qui peut être mise sous la forme

$$(2) \qquad (x^2 + y^2 + z^2 - a^2 - R^2)^2 - 4a^2(R^2 - z^2) = 0.$$

Éliminons y^2 entre (1) et (2) ; nous obtenons

$$(3) \qquad \left(\frac{R\rho}{a}x - \frac{M}{a}z + R^2\right)^2 - a^2(R^2 - z^2) = 0,$$

et le système (1), (2) est équivalent au système (1), (3).

D'autre part, ajoutons à (3) l'équation (1) multipliée par $- R^2$; nous avons

$$(4) \qquad (R\sqrt{\rho^2 - a^2}\,x + \varepsilon\rho\sqrt{a^2 - R^2}\,z)^2 - a^2 R^2 y^2 = 0.$$

L'intersection est définie par les équations (1) et (4) ; ces équations représentent deux cercles.

189. *Deux tores dont l'un a pour méridienne la section de* *l'autre par un plan bitangent, se coupent suivant deux cercles, et en outre suivant une courbe plane dont le plan est perpendiculaire au plan des deux axes.*

Mêmes axes et mêmes notations qu'au n° 187.

Considérons le tore

$$(x^2 + y^2 + z^2 + a^2 - R^2)^2 - 4a^2(x^2 + y^2) = 0,$$

et le plan bitangent $z = x\,\mathrm{tg}\,\alpha$, qui coupe ce tore suivant deux cercles. Ces deux cercles constituent la méridienne d'un autre tore dont l'axe est AA_1 et qui a pour équation

$$(x^2 + y^2 + z^2 + a^2 - R^2)^2$$
$$- 4a^2\big[x^2 + y^2 + z^2 - (x\cos\alpha + y\sin\alpha)^2 \sin^2\alpha\big] = 0.$$

On en déduit aisément que l'intersection de ces deux tores se compose des sections de l'un d'eux par les plans

$$z = x\,\mathrm{tg}\,\alpha, \qquad x\cos\alpha\sin\alpha + z(1 + \sin^2\alpha) = 0.$$

190. *On donne dans un plan (P) une conique (C) et une droite (Δ), et on considère la surface de révolution (S) engendrée par (C) tournant autour de (Δ). La méridienne située dans le plan (P) se compose de la conique (C) et de la conique (C_1) symétrique de (C) par rapport à (Δ). On mène une tangente commune (T), non perpendiculaire à (Δ), aux deux coniques (C) et (C_1), et on considère le plan (Q) passant par la droite (T) et perpendiculaire au plan (P). Démontrer que le plan (Q) coupe la surface (S) suivant deux coniques, qui se projettent sur un plan perpendiculaire à l'axe (Δ) suivant des coniques ayant un foyer commun situé sur (Δ).*

On peut mener à (C) et (C_1) deux tangentes communes (T) et (T_1) symétriques par rapport à (Δ), et non perpendiculaires à cette droite.

On prendra comme axe des z la droite (Δ), comme axe des x l'autre bissectrice des tangentes (T) et (T_1), et comme axe des y une perpendiculaire au plan xOz.

Si on désigne par

$$z - x \operatorname{tg} \theta = 0, \qquad z + x \operatorname{tg} \theta = 0$$

les équations des tangentes (T) et (T$_1$), l'équation de (C) sera de la forme

$$(Ax + Bz + 1)^2 + \lambda(z^2 - x^2 \operatorname{tg}^2 \theta) = 0,$$

et la surface (S) a pour équation

$$\left(A\sqrt{x^2 + y^2} + Bz + 1\right)^2 + \lambda\left[z^2 - (x^2 + y^2)\operatorname{tg}^2 \theta\right] = 0.$$

On voit alors aisément que le plan $z = x \operatorname{tg} \theta$ coupe cette surface suivant deux coniques dont les projections sur le plan xOy ont pour équations

$$A^2(x^2 + y^2) = \left[Bx \operatorname{tg} \theta + 1 \pm \sqrt{\lambda}\, y \operatorname{tg} \theta\right]^2.$$

191. *La surface de révolution engendrée par un ovale de Cassini tournant autour de son axe non focal est coupée par un plan bitangent suivant deux cercles.*

192. *Si on coupe un tore par un plan parallèle à l'axe, la surface engendrée par la révolution de la section autour de son axe (parallèle à celui du tore) est coupée par un plan bitangent suivant deux cercles.*

193. *Démontrer que la condition nécessaire et suffisante pour que la polaire réciproque d'une quadrique (Q) par rapport à une sphère soit une quadrique de révolution est que le centre de la sphère soit situé sur une focale de la quadrique (Q).*

194. *On donne deux droites (D), (D′) qui ne sont pas situées dans un même plan, et leur perpendiculaire commune qui les rencontre en A et A′. Trouver les surfaces de révolution qui passent par les droites (D), (D′) et AA′.*

On prend comme axe des x la droite AA', comme origine le milieu de AA', comme axes des y et des z les bissectrices des droites obtenues en menant par l'origine des parallèles aux droites (D) et (D').

Les équations de ces droites sont alors

$$(D) \begin{cases} x - a = 0, \\ y - mz = 0, \end{cases} \qquad (D') \begin{cases} x + a = 0, \\ y + mz = 0. \end{cases}$$

On montrera sans difficulté que l'équation générale des quadriques passant par (D), (D') et AA' est

$$A'(y^2 - m^2 z^2) + 2B'zx + 2B''xy - 2B'\frac{a}{m}y - 2B''amz = 0.$$

Parmi ces surfaces il y en a quatre qui sont de révolution et qui ont pour équations

$$y^2 - m^2 z^2 \pm 2\sqrt{1 + m^2}\left(zx - \frac{ay}{m}\right) = 0,$$

$$y^2 - m^2 z^2 \pm 2m\sqrt{1 + m^2}(xy - amz) = 0.$$

195. *On donne une parabole* (P) *et un point* H *dont la projection orthogonale sur le plan de la parabole est au sommet de cette parabole.*

1° Trouver l'équation générale des surfaces de révolution du second degré qui passent par la parabole (P) *et le point* H.

2° Déterminer le nombre de celles de ces surfaces dont l'axe passe par un point A *donné dans le plan* (Q), *qui contient le point* H *et l'axe de la parabole* (P).

3° Classer les mêmes surfaces quand le point A *se meut dans le plan* (Q).

Soient $y^2 - 2px = 0$, $z = 0$ les équations de la parabole (P) et $(0, 0, h)$ les coordonnées du point H.

Les axes des surfaces considérées sont situés dans le plan des zx, le plan (Q) de l'énoncé, et ces axes enveloppent dans ce plan la parabole (H) qui a pour équations

$$y = 0, \qquad x^2 - 2px - 2hz + p^2 + h^2 = 0.$$

Pour résoudre la question, il suffira, étant donné un point M de la parabole (II) de déterminer la nature de la surface dont l'axe touche (II) au point M.

En supposant $p < h$, et en désignant par x l'abscisse du point M, on est conduit aux résultats suivants :

$x < p - h$, hyperboloïde à deux nappes ; $x = p - h$, cône ;
$p - h < x < 0$, hyperboloïde à une nappe ; $x = 0$, cône ;
$0 < x < p$, hyperboloïde à deux nappes ; $x = p$, paraboloïde ;
$p < x < p + h$, hyperboloïde à deux nappes ; $x = p + h$, cône ;
$x > p + h$, hyperboloïde à une nappe.

Ces résultats sont légèrement modifiés dans l'hypothèse $p > h$ ou $p = h$.

196. *Les droites* A'OA, B'OB, C'OC *sont trois axes de coordonnées rectangulaires ; on suppose*

$$OA' = OA = a, \qquad OB' = OB = b, \qquad OC' = OC = c.$$

Déterminer :

1° Le lieu des axes de révolution des surfaces de révolution du second degré qui passent par les six points A, A', B, B', C, C' ;

2° Le lieu des extrémités D *de ces axes.*

On construira la projection du lieu des points D *sur le plan* AOB, *en supposant* $a > b > c$, *et l'on partagera la courbe en arcs tels que chacun d'eux corresponde à des surfaces de même espèce.*

1° L'équation d'une quadrique quelconque passant par les six points donnés est

$$\frac{x^2}{a^2} + \frac{y^2}{b^2} + \frac{z^2}{c^2} + 2Byz + 2B'zx + 2B''xy - 1 = 0.$$

Cette surface est de révolution si l'on a

$$(1) \qquad \frac{1}{a^2} - \frac{B'B''}{B} = \frac{1}{b^2} - \frac{B''B}{B'} = \frac{1}{c^2} - \frac{BB'}{B''},$$

et les équations de l'axe sont

$$B x = B' y = B'' z.$$

On en déduit que le lieu des axes est le cône

$$\left(\frac{1}{b^2} - \frac{1}{c^2}\right) x^2 + \left(\frac{1}{c^2} - \frac{1}{a^2}\right) y^2 + \left(\frac{1}{a^2} - \frac{1}{b^2}\right) z^2 = 0.$$

2° Si on désigne par S la valeur commune aux trois nombres de Jacobi (1), on peut exprimer les coordonnées d'un point D du lieu en fonction de S au moyen des formules

$$(2) \quad \begin{cases} x^2 = \dfrac{\dfrac{1}{a^2} - S}{(2S - A)(3S - A)}, \\[2mm] y^2 = \dfrac{\dfrac{1}{b^2} - S}{(2S - A)(3S - A)}, \\[2mm] z^2 = \dfrac{\dfrac{1}{c^2} - S}{(2S - A)(3S - A)}. \end{cases} \qquad \left(A = \frac{1}{a^2} + \frac{1}{b^2} + \frac{1}{c^2}\right)$$

Le lieu est donc une courbe gauche qui se projette sur le plan des xy suivant la courbe définie par les deux premières équations (2).

Pour déterminer la nature de la surface correspondant à une valeur de S, il suffit de remarquer que cette valeur est la racine double de l'équation en S, et que la racine simple est $A - 2S$; par suite, l'équation réduite de la surface est

$$S(x^2 + y^2) + (A - 2S) z^2 - 1 = 0.$$

197. *On donne un ellipsoïde* (E), *et on considère un ellipsoïde de révolution* (E₁), *de grandeur constante qui se déplace en coupant toujours l'ellipsoïde* (E) *suivant un cercle. Trouver le lieu du centre de l'ellipsoïde* (E₁).

Soit $\dfrac{x^2}{a^2} + \dfrac{y^2}{b^2} + \dfrac{z^2}{c^2} - 1 = 0$ l'équation de (E), et soient 2α, 2β

les longueurs d'axes de la méridienne de (E_1), l'axe 2β étant l'axe de révolution.

Le lieu se compose de deux hyperboles situées dans le plan des zx et ayant pour équations

$$b^2\alpha^2\left[cx\sqrt{b^2-c^2}+\varepsilon az\sqrt{a^2-b^2}\right]^2$$
$$-b^2\gamma^2\left[ax\sqrt{b^2-c^2}+\varepsilon cz\sqrt{a^2-b^2}\right]^2$$
$$-\beta^2(\alpha^2-b^2)(b^2-c^2)(a^2-b^2)(a^2-c^2)=0. \qquad (\varepsilon=\pm 1)$$

198. *On donne trois axes rectangulaires et une ellipse* (E) *ayant pour équations*

$$\frac{x^2}{a^2}+\frac{y^2}{b^2}-1=0, \qquad z=0.$$

Par l'axe Oy *on mène un plan variable* $z=mx$, *et on considère dans ce plan le cercle* (C) *qui a pour diamètre le petit axe de l'ellipse.*

1° Trouver l'équation de la quadrique de révolution (S) *passant par les coniques* (E) *et* (C).

2° Trouver, quand m varie, le lieu des foyers et le lieu des sommets des méridiennes situées dans le plan zOx.

3° Lieu des génératrices des surfaces (S) *qui passent par un point donné de l'ellipse* (E).

4° En supposant que b varie en même temps que m et que la quadrique (S) *soit un cylindre, trouver l'enveloppe des génératrices de ce cylindre contenues dans un plan fixe parallèle au plan des* zx.

1° L'équation de la surface (S) est

$$x^2+y^2+z^2-b^2-\frac{c^2}{a^2m^2}(z-mx)^2=0. \qquad (c^2=a^2-b^2).$$

2° Le lieu des foyers se compose des deux hyperboles

$$\frac{x^2}{b^2}-\frac{z^2}{c^2}-1=0, \qquad \frac{x^2}{c^2}-\frac{z^2}{b^2}-1=0,$$

et celui des sommets se compose du cercle $x^2 + z^2 - b^2 = 0$,
et de la courbe du quatrième degré

$$(x^2 + z^2)(b^2 x^2 - c^2 z^2) - a^2 b^2 x^2 = 0.$$

3° Les génératrices de la surface (S) qui passent par le point $P(x_0, y_0, 0)$ de l'ellipse (E) sont à l'intersection de la surface et du plan tangent en P. Le lieu de ces droites est le cône qui a pour sommet P et qui est circonscrit à la sphère

$$x^2 + y^2 + z^2 - b^2 = 0.$$

4° Si h désigne l'ordonnée du plan fixe, l'enveloppe demandée a pour équation

$$\frac{x^2}{a^2 - h^2} - \frac{z^2}{h^2} - 1 = 0.$$

199. *Trouver l'enveloppe des plans qui coupent deux sphères données suivant des cercles orthogonaux.*

Trouver aussi le lieu des centres de ces cercles.

Si l'on prend comme origine le milieu des centres et comme axe des x la ligne des centres des deux sphères, ces surfaces ont pour équations

$$(x - a)^2 + y^2 + z^2 - R^2 = 0,$$
$$(x + a)^2 + y^2 + z^2 - R'^2 = 0.$$

Soit un plan

(P) $$ux + vy + wz + h = 0$$

coupant les sphères suivant des cercles orthogonaux. Désignons par ω, ω' leurs centres, par ρ, ρ' leurs rayons ; nous devons avoir

(1) $$\rho^2 + \rho'^2 = \overline{\omega\omega'}^2.$$

On trouve aisément les valeurs suivantes :

$$\rho^2 = \mathrm{R}^2 - \frac{(ua + h)^2}{u^2 + v^2 + w^2}, \qquad \rho'^2 = \mathrm{R}'^2 - \frac{(-ua + h)^2}{u^2 + v^2 + w^2},$$

$$\overline{\omega\omega}'^2 = 4a^2 - \frac{4a^2u^2}{u^2 + v^2 + w^2}.$$

Par suite l'égalité (1) devient

$$(\mathrm{R}^2 + \mathrm{R}'^2 - 2a^2)u^2 + (\mathrm{R}^2 + \mathrm{R}'^2 - 4a^2)(v^2 + w^2) - 2h^2 = 0.$$

C'est l'équation tangentielle de l'enveloppe du plan (P); elle représente une quadrique à centre unique, dont l'équation ponctuelle est

$$\frac{x^2}{\mathrm{R}^2 + \mathrm{R}'^2 - 2a^2} + \frac{y^2 + z^2}{\mathrm{R}^2 + \mathrm{R}'^2 - 4a^2} - \frac{1}{2} = 0.$$

C'est une quadrique de révolution autour de Ox; elle a pour foyers les centres des deux sphères.

Le lieu des points ω, ω' est la sphère

$$x^2 + y^2 + z^2 = \frac{\mathrm{R}^2 + \mathrm{R}'^2 - 2a^2}{2}.$$

200. *L'enveloppe des plans qui coupent deux sphères suivant des cercles égaux est un paraboloïde de révolution.*

201. *On donne deux points* A, A'; *soit O le milieu du segment AA'. On considère toutes les quadriques de révolution qui passent en A, A', et dont toutes les méridiennes ont pour foyer le point O.*

1° Lieu des points de contact des plans tangents perpendiculaires à AA'.

2° Lieu des pôles d'un plan fixe.

3° En supposant l'excentricité de la méridienne donnée, trouver le lieu des centres et le lieu des sommets situés sur l'axe de révolution.

En prenant comme axe des z la droite AA' et comme origine

le point O, et en désignant par $2a$ la distance AA', on trouve

1°
$$z^4 - a^2(x^2 + y^2 + z^2) = 0 ;$$

2° En désignant par $Ax + By + Cz + D = 0$ l'équation du plan donné,

$$C^2a^2(x^2 + y^2 + z^2) = z[D^2z + Ca^2(Ax + By + Cz + D)].$$

3° En appelant e l'excentricité donnée, on trouve que le lieu des centres est le cercle

$$z = 0, \qquad x^2 + y^2 = \frac{a^2e^2}{(1 - e^2)^2},$$

et que le lieu des sommets se compose des deux cercles

$$z = 0, \qquad x^2 + y^2 = \frac{a^2}{(1 \pm e)^2}.$$

202. *Un cercle* (C) *tourne autour d'une droite* (D), *située dans son plan. La projection sur un plan* (P), *qui n'est ni parallèle, ni perpendiculaire à* (D), *est une ellipse variable* (E).
On demande le lieu des foyers de l'ellipse (E).

On peut prendre comme origine O le pied de la perpendiculaire abaissée du centre du cercle sur la droite (D), pour plan des xy le plan (Q) mené par le point O parallèlement au plan (P), et pour axe des y la projection de la droite (D) sur le plan (Q).

Si on désigne par a la distance du centre de (C) à la droite (D), par R le rayon du cercle, et par θ l'angle que fait la droite (D) avec le plan (Q), on trouve que le lieu se compose de deux ellipses qui ont pour équations

$$\frac{x^2}{(a \pm R \sin \theta)^2} + \frac{y^2}{(R \pm a \sin \theta)^2} - 1 = 0,$$

les signes se correspondant.

203. *On donne une sphère* (S) *ayant pour centre l'origine et* pour rayon R, et on considère le cercle (C), intersection de cette sphère et du plan des zx. Sur la tangente au point A(R, 0, 0) de ce cercle on prend le point S qui a pour cote $R\sqrt{3}$, on joint S et O et par le point S on mène au cercle (C) la seconde tangente SB, B désignant le point de contact.

1° Former l'équation du cône de révolution engendré par la droite SO tournant autour de la bissectrice de l'angle aigu des droites SO et SB.

2° On considère la courbe (γ), intersection du cône et de la sphère. Montrer que la projection de cette courbe sur le plan des xz est une parabole tangente au cercle (C) au point B, et rencontrant ce cercle aux points situés sur SO.

3° Montrer que la projection de (γ) sur le plan des xy est une courbe du quatrième degré, symétrique par rapport à Ox, qui admet pour point triple la projection B' du point B sur Ox.

1° $(x^2 + z^2)\sqrt{3} + y^2(2 + \sqrt{3}) - 4xz + 2R(x\sqrt{3} - z) = 0.$

2° $2(x + z)^2 - 2R(x\sqrt{3} - z) - (2 + \sqrt{3})R^2 = 0,$

ou

$$(2 + \sqrt{3})(x^2 + z^2 - R^2) - (x\sqrt{3} - z)(x - z\sqrt{3} + 2R) = 0.$$

3° En transportant l'origine au point $B'\left(x = -\dfrac{R}{2}\right)$, l'équation de la projection est

$$(2x^2 + y^2)^2 + 2Rx(y^2\sqrt{3} - 2x^2) = 0.$$

204. On considère trois axes rectangulaires Ox, Oy, Oz et le tore dont l'équation est

$$(x^2 + y^2 + z^2 + l^2 \cos^2 \theta)^2 = 4l^2(x^2 + y^2),$$

l étant un nombre positif et θ un angle aigu.

1° On coupe le tore par le plan $z = \operatorname{tg} \theta$. Former l'équation de la section dans son plan et vérifier que cette section se compose de deux circonférences c et γ, ayant leurs centres sur Oy.

Les projections de ces circonférences sur le plan xOy admettent le point O pour foyer.

2° *Déduire de là qu'il existe sur le tore, à part les parallèles et les méridiens, deux systèmes de circonférences : les circonférences C et les circonférences Γ. Montrer que deux circonférences d'un même système (C ou Γ) ne se coupent jamais, que deux circonférences de systèmes différents (C et Γ) ont toujours deux points communs.*

3° *Former l'équation générale des sphères S passant par l'une des circonférences C; montrer que chacune d'elles contient aussi une circonférence Γ. Trouver le lieu des centres de toutes ces sphères quand la circonférence C varie.*

Montrer que toutes les sphères S passant par un point a passent aussi par un point associé a'.

4° *On donne deux points a et b non situés sur le tore; b est différent de a et de son associé a'. Soit C_0 l'une des circonférences C. Par C_0 et a passe une sphère A_0 qui coupe le tore suivant une autre circonférence Γ_0. Par Γ_0 et b passe une sphère B_0 qui coupe le tore suivant une circonférence C_1. Par C_1 et a passe une sphère A_1 qui coupe le tore suivant une circonférence Γ_1. Par Γ_1 et b passe une sphère B_1 qui coupe le tore suivant une circonférence C_2, et ainsi de suite.*

On étudiera dans deux cas particuliers à quelle condition la suite des circonférences C_0, C_1, C_2,... est périodique.

Supposant d'abord a et b sur Oz, on montrera que les centres des sphères A_i et B_i sont alors dans deux plans dont on se donnera les équations sous la forme

$$z = l \cos \theta \, \mathrm{tg}\, \alpha, \qquad z = l \cos \theta \, \mathrm{tg}\, \beta.$$

Quelle relation doit-il y avoir entre α et β pour que C_0, C_1,... C_{n-1} étant différentes, C_n soit identique à C_0?

En second lieu on prendra les valeurs suivantes pour les coordonnées de a et de b :

(a) $x = l \cos \theta \cos A,$ $y = l \cos \theta \sin A,$ $z = 0,$

(b) $x = l \cos \theta \cos B,$ $y = l \cos \theta \sin B,$ $z = 0.$

Montrer que si C_0 est identique à C_n pour un choix particulier de C_0, il en est de même quelle que soit C_0, et trouver la relation de position entre a et b pour laquelle cette circonstance se produit.

CHAPITRE VI

SURFACES DÉFINIES
PAR DES ÉQUATIONS PARAMÉTRIQUES

----

205. *On considère une surface définie par ses équations paramétriques*

$$x = f(u, v), \qquad y = \varphi(u, v), \qquad z = \psi(u, v),$$

et un point M de cette surface, correspondant aux valeurs u_0, v_0 des paramètres u, v.

Déterminer le plan tangent à la surface au point M.

Soit (C) une courbe quelconque tracée sur la surface et passant par le point M, et soit MT la tangente à cette courbe au point M. Nous allons chercher le lieu de cette tangente, quand la courbe (C) varie : ce lieu est en général un plan, qui est le plan tangent à la surface au point M.

Pour définir une courbe quelconque sur la surface, il suffit de considérer v comme une fonction de u, $v = g(u)$; alors, x, y, z sont des fonctions du seul paramètre u, et le point (x, y, z) décrit une courbe tracée sur la surface.

La tangente en un point quelconque de cette courbe a pour paramètres directeurs les dérivées de x, y, z par rapport à u, c'est-à-dire

$$f'_u + v' f'_v, \qquad \varphi'_u + v' \varphi'_v, \qquad \psi'_u + v' \psi'_v,$$

v' désignant la dérivée de v par rapport à u, c'est-à-dire $g'(u)$.

Si la courbe passe par le point M, on a $v_0 = g(u_0)$, et les paramètres directeurs de la tangente en ce point sont

$$f'_{u_0} + v'_0 f'_{v_0}, \qquad \varphi'_{u_0} + v'_0 \varphi'_{v_0}, \qquad \psi'_{u_0} + v'_0 \psi'_{v_0},$$

en posant $v'_0 = g'(u_0)$.

Par suite, les équations de la tangente MT sont

$$(1) \qquad \frac{x - x_0}{f'_{u_0} + v'_0 f'_{v_0}} = \frac{y - y_0}{\varphi'_{u_0} + v'_0 \varphi'_{v_0}} = \frac{z - z_0}{\psi'_{u_0} + v'_0 \psi'_{v_0}},$$

x_0, y_0, z_0 désignant les coordonnées du point M,

$$x_0 = f(u_0, v_0), \qquad y_0 = \varphi(u_0, v_0), \qquad z_0 = \psi(u_0, v_0).$$

Pour avoir le lieu de cette tangente quand la courbe (C) varie, il suffit d'éliminer v'_0 entre les équations (1).

Pour cela, désignons par $-\dfrac{1}{\lambda}$ la valeur commune aux trois rapports (1) ; nous avons

$$\lambda(x - x_0) + f'_{u_0} + v'_0 f'_{v_0} = 0,$$
$$\lambda(y - y_0) + \varphi'_{u_0} + v'_0 \varphi'_{v_0} = 0,$$
$$\lambda(z - z_0) + \psi'_{u_0} + v'_0 \psi'_{v_0} = 0,$$

puis nous éliminons λ et v'_0 entre ces trois équations linéaires.

Nous obtenons

$$(2) \qquad \begin{vmatrix} x - x_0 & f'_{u_0} & f'_{v_0} \\ y - y_0 & \varphi'_{u_0} & \varphi'_{v_0} \\ z - z_0 & \psi'_{u_0} & \psi'_{v_0} \end{vmatrix} = 0,$$

ou

$$(x - x_0)(\varphi'_{u_0}\psi'_{v_0} - \varphi'_{v_0}\psi'_{u_0}) + (y - y_0)(\psi'_{u_0}f'_{v_0} - \psi'_{v_0}f'_{u_0})$$
$$+ (z - z_0)(f'_{u_0}\varphi'_{v_0} - f'_{v_0}\varphi'_{u_0}) = 0.$$

Telle est l'équation du plan tangent.

Ce plan tangent n'existe que si les coefficients de $x - x_0$, $y - y_0$, $z - z_0$ ne sont pas nuls en même temps, c'est-à-dire si les éléments de la deuxième colonne du déterminant (2) ne sont pas proportionnels à ceux de la troisième.

206. *On considère la surface réglée engendrée par la droite*

$$x = az + p, \qquad y = bz + q,$$

où a, b, p, q sont fonctions d'un paramètre t.

Sur la génératrice G qui correspond à la valeur t_0 du paramètre on prend un point M ayant pour cote z_0.

Déterminer le plan tangent au point M.

On peut considérer la surface comme définie par les équations paramétriques

$$x = az + p, \qquad y = bz + q, \qquad z = z,$$

les deux paramètres étant t et z.

Par suite le plan tangent au point $M(t_0, z_0)$ a pour équation

$$\begin{vmatrix} x - x_0 & a_0'z_0 + p_0' & a_0 \\ y - y_0 & b_0'z_0 + q_0' & b_0 \\ z - z_0 & 0 & 1 \end{vmatrix} = 0,$$

a_0, b_0 étant les valeurs de a, b pour $t = t_0$, a_0', b_0', ... celles des dérivées de a, b, ... par rapport à t pour $t = t_0$, x_0, y_0 étant égaux respectivement à $a_0z_0 + p_0$, $b_0z_0 + q_0$.

Ajoutons aux éléments de la première ligne ceux de la troisième multipliés par $-a_0$, et aux éléments de la seconde ceux de la troisième multipliés par $-b_0$; l'équation s'écrit

$$\begin{vmatrix} x - x_0 - a_0(z - z_0) & a_0'z_0 + p_0' & 0 \\ y - y_0 - b_0(z - z_0) & b_0'z_0 + q_0' & 0 \\ z - z_0 & 0 & 1 \end{vmatrix} = 0,$$

ou

$$x - a_0z - p_0 - \frac{a_0'z_0 + p_0'}{b_0'z_0 + q_0'}(y - b_0z - q_0) = 0.$$

C'est l'équation obtenue au n° 131.

207. *On considère la surface définie par les équations paramétriques*

$$(1) \qquad x = u^2, \qquad y = uv, \qquad z = v^2 + 2u.$$

1° *Montrer que cette surface est algébrique et du quatrième degré.*

2° *Montrer que tout plan tangent rencontre la surface suivant deux paraboles.*

1° Puisque x, y, z sont des fonctions rationnelles de u et de v, la surface est unicursale et par suite algébrique, car si on élimine u et v entre les équations (1) on obtient une relation algébrique par rapport à x, y, z.

Il n'est pas nécessaire de former cette relation pour déterminer le degré de la surface. Il suffit de chercher le nombre de points de rencontre de la surface et d'une droite quelconque (Δ), définie par les équations

$$Ax + By + Cz + D = 0,$$
$$A'x + B'y + C'z + D' = 0.$$

Les valeurs de u et de v correspondant aux points de rencontre sont les solutions des équations

$$Au^2 + Buv + C(v^2 + 2u) + D = 0,$$
$$A'u^2 + B'uv + C'(v^2 + 2u) + D' = 0.$$

Si on y considère u et v comme des coordonnées courantes, ces deux équations représentent deux coniques qui ont quatre points communs ; donc les deux équations ont quatre ensembles de solutions en u, v.

Par suite la droite (Δ) rencontre la surface en quatre points ; la surface est du quatrième degré.

D'ailleurs, un calcul facile montre que l'équation de la surface est

$$(xz - y^2)^2 - 4x^3 = 0.$$

2° On trouve aisément que le plan tangent au point (u_0, v_0) a pour équation

$$x(v_0^2 - u_0) - 2u_0v_0y + u_0^2z - u_0^3 = 0.$$

Remplaçons dans cette équation x, y, z par les valeurs (1) ;

nous obtenons l'équation

$$u^2(v_0^2 - u_0) - 2n_0v_0uv + u_0^2(v^2 + 2u) - u_0^3 = 0,$$

qui définit v comme fonction de u, et qui par suite détermine une courbe tracée sur la surface ; cette courbe est l'intersection de la surface et du plan tangent.

Cette équation peut s'écrire,

$$(uv_0 - vu_0)^2 - u_0(u - u_0)^2 = 0,$$

ou

$$\left[uv_0 - vu_0 + \sqrt{u_0}(u - u_0)\right]\left[uv_0 - vu_0 - \sqrt{u_0}(u - u_0)\right] = 0.$$

En égalant le premier rapport à zéro, nous tirons

$$v = \frac{u(v_0 + \sqrt{u_0}) - u_0\sqrt{u_0}}{u_0},$$

et en portant cette valeur dans les équations (1), x, y, z deviennent égaux à des trinomes du second degré en u ; par suite, le point correspondant décrit une parabole.

On obtient une seconde parabole en remplaçant $+\sqrt{u_0}$ par $-\sqrt{u_0}$.

208. *On considère la surface unicursale définie par les équations*

$$x = \frac{f_1(u, v)}{f_4(u, v)}, \qquad y = \frac{f_2(u, v)}{f_4(u, v)}, \qquad z = \frac{f_3(u, v)}{f_4(u, v)},$$

où $f_1(u, v)$, $f_2(u, v)$, $f_3(u, v)$, $f_4(u, v)$ désignent des polynomes de degré égal ou inférieur à 2.

1° Démontrer que cette surface est en général du quatrième degré. Cas d'exception.

2° Montrer qu'en général tout plan coupe cette surface suivant une courbe du quatrième degré unicursale.

3° Montrer que tout plan tangent coupe la surface suivant deux coniques.

1° Les points de rencontre de la surface et de la droite (Δ),

$$Ax + By + Cz + D = 0, \qquad A'x + B'y + C'z + D' = 0,$$

sont déterminés par les équations

$$(1) \quad \begin{cases} Af_1(u, v) + Bf_2(u, v) + Cf_3(u, v) + Df_4(u, v) = 0, \\ A'f_1(u, v) + B'f_2(u, v) + C'f_3(u, v) + D'f_4(u, v) = 0. \end{cases}$$

En considérant u, v comme des coordonnées courantes, ces deux équations représentent deux coniques qui ont en général quatre points communs ; donc la droite rencontre la surface en quatre points, la surface est du quatrième degré.

CAS D'EXCEPTION. — Ceci suppose que les quatre coniques

$$(2) \quad f_1(u, v) = 0, \qquad f_2(u, v) = 0, \qquad f_3(u, v) = 0, \qquad f_4(u, v) = 0$$

n'ont aucun point commun.

En effet, si elles admettaient le point commun (u_0, v_0), les équations (1) seraient vérifiées par u_0, v_0, quelle que soit la droite (Δ). Il en résulte qu'aux valeurs u_0, v_0 ne peut correspondre un point de la surface, autrement toute droite passerait par ce point, ce qui est impossible.

Si les coniques (2) ont un point commun, les équations (1) ont seulement trois ensembles de solutions acceptables, la surface est du troisième degré.

Si les coniques (2) ont deux points communs, la surface est du second degré.

Si les coniques (2) ont trois points communs, la surface est un plan.

Ce dernier point est facile à vérifier, car si les coniques (2) ont trois points communs, on a une identité de la forme

$$f_4(u, v) \equiv \lambda_1 f_1(u, v) + \lambda_2 f_2(u, v) + \lambda_3 f_3(u, v),$$

et par suite tous les points de la surface sont situés dans le plan

$$1 = \lambda_1 x + \lambda_2 y + \lambda_3 z.$$

Lorsque les quatre coniques (1) n'ont pas de point commun,

et qu'alors la surface est du quatrième degré, on dit que c'est une surface de *Steiner*.

2° Un plan quelconque $Ax + By + Cz + D = 0$ coupe cette surface suivant une courbe définie par l'équation

$$Af_1(u, v) + Bf_2(u, v) + Cf_3(u, v) + Df_4(u, v) = 0.$$

En coordonnées (u, v) ceci représente une conique, qui est une courbe unicursale ; on peut donc exprimer u, v en fonction rationnelle d'un paramètre t.

Si on remplace u, v par ces valeurs dans les équations de la surface, on a pour, x, y, z des fonctions rationnelles de t ; par suite, le point (x, y, z) décrit une courbe unicursale.

3° Tout plan coupe donc la surface suivant une courbe du quatrième degré qui a trois points doubles. Si le plan est tangent, la section admet un point double de plus au point de contact : c'est une courbe du quatrième degré, qui a quatre points doubles et qui par suite se décompose en deux coniques.

Nous en avons vu un cas particulier au n° 207.

209. *On considère la surface définie par les équations paramétriques*

$$(1) \quad \begin{cases} x = \dfrac{a_1 uv + b_1 u + c_1 v + d_1}{a_4 uv + b_4 u + c_4 v + d_4}, \\[2mm] y = \dfrac{a_2 uv + b_2 u + c_2 v + d_2}{a_4 uv + b_4 u + c_4 v + d_4}, \\[2mm] z = \dfrac{a_3 uv + b_3 u + c_3 v + d_3}{a_4 uv + b_4 u + c_4 v + d_4}. \end{cases}$$

1° *Démontrer que cette surface est du deuxième degré.*

2° *C'est une surface réglée.*

3° *Dans quel cas est-elle un paraboloïde?*

1° Les quatre coniques définies par les équations

$$f_1(u, v) \equiv a_1 uv + b_1 u + c_1 v + d_1 = 0,$$
$$f_2(u, v) \equiv a_2 uv + \cdots \qquad\qquad = 0,$$

ont mêmes directions asymptotiques; par suite, elles ont deux points communs à l'infini dans les directions des axes des u et des v.

Donc la surface est du deuxième degré (208).

On peut d'ailleurs le vérifier en éliminant u, v entre les équations (1); pour cela, on les écrit

$$a_1 uv + b_1 u + c_1 v + \lambda x + d_1 = 0,$$
$$a_2 uv + b_2 u + c_2 v + \lambda y + d_2 = 0,$$
$$a_3 uv + b_3 u + c_3 v + \lambda z + d_3 = 0,$$
$$a_4 uv + b_4 u + c_4 v + \lambda t + d_4 = 0;$$

puis on les résout par rapport à uv, u, v, λ par la règle de Cramer, et on écrit que la valeur de uv est égale au produit des valeurs de u et de v. On obtient une équation du deuxième degré par rapport à x, y, z.

2° Si dans les équations (1) on donne à v une valeur constante k, les deux termes de chaque fraction sont des fonctions linéaires de u; donc le point (x, y, z) décrit une droite (G). Quand k varie, (G) varie et détermine un premier système de génératrices de la surface.

On a un second système en donnant à u des valeurs constantes.

On peut dire que les génératrices sont définies par les équations $u = \alpha$, $v = \beta$, α et β étant des constantes.

3° Les directions asymptotiques de la quadrique sont définies par les équations

$$(2) \qquad f_4(u, v) = 0,$$

$$(3) \qquad \frac{x}{f_1(u, v)} = \frac{y}{f_2(u, v)} = \frac{z}{f_3(u, v)}.$$

De la relation (2) on tire v en fonction homographique de u, et en portant cette valeur dans (3), les dénominateurs de x, y, z peuvent se remplacer par des trinomes du deuxième degré par rapport à u. La droite (3) décrit alors un cône du second degré qui est le cône des directions asymptotiques de la quadrique.

La surface est en général un hyperboloïde à une nappe.

Pour que ce soit un paraboloïde, il faut que la relation (2) se décompose en deux relations linéaires, et pour cela que l'on ait

$$a_4 d_4 - b_4 c_4 = 0.$$

La relation (2) s'écrit alors

$$(a_4 u + c_4)(a_4 v + b_4) = 0.$$

Si dans les équations (3) nous remplaçons u par $-\dfrac{c_4}{a_4}$, et si nous faisons varier v, la droite correspondante se déplace parallèlement à un plan, qui est un des plans directeurs du paraboloïde Le second correspond à $v = -\dfrac{b_4}{a_4}$.

210. *Les équations paramétriques*

$$x = \frac{u}{u^2 + v^2}, \qquad y = \frac{v}{u^2 + v^2}, \qquad z = \frac{1}{u^2 + v^2}$$

définissent un paraboloïde de révolution.

211. *Les équations paramétriques*

$$x = \frac{uv}{(u + v - 1)^2},$$

$$y = \frac{(u - 1)(v - 1)}{(u + v - 1)^2},$$

$$z = \frac{u^2 + v^2 - 1}{(u + v - 1)^2}$$

définissent une quadrique.

Car les équations qui déterminent les (u, v) des points de rencontre de la surface et d'une droite sont symétriques par rapport à u et v. A la solution $u = \alpha$, $v = \beta$ correspond la solution $u = \beta$, $v = \alpha$, et ces deux solutions donnent le même point de la surface.

212. *Les équations paramétriques*

$$x = a\,\frac{u^2 + v^2}{(u^2 - v^2)^2}, \qquad y = b\,\frac{uv}{(u^2 - v^2)^2}, \qquad z = \frac{c}{(u^2 - v^2)^2}$$

définissent une quadrique.

213. *On considère la surface définie par les équations para-*
métriques

$$x = u + v, \qquad y = u^2 + v^2, \qquad z = u^3 + v^3.$$

Quel est le degré de cette surface ?

Les équations

$$A(u + v) + B(u^2 + v^2) + C(u^3 + v^3) + D = 0,$$
$$A'(u + v) + B'(u^2 + v^2) + C'(u^3 + v^3) + D' = 0$$

représentent deux cubiques qui ont mêmes directions asymptotiques et qui se coupent en six points à distance finie, deux à
deux symétriques par rapport à la bissectrice $u = v$.
Donc la surface est du troisième degré.

214. *On considère la surface définie par les équations*

$$x = \frac{v^2 + w^2}{vw}, \qquad y = \frac{w^2 + u^2}{wu}, \qquad z = \frac{u^2 + v^2}{uv}.$$

1° *Trouver le degré de la surface.*
2° *Former son équation en coordonnées rectilignes.*

Les seconds membres des équations données ne contiennent
en réalité que deux paramètres indépendants, qui sont les rapports
de deux des nombres u, v, w au troisième.
La surface est du troisième degré, et son équation en coordonnées rectilignes est

$$xyz - x^2 - y^2 - z^2 + 4 = 0.$$

215. *Montrer que la surface définie par les équations*

$$x = \dfrac{a \sin \dfrac{u+v}{2}}{\sin \dfrac{u-v}{2}}, \qquad y = \dfrac{b \cos \dfrac{u+v}{2}}{\sin \dfrac{u-v}{2}}, \qquad z = \dfrac{c \cos \dfrac{u-v}{2}}{\sin \dfrac{u-v}{2}}$$

est unicursale et trouver son degré.

216. *Étudier la surface définie par les équations*

$$x = u + v + w,$$
$$y = u^2 + v^2 + w^2,$$
$$z = u^3 + v^3 + w^3,$$

les paramètres u, v, w étant liés par la relation

$$uvw = 1.$$

Former l'équation de la surface en coordonnées rectilignes.

217. *Étudier la surface définie par les équations*

$$x = a \sin v \operatorname{ch} u, \qquad y = a \sin v \operatorname{sh} u, \qquad z = a \cos v.$$

Est-elle unicursale? Trouver son degré.

218. *On considère la surface définie par les équations*

$$x = v \cos u, \qquad y = v \sin u, \qquad z = av + \varphi(u),$$

où a est une constante et $\varphi(u)$ une fonction de u.

1° *Former l'équation du plan tangent au point (u_0, v_0).*

2° *Montrer que si v_0 varie ce plan tangent passe par une droite fixe.*

3° *Pouvait-on prévoir le résultat?*

1° L'équation du plan tangent s'écrit

$$v_0 \big[a(x \cos u_0 + y \sin u_0) - z + \varphi(u_0) \big]$$
$$+ \varphi'(u_0)(y \cos u_0 - x$$

2° Il passe par la droite fixe

$$a(x \cos u_0 + y \sin u_0) - z + \varphi(u_0) = 0,$$

$$y \cos u_0 - x \sin u_0 = 0.$$

3° Ce résultat pouvait se prévoir, car si dans les valeurs de x, y, z on donne à u une valeur constante, x, y, z sont des fonctions linéaires de v, et par suite le point décrit une droite tracée sur la surface ; et le plan tangent au point (u_0, v_0) doit contenir la droite $u = u_0$.

219. *On donne la surface définie par les équations*

$$x = (a + bu) \cos v, \qquad y = (b + au) \sin v, \qquad z = ku.$$

Trouver le contour apparent de cette surface sur le plan des xy.

Le contour apparent d'une surface sur le plan des xy est la trace sur ce plan du cylindre circonscrit à la surface parallèlement à Oz, ou, ce qui revient au même, la projection sur le plan des xy (parallèlement à Oz) de la courbe tracée sur la surface, qui est le lieu des points où le plan tangent est parallèle à Oz.

Pour que le plan tangent au point (u, v) de la surface

$$x = f(u, v), \qquad y = \varphi(u, v), \qquad z = \psi(u, v)$$

soit parallèle à Oz, il faut qu'on ait (205)

$$(1) \qquad\qquad f'_u \varphi'_v - f'_v \varphi'_u = 0.$$

Cette relation définit une courbe tracée sur la surface, et il n'y a qu'à prendre la projection de cette courbe sur le plan des xy pour obtenir le contour apparent demandé.

Dans l'exemple donné, la relation (1) s'écrit

$$b^2 \cos^2 v + a^2 \sin^2 v + abu = 0 ;$$

on en tire

$$u = -\frac{b^2 \cos^2 v + a^2 \sin^2 v}{ab},$$

et en portant cette valeur dans les équations paramétriques de la surface, on obtient

$$x = \frac{(a^2 - b^2)\cos^3 v}{a},$$

$$y = -\frac{(a^2 - b^2)\sin^3 v}{b},$$

$$z = -\frac{k}{ab}(b^2\cos^2 v + a^2\sin^2 v).$$

Ce sont les équations paramétriques de la courbe de contact du cylindre circonscrit parallèlement à Oz.

La projection de cette courbe sur le plan des xy est définie par

$$x = \frac{(a^2 - b^2)\cos^3 v}{a}, \qquad y = -\frac{(a^2 - b^2)\sin^3 v}{b};$$

en éliminant v, nous obtenons l'équation

$$(ax)^{\frac{2}{3}} + (by)^{\frac{2}{3}} = (a^2 - b^2)^{\frac{2}{3}};$$

qui représente la développée de l'ellipse $\dfrac{x^2}{a^2} + \dfrac{y^2}{b^2} - 1 = 0$.

REMARQUE. — La surface est réglée, car si l'on donne à v une valeur constante, x, y, z sont des fonctions linéaires de u.

A chaque valeur de v correspond une génératrice définie par les équations

$$\frac{x - a\cos v}{b\cos v} = \frac{y - b\sin v}{a\sin v} = \frac{z}{k} = u.$$

Le contour apparent de la surface sur le plan des xy peut aussi être considéré comme l'enveloppe des projections des génératrices sur ce plan.

On est donc conduit à chercher l'enveloppe de la droite

$$\frac{x - a\cos v}{b\cos v} = \frac{y - b\sin v}{a\sin v},$$

quand v varie. Or cette équation représente la normale à l'ellipse $\dfrac{x^2}{a^2} + \dfrac{y^2}{b^2} - 1 = 0$ au point $x = a\cos v$, $y = b\sin v$.

220. *Trouver le contour apparent sur le plan des xy de la surface*

$$x = \operatorname{ch} u + v \operatorname{sh} u, \qquad y = \operatorname{sh} u + v \operatorname{ch} u, \qquad z = u + v.$$

Réponse : $x^2 - y^2 - 1 = 0$.

221. *Étudier la surface*

$$x = \cos 2u + v \sin u,$$
$$y = \sin 2u + v \cos u,$$
$$z = u + v + uv.$$

Démontrer qu'elle est réglée. Trouver son contour apparent sur le plan des xy.

222. *Mener par le point (a, b, c) des normales à la surface*

$$x = u \cos \frac{v}{2}, \qquad y = u \sin \frac{v}{2}, \qquad z = k \sin v,$$

et démontrer que les pieds sont dans un même plan.

En écrivant que la normale au point (u, v) passe par le point (a, b, c), on a les deux équations

$$u = a \cos \frac{v}{2} + b \sin \frac{v}{2},$$

$$\left(a \cos \frac{v}{2} + b \sin \frac{v}{2} \right)\left(a \sin \frac{v}{2} - b \cos \frac{v}{2} \right) = 2k \cos v (c - k \sin v).$$

La deuxième est du quatrième degré par rapport à $\operatorname{tg} \dfrac{v}{2}$. On a quatre solutions.

223. *On considère les paraboloïdes* Π *représentés, en coordonnées rectangulaires, par l'équation*

$$\frac{y^2}{p + \lambda} + \frac{z^2}{q + \lambda} - 2x - \lambda = 0 ;$$

dans laquelle p, q sont des constantes et λ un paramètre variable, et l'on propose d'étudier la surface Σ, enveloppe des plans polaires P, par rapport aux paraboloïdes Π, d'un point donné A.

1° La surface Σ est de la troisième classe et chaque plan polaire touche cette surface en tous les points d'une droite G.

2° Les droites G sont tangentes à une cubique gauche Γ ; elles admettent un cône directeur C du second degré.

3° La surface Σ est du quatrième degré.

4° La section de la surface par un plan tangent, c'est-à-dire par un plan polaire P, se compose d'une droite G et d'une conique.

5° Chaque droite G est le lieu des pôles d'un plan Q par rapport aux paraboloïdes Π. Chaque plan Q est perpendiculaire à la droite G à laquelle il correspond.

6° Trouver l'enveloppe C_1 des plans Q qui correspondent aux diverses droites G.

On indiquera les relations qui lient l'enveloppe C_1 avec les paraboloïdes Π et avec le cône C.

1° Le plan polaire P du point $A(x_0, y_0, z_0)$ par rapport au paraboloïde Π a pour équation

$$(1) \qquad f(\lambda) \equiv \frac{y y_0}{p + \lambda} + \frac{z z_0}{q + \lambda} - x - x_0 - \lambda = 0.$$

Comme cette équation est du troisième degré par rapport au seul paramètre λ, le plan P enveloppe une surface développable Σ, de la troisième classe, et chaque plan P touche cette surface suivant une droite G définie par l'équation (1) et la suivante

$$f'(\lambda) \equiv - \frac{y y_0}{(p + \lambda)^2} - \frac{z z_0}{(q + \lambda)^2} - 1 = 0.$$

Pour étudier la surface Σ il est préférable de déterminer ses équations paramétriques.

Par tout point $M(x, y, z)$ de l'espace passent trois plans P correspondant aux racines λ_1, λ_2, λ_3, de l'équation (1). On calcule aisément x, y, z en fonction de λ_1, λ_2, λ_3 ; on a

$$(2) \quad \begin{cases} x = -(\lambda_1 + \lambda_2 + \lambda_3 + p + q + x_0), \\ y = -\dfrac{(p + \lambda_1)(p + \lambda_2)(p + \lambda_3)}{y_0(p - q)}, \\ z = -\dfrac{(q + \lambda_1)(q + \lambda_2)(q + \lambda_3)}{z_0(q - p)}. \end{cases}$$

En faisant $\lambda_1 = \lambda_2 = u$, $\lambda_3 = v$, nous avons les équations paramétriques de Σ,

$$(3) \quad \begin{cases} x = -(2u + v + p + q + x_0), \\ y = -\dfrac{(p + u)^2(p + v)}{y_0(p - q)}, \\ z = -\dfrac{(q + u)^2(q + v)}{z_0(q - p)}. \end{cases}$$

En y considérant u comme une constante, ces équations représentent la droite G.

Enfin si dans les équations (2) nous faisons $\lambda_1 = \lambda_2 = \lambda_3 = t$, nous obtenons les équations paramétriques de l'arête de rebroussement de la surface,

$$x = -(3t + p + q + x_0),$$
$$y = -\frac{(p + t)^3}{y_0(p - q)},$$
$$z = -\frac{(q + t)^3}{z_0(q - p)}.$$

C'est la cubique gauche G.

On vérifie sans difficulté que, si par l'origine on mène des parallèles aux droites G, ces parallèles engendrent le cône du deuxième degré

$$(yy_0 + zz_0)^2 + x^2(p - q)^2 - 2(p - q)x(yy_0 - zz_0) = 0.$$

3° Pour avoir le degré de la surface Σ, nous remplaçons x, y, z par leurs valeurs (3) dans les équations d'une droite quelconque ; en y considérant u, v comme des coordonnées, les équations obtenues représentent deux cubiques planes qui ont un point double à l'infini dans la direction $u = 0$, et un point simple à l'infini dans la direction $v = 0$. Ces deux courbes se rencontrent seulement en quatre points à distance finie.

Donc la surface est du quatrième degré.

4° Si on prend l'intersection du plan (1) et de la surface définie par les équations (3), on a comme solutions $u = \lambda$ (racine double) et $v = \lambda$ (racine simple).

Pour $u = \lambda$, les équations (3) représentent la génératrice G, et pour $v = \lambda$, une parabole.

Tout plan P est donc tangent à la surface suivant une génératrice G et la coupe suivant une parabole.

5° La droite G définie par les équations (3), où u a une valeur constante, est le lieu des pôles du plan Q,

$$x + \frac{(p + u)^2 y}{y_0(p - q)} - \frac{(q + u)^2 z}{z_0(p - q)} - (2u + p + q + x_0) = 0.$$

6° Ce plan enveloppe un cône C_1 qui a pour sommet le point (x_0, y_0, z_0) et qui est parallèle au cône

$$x(y_0 z - z_0 y) + yz(p - q) = 0.$$

C'est le cône supplémentaire du cône C.

On peut aussi considérer le cône C_1 comme le lieu des normales issues du point A aux paraboloïdes H.

224. *On considère tous les paraboloïdes ayant les mêmes focales qu'un paraboloïde* P *dont l'équation, en coordonnées rectangulaires, est*

$$\frac{y^2}{p} - \frac{z^2}{q} - 2x = 0.$$

On mène à ces paraboloïdes des normales parallèles à un plan Q *ayant pour équation*

$$ux + vy + wz = 0.$$

1° Démontrer que la surface S *lieu des pieds de ces normales peut être considérée comme engendrée par une parabole variable dont le plan enveloppe un cylindre parabolique C.*

2° Démontrer que les coordonnées d'un point quelconque M de la surface S peuvent être exprimées rationnellement en fonction de deux paramètres ρ, ρ_1 qui fixent la position des plans tangents menés par le point M au cylindre C.

Montrer, à l'aide des expressions ainsi trouvées, que le cylindre C touche la surface S en tous les points d'une cubique.

Montrer, à l'aide des mêmes expressions, que S est une surface réglée du troisième ordre, dont les génératrices rectilignes sont parallèles à celles d'un cône de révolution.

3° La surface S admet une droite double Δ dont on demande les équations.

4° Démontrer que les génératrices rectilignes de la surface S rencontrent, en dehors de la droite double Δ, une autre droite Δ_1 avec laquelle elles font un angle constant. Trouver les équations de cette droite Δ_1.

Les équations paramétriques de la surface S sont

$$x = \frac{u^2}{8p^2v^2}(\rho+p)(\rho_1+p)^2 + \frac{u^2}{8p^2w^2}(\rho-p)(\rho_1-p)^2 - \frac{\rho}{2},$$

$$y = \frac{u}{v} \cdot \frac{(\rho+p)(\rho_1+p)}{2p},$$

$$z = -\frac{u}{w} \cdot \frac{(\rho-p)(\rho_1-p)}{2p},$$

ρ, ρ_1 étant les racines de l'équation

$$\frac{vy}{\rho+p} + \frac{wz}{\rho-p} - u = 0.$$

La droite Δ a pour équation

$$v(2ux + vy + wz) - u(uy + vp) = 0,$$
$$w(2ux + vy + wz) + u(uz - wp) = 0 ;$$

et la droite Δ_1 est définie par les équations paramétriques

$$x = \frac{u^2\rho_1}{v^2 + w^2} - \frac{p(v^2 - w^2)}{2(v^2 + w^2)},$$

$$y = \frac{uv(\rho_1 + p)}{v^2 + w^2},$$

$$z = \frac{uw(\rho_1 - p)}{v^2 + w^2}.$$

225. *Au système des deux points* M, M', *dont les coordonnées rectangulaires sont respectivement* (x, y, z), (x', y', z'), *on en fait correspondre un troisième,* P, *de coordonnées* (X, Y, Z), *par les formules*

$$X = xx', \qquad Y = yy', \qquad Z = zz'.$$

1° *On suppose que les points* M, M' *décrivent une même droite* Δ *issue d'un point* A (a, b, c) *et ayant pour cosinus directeurs* α, β, γ.

On demande quels lieux décrit le point P *quand* M *et* M' *décrivent la droite* Δ *indépendamment l'un de l'autre, ou bien, quand, l'un des points décrivant la droite* Δ, *l'autre reste fixe sur cette droite, ou bien, enfin, quand les deux points décrivent* Δ, *mais en restant confondus. Dire quelles relations existent entre ces divers lieux.*

2° *On suppose maintenant que les points* M, M' *décrivent non plus une même droite, mais une même conique* Ω, *les coordonnées d'un point courant de cette conique étant des fonctions rationnelles d'un paramètre* λ,

$$x = \frac{a_2\lambda^2 + 2a_1\lambda + a_0}{d_2\lambda^2 + 2d_1\lambda + d_0},$$

$$y = \frac{b_2\lambda^2 + 2b_1\lambda + b_0}{d_2\lambda^2 + 2d_1\lambda + d_0},$$

$$z = \frac{c_2\lambda^2 + 2c_1\lambda + c_0}{d_2\lambda^2 + 2d_1\lambda + d_0},$$

où les a, b, c, d *sont des coefficients constants.*

Lorsque M *et* M' *décrivent* Ω *indépendamment l'un de l'autre, le point P décrit une surface S ; ses coordonnées sont des fonctions rationnelles de deux paramètres. Dire quel lieu décrit le point P sur la surface S quand, M′ restant fixe sur la conique Ω, le point M décrit seul cette conique. Dire ensuite quel lieu décrit le point P quand M et M′ décrivent Ω, mais en restant liés par une relation involutive. Quelles conclusions peut-on tirer du résultat relativement aux coniques situées sur la surface S ?*

3° Quelle est la nature de la correspondance qui relie les points M et M′ sur la conique Ω, quand le point P décrit une section plane de la surface S ? Étudier et interpréter les cas de décomposition.

CHAPITRE VII

SURFACES ALGÉBRIQUES

---

226. *On donne une droite* (D) *définie par les équations* $P = 0$, $Q = 0$, *et on considère la surface ayant pour équation*

$$\alpha P^2 + \beta PQ + \gamma Q^2 = 0,$$

α, β, γ *étant des polynomes en* x, y, z.

Démontrer que tous les points de la droite (D) *sont des points doubles de la surface.*

Soient x_0, y_0, z_0 les coordonnées d'un point M de la droite (D) ; coupons la surface par une droite quelconque passant par le point M,

$$x = x_0 + \lambda\rho, \qquad y = y_0 + \mu\rho, \qquad z = z_0 + \nu\rho.$$

Comme P_0 et Q_0 sont nuls, on voit aisément que l'équation aux ρ des points de rencontre de la surface et de la droite admet une racine double nulle.

On dit que la droite (D) est une droite double de la surface.

227. *On donne une courbe* (C) *définie par les équations* $f = 0$, $\varphi = 0$, *et on considère la surface ayant pour équation*

$$\alpha f + \beta f\varphi + \gamma \varphi^2 = 0,$$

α, β, γ, f, φ *étant des polynomes en* x, y, z.

Démontrer que tous les points de la courbe (C) sont des points doubles de la surface.

Même démonstration.

228. *Plus généralement, si l'équation d'une surface est homogène par rapport à f et φ, les coefficients de f^n, $f^{n-1}\varphi$,... étant des polynomes, tous les points de la courbe $f = 0$, $\varphi = 0$ sont des points multiples d'ordre n.*

229. *On donne deux droites, D et D', non situées dans un même plan, et on considère une droite mobile, Δ, qui se déplace en rencontrant D et D'.*

1° Lieu du pied de la perpendiculaire abaissée d'un point fixe, A, sur la droite Δ.

2° Ce lieu est une surface cubique, S, qui passe par les droites D et D'. Montrer que tout plan passant par D ou D' coupe cette surface suivant un cercle. Faire voir qu'il y a d'autres séries de sections circulaires.

3° Trouver le lieu des axes des cercles dont les plans passent par la droite D.

1° Prenons comme axe des z la perpendiculaire commune à D et D', comme origine le milieu de cette perpendiculaire, et comme axes des x et des y les bissectrices de l'angle formé par des parallèles à D et D' passant par l'origine.

Les équations des deux droites D et D' seront

$$(D) \quad \begin{cases} y - mx = 0, \\ z - h = 0, \end{cases} \qquad (D') \quad \begin{cases} y + mx = 0, \\ z + h = 0. \end{cases}$$

Une droite quelconque rencontrant D et D' est l'intersection d'un plan passant par D et d'un plan passant par D'; par suite les équations de Δ sont de la forme

$$(1) \quad \begin{cases} y - mx + \lambda(z - h) = 0, \\ y + mx + \mu(z + h) = 0. \end{cases}$$

Les paramètres directeurs de cette droite sont

$$\lambda - \mu, \qquad - m(\lambda + \mu) \qquad \text{et} \qquad 2m.$$

Par suite, l'équation du plan passant par le point $A(a, b, c)$ et perpendiculaire à Δ est

$$(2) \qquad (\lambda - \mu)(x - a) - m(\lambda + \mu)(y - b) + 2m(z - c) = 0.$$

On obtiendra le lieu demandé en éliminant λ et μ entre (1) et (2). Des équations (1) on tire

$$\lambda = - \frac{y - mx}{z - h}, \qquad \mu = - \frac{y + mx}{z + h},$$

et en portant ces valeurs dans l'équation (2), et en simplifiant, on a pour équation du lieu

$$(mzx - hy)(x - a) + m(yz - hmx)(y - b)$$
$$+ m(z - c)(z^2 - h^2) = 0.$$

C'est l'équation d'une surface cubique.

2° Cette surface contient la droite D, car son équation est vérifiée identiquement si l'on y remplace y par mx et z par h ; on voit de même qu'elle contient la droite D'.

D'autre part, le cône des directions asymptotiques de la surface a pour équation

$$z(x^2 + y^2 + z^2) = 0 ;$$

il se compose du plan des xy et du cône isotrope. On peut dire aussi que le plan de l'infini coupe la surface suivant une droite réelle située dans le plan des xy et suivant le cercle de l'infini.

Par suite, tout plan coupe la surface suivant une cubique circulaire. Si ce plan contient la droite D, celle-ci fait partie de l'intersection ; le reste se compose d'une conique passant par les points cycliques, c'est-à-dire d'un cercle.

C'est ce que l'on peut d'ailleurs vérifier analytiquement.

Auparavant nous mettrons en évidence, dans l'équation de la surface, les premiers membres des équations de la droite D. Ainsi, nous remplacerons

$$mzx - hy \qquad \text{par} \qquad - h(y - mx) + mx(z - h),$$
$$yz - hmx \qquad \text{par} \qquad h(y - mx) + y(z - h).$$

L'équation de la surface s'écrit alors

$$(3) \quad m(z - h)[x(x - a) + y(y - b) + (z + h)(z - c)]$$
$$+ h(y - mx)[m(y - b) - (x - a)] = 0.$$

Coupons par le plan

$$(4) \qquad\qquad y - mx = \lambda(z - h).$$

Si nous remplaçons dans (3) $y - mx$ par $\lambda(z - h)$, $z - h$ se met en facteur, et il reste la sphère

$$(5) \quad m[x(x - a) + y(y - b) + (z + h)(z - c)]$$
$$+ h\lambda[m(y - b) - (x - a)] = 0.$$

Ceci nous montre bien que le plan (4) coupe la surface suivant la droite D, puis suivant le cercle défini par les équations (4) et (5).

Même démonstration pour la droite D'.

Pour avoir tous les cercles tracés sur la surface, il faut chercher les droites réelles de la surface.

Ces droites sont toutes parallèles au plan $z = 0$. Pour les obtenir, nous faisons $z = \lambda$ dans l'équation de la surface, et nous écrivons que la conique obtenue,

$$m\lambda(x^2 + y^2) - h(1 + m^2)xy + mx(bhm - a\lambda)$$
$$+ (ah - mb\lambda)y + m(\lambda - c)(\lambda^2 - h^2) = 0,$$

se réduit à deux droites.

Nous obtenons une équation du cinquième degré en λ, qui admet les deux racines h et $- h$, puis les racines de l'équation du troisième degré

$$(\lambda - c)[4m^2\lambda^2 - h^2(1 + m^2)^2] - (a^2 + b^2)m^2\lambda + abmh(1 + m^2) = 0.$$

On voit aisément que cette équation a ses trois racines réelles et distinctes et séparées par les nombres $-\dfrac{h(1+m^2)}{2m}$ et $+\dfrac{h(1+m^2)}{2m}$.

Il existe donc cinq plans coupant la surface suivant deux droites ; donc la surface contient dix droites, et tout plan passant par l'une de ces droites coupe la surface suivant un cercle.

3° L'axe du cercle défini par les équations (4) et (5) est la perpendiculaire abaissée du centre de la sphère sur le plan du cercle.

Les équations de cette perpendiculaire sont

$$\frac{m(2x-a)-h\lambda}{-m} = \frac{m(2y-b)+h\lambda m}{1} = \frac{m(2z+h-c)}{-\lambda}.$$

Il suffit alors d'égaler les deux premiers rapports pour avoir une valeur de λ,

$$\lambda = -m\,\frac{m(2y-b)+2x-a}{h(m^2-1)}.$$

Si l'on multiplie ensuite les deux termes du premier rapport par m et qu'on l'ajoute terme à terme au second, on obtient un rapport indépendant de λ, et qu'il suffit d'égaler au dernier pour avoir une nouvelle valeur de λ,

$$\lambda = \frac{(m^2-1)(2z+h-c)}{m(2x-a)+2y-b}.$$

Ces deux valeurs de λ égalées entre elles fournissent l'équation de la surface

$$m\big[m(2y-b)+2x-a\big]\big[m(2x-a)+2y-b\big]$$
$$+\,h(m^2-1)^2(2z+h-c)=0.$$

C'est l'équation d'un paraboloïde hyperbolique.

230. *Étant donné le trièdre trirectangle $Oxyz$ auquel la droite D est rapportée par les équations*

$$x-a=0, \qquad y-z=0,$$

on abaisse de chaque point M *de cette droite, sur* Oz, *la perpendiculaire* MI *dont le pied est* I ; *puis on considère le cercle* C, *de centre* I *et de rayon* IM, *dont le plan passe par* Oz.

1° *Trouver l'équation de la surface* Σ *engendrée par le cercle* C.

2° *Étudier comment varie la section de cette surface par un plan parallèle à* Oxy *lorsque ce plan se déplace en conservant la même orientation.*

3° *Déterminer, sur la surface* Σ, *les systèmes de cercles autres que celui qui a servi à sa définition et faire voir comment on peut, pour chacun de ces systèmes, donner une construction géométrique des cercles qui le composent.*

1° Nous définirons le cercle C comme l'intersection de la sphère de centre I et de rayon IM et du plan passant par Oz et le point M. Si nous désignons par λ la cote du point M, les équations de la sphère et du plan sont respectivement

$$x^2 + y^2 + (z - \lambda)^2 = a^2 + \lambda^2,$$

$$\frac{y}{x} = \frac{\lambda}{a} ;$$

nous obtenons l'équation de la surface Σ en éliminant λ entre ces deux équations. Nous trouvons ainsi

$$x(x^2 + y^2 + z^2) - 2ayz - a^2x = 0.$$

La surface est du troisième degré ; le cône des directions asymptotiques se compose du cône isotrope et du plan des yz. Par suite, comme dans l'exercice précédent, toute section plane est une cubique circulaire, et si le plan sécant contient une droite de la surface, le reste de l'intersection est un cercle. Et réciproquement, tout plan qui coupe la surface suivant un cercle, la coupe aussi suivant une droite.

On voit aussi que la surface est symétrique par rapport aux axes Oz, Oy et aux plans $y - z = 0$, $y + z = 0$.

2° La section de la surface par le plan $z = h$ est une cubique circulaire qui se projette sur le plan des xy suivant la courbe

$$x(x^2 + y^2) + (h^2 - a^2)x - 2ahy = 0,$$

qui est symétrique par rapport à l'origine. On la construit aisément en posant $y = tx$, ou en passant aux coordonnées polaires.

3° Tout cercle C, étant symétrique par rapport à Oz, rencontre la droite D′, symétrique de D par rapport au même axe ; cette droite a pour équations

$$x + a = 0, \qquad y + z = 0.$$

On peut donc définir le système (S) des cercles C en remplaçant D par D′.

Les symétries signalées plus haut nous permettent de déduire du système (S) un nouveau système (S_1) de cercles C_1, ayant leurs centres sur Oy, leurs plans passant par Oy, et rencontrant D et D′.

Comme la droite D rencontre tous les cercles C, elle est située sur la surface ; par suite, tout plan passant par D coupe la surface suivant un cercle : ceci nous donne un troisième système, (S_2).

Nous en avons un quatrième, (S_3), en coupant la surface par des plans passant par D′.

Il est facile de voir qu'il n'y en a pas d'autres.

Pour cela, remarquons que les droites réelles de la surface sont parallèles au plan $x = 0$. Coupons la surface par le plan $x = \lambda$; nous obtenons la conique

$$\lambda(y^2 + z^2) - 2ayz + \lambda(\lambda^2 - a^2) = 0.$$

Cette conique se réduit à des droites pour $\lambda = 0$, $\lambda = \pm a$.

Nous voyons ainsi que les seules droites de la surface sont Oz, Oy, D, D′ ; nous avons donc sur la surface les seuls systèmes de cercles indiqués plus haut.

Tout cercle du système (S_2), situé dans un plan passant par D, sera bien déterminé géométriquement par les points où le plan rencontre les droites Oz, Oy, D′.

REMARQUE. — On peut vérifier analytiquement qu'un plan quelconque passant par D,

$$(1) \qquad x - a = \lambda(y - z),$$

coupe la surface Σ suivant un cercle.

En effet, l'équation de la surface peut s'écrire

$$(2) \qquad x(x^2 - a^2) + (x - a)(y^2 + z^2) + a(y - z)^2 = 0 ;$$

remplaçons dans cette équation $x - a$ par $\lambda(y - z)$; nous avons

$$(y - z)\big[\lambda x(x + a) + \lambda(y^2 + z^2) + a(y - z)\big] = 0.$$

Ceci montre que le plan (1) coupe la surface suivant la droite D et suivant le cercle O, intersection du plan et de la sphère

$$\lambda\big[x(x + a) + y^2 + z^2\big] + a(y - z) = 0.$$

231. *On donne trois axes rectangulaires et une parabole* (P) *dans le plan des* xy, *définie par les équations*

$$y^2 - 2px = 0, \qquad z = 0.$$

Par un point A, *variable dans le plan des* xy, *on mène des tangentes à la parabole qui touchent la courbe en* B *et* C, *et on considère un trièdre trirectangle dont les arêtes passent par les points* A, B, C.

1° Lieu du sommet de ce trièdre.

2° Ce lieu est une surface cubique. Trouver ses points doubles et ses génératrices rectilignes.

3° Trouver le lieu des points A *qui correspondent aux points de la surface situés dans le plan* $z = h$.

1° Soient α, β les coordonnées du point A ; la polaire de ce point par rapport à la parabole a pour équation

$$px - \beta y + p\alpha = 0 ;$$

en ajoutant cette équation à celle de la parabole, on obtient une conique

$$(C) \qquad y^2 - px - \beta y + p\alpha = 0,$$

qui passe par les trois sommets du triangle ABC.

Soient alors x, y, z les coordonnées du sommet S d'un trièdre trirectangle dont les arêtes passent par les points A, B, C. Nous écrirons d'abord que le cône qui a pour sommet le point S et pour directrice la conique (C) est capable d'un trièdre trirectangle inscrit (102), et ensuite que la droite SA est perpendiculaire au plan SBC.

La première condition nous donne

$$y^2 + z^2 - px - \beta y + p\alpha = 0,$$

et la seconde

$$\frac{x - \alpha}{p} = \frac{y - \beta}{-\beta} = \frac{z}{\dfrac{\beta y - px - p\alpha}{z}}.$$

En éliminant α, β entre ces équations, on obtient le lieu du point S. C'est la surface cubique

$$2x(y^2 + z^2 - 2px - p^2) + py^2 = 0.$$

2° Elle a deux points doubles réels sur Oz, dont les cotes sont $\pm p$, et deux points doubles imaginaires, qui sont les points de rencontre de la parabole et de sa directrice.

Elle admet deux génératrices, l'axe des z et la directrice de la parabole.

3° Le lieu demandé se compose de la courbe du quatrième degré

$$2(x + p)[y^2(2x + p) + p^3] + p^2(h^2 - p^2) = 0,$$

et de la droite $x + p = 0$.

Cette droite correspond au point de la section situé sur Oz.

232. *On donne, rapportés à trois axes rectangulaires, une parabole*

$$y^2 - 2px = 0, \qquad z = 0,$$

et un point A(a, b, c).

1° *Équation de la surface* S, *lieu des pieds des perpendiculaires abaissées du point* A *sur les plans tangents à la parabole.*

Étudier les sections de la surface par des plans parallèles au plan de la parabole.

2° La surface S est coupée par un plan variable passant par A et perpendiculaire au plan de la parabole suivant une droite et un cercle. Lieu du centre du cercle.

3° La surface S a deux points singuliers; définir géométriquement les cônes des tangentes et les sections planes passant par l'un ou l'autre de ces points.

4° Trouver les droites et les coniques tracées sur la surface S.

1° L'équation de S est

$$2(x-a)\big[x(x-a)+y(y-b)+z(z-c)\big]+p(y-b)^2=0.$$

2° En transportant l'origine au point A, le lieu demandé est défini par les équations

$$2x(x^2+y^2)+ax^2+bxy+\frac{py^2}{2}=0, \qquad z+\frac{c}{2}=0.$$

3° Les points singuliers sont le point A et sa projection sur le plan des xy.

233. *1° Ox, Oy, Oz étant trois axes de coordonnées rectangulaires, montrer que l'équation*

$$y^2z^2+2kxyz+k^2x^2-2ak^2y=0,$$

où a et k désignent deux longueurs données, définit une surface réglée (Σ).

2° A quelle condition les coefficients de l'équation

$$Ax+By+Cz+D=0$$

doivent-ils satisfaire, pour que le plan représenté par cette équation contienne une génératrice de la surface? Quelles sont, en supposant cette condition vérifiée, les coordonnées du point de contact du plan et de la surface?

3° L'intersection de la surface (Σ) *et du cylindre dont l'équation est*

$$x^2+y^2-2ay=0$$

se compose de l'axe Oz et d'une courbe gauche (C); exprimer en fonction rationnelle d'un paramètre les coordonnées d'un point quelconque de (C). Une génératrice du cylindre rencontre la courbe (C) en deux points : lieu du milieu de ces deux points.

1° La surface admet le système de génératrices

$$y = \frac{2\lambda^2}{a}, \qquad kx + \frac{2\lambda^2}{a} z - 2k\lambda = 0.$$

2° La condition cherchée est

$$f(A, B, C, D) \equiv (AD + kBC)^2 - 2ak A^3 C = 0 ;$$

c'est l'équation tangentielle de la surface.

Les coordonnées du point de contact sont alors

$$\frac{f'_A}{f'_D}, \qquad \frac{f'_B}{f'_D}, \qquad \frac{f'_C}{f'_D}.$$

3° On peut poser $x = a \sin \varphi$, $y = a + a \cos \varphi$, et l'on en tire

$$z = \frac{k\left(1 - \sin \dfrac{\varphi}{2}\right)}{\cos \dfrac{\varphi}{2}}, \quad \text{et, en posant} \quad \operatorname{tg} \frac{\varphi}{4} = t, \quad \text{on voit que les}$$

équations paramétriques de la courbe (C) sont

$$x = \frac{4at(1 - t^2)}{(1 + t^2)^2}, \qquad y = \frac{2a(1 - t^2)^2}{(1 + t^2)^2}, \qquad z = k\frac{1 - t}{1 + t}.$$

Le lieu demandé est une cubique située à l'intersection du cylindre et du paraboloïde $yz + kx = 0$.

234. *On donne, relativement à un système de trois axes rectangulaires, un point P de coordonnées a, b, c et un cercle (C) défini par les équations*

$$x^2 + y^2 - 2Rx = 0, \qquad z = 0.$$

1° *Former l'équation du lieu des projections orthogonales du point P sur les droites qui rencontrent à la fois le cercle (C) et l'axe Oz. Reconnaître que ce lieu se compose d'une sphère et d'une surface du quatrième degré (S).*

2° Trouver les sections de la surface (S) par les plans contenant Oz, et le lieu des centres de ces sections.

3° Déterminer les limites entre lesquelles sont compris les plans parallèles à xOy qui coupent la surface (S) en des points réels.

1° On a comme lieu la sphère

$$x(x-a)+y(y-b)+z(z-c)=0,$$

décrite sur OP comme diamètre, et la surface (S)

$$[x(x-a)+y(y-b)](x^2+y^2-2Rx)+z(z-c)(x^2+y^2)=0.$$

L'axe des z est droite double de cette surface (226).

2° Par suite, tout plan passant par Oz coupe la surface suivant deux droites confondues avec Oz et suivant une conique.

On démontrera que cette conique est un cercle, et que le lieu du centre de ce cercle, quand le plan tourne autour de Oz, est le cercle défini par les équations

$$x(2x-a)+y(2y-b)-2Rx=0, \qquad z=\frac{c}{2}.$$

3° Pour que le plan $z=\lambda$ coupe la surface suivant une courbe réelle, il faut que λ soit compris entre

$$\frac{c-\sqrt{b^2+c^2+(a-2R)^2}}{2} \quad \text{et} \quad \frac{c+\sqrt{b^2+c^2+(a-2R)^2}}{2}.$$

235. *On considère les trois surfaces du second degré définies par les équations*

$$y=x^2, \qquad z=xy, \qquad zx=y^2.$$

1° Soit M *le point d'intersection des plans polaires d'un point* M_0 *par rapport à ces trois surfaces; on demande d'exprimer les coordonnées x, y, z du point* M *au moyen des coordonnées* x_0, y_0, z_0 *du point* M_0, *et, inversement,* x_0, y_0, z_0, *au moyen de x, y, z.*

2° *Vérifier sur ces formules que le point M n'est pas déterminé quand le point M_0 se trouve sur la courbe (C) définie par
les équations*

$$y = x^2, \qquad z = x^3.$$

Où se trouve alors le point M ?

3° *Pour que le point M_0 soit dans le plan des xy, il faut que
le point M soit sur une surface (S) du troisième degré. Vérifier
que cette surface contient la courbe (C) et qu'elle est réglée.
Quel est le lieu du point M_0 quand le point M décrit une génératrice rectiligne de la surface ?*

4° *Quel est, sur la surface (S), le lieu des points M tels que
le point M_0 soit rejeté à l'infini dans le plan des xy ?*

1° On a

$$x = \frac{y_0 x_0^2 - 2y_0^2 + z_0 x_0}{2x_0^3 - 3x_0 y_0 + z_0},$$

$$y = \frac{2x_0^2 z_0 - y_0^2 x_0 - y_0 z_0}{2x_0^3 - 3x_0 y_0 + z_0},$$

$$z = \frac{3x_0 y_0 z_0 - 2y_0^3 - z_0^2}{2x_0^3 - 3x_0 y_0 + z_0},$$

et dans ces formules on peut échanger les deux groupes de lettres
x, y, z et x_0, y_0, z_0.

2° Quand le point M_0 est sur la courbe (C), le point M est
indéterminé sur la tangente en M_0 à la courbe.

3° La surface (S) a pour équation

$$3xyz - 2y^3 - z^2 = 0.$$

Elle admet un système de génératrices, défini par les équations

$$y = tz, \qquad x = \frac{2}{3} t^2 z + \frac{1}{3t}.$$

Si le point M décrit cette génératrice, le point M_0 se déplace
dans le plan des xy sur la droite $x = 2ty$.

4° Le lieu demandé est la cubique définie par les équations

$$y + 2x^2 = 0, \qquad z + 8x^3 = 0.$$

236. *On donne trois axes rectangulaires Ox, Oy, Oz.*

1° *Former l'équation de la surface (Σ) engendrée par un cercle (C) de rayon constant a, s'appuyant sur les deux bissectrices de l'angle xOy, de manière que son plan soit parallèle au plan yOz.*

2° *Trouver une représentation paramétrique de la surface en posant $x = a \cos u$, $y = a \cos v$.*

3° *Étudier les contours apparents de la surface sur les plans de coordonnées, et les sections faites parallèlement à ces plans.*

4° *Mettre en évidence un nouveau mode de génération de la surface par un cercle.*

5° *Trouver le lieu des points de (Σ) par où passent deux cercles de cette surface s'y coupant sur un angle donné θ.*

1°
$$(y^2 + z^2 - x^2)^2 + 4z^2(x^2 - a^2) = 0.$$

2°
$$x = a \cos u, \qquad y = a \cos v, \qquad z = a(\sin u + \sin v).$$

4° Le premier système de cercles correspond à $u = $ constante, et le deuxième à $v = c^{te}$.

5° Le lieu est défini par $\cos u \cos v = \cos \theta$.

237. *Étant donné un parallélépipède, on considère trois arêtes qui n'ont pas d'extrémité commune et les deux sommets non situés sur ces trois arêtes.*

1° *Trouver l'équation du lieu d'une conique passant par ces deux points et s'appuyant sur les trois arêtes.*

2° *Chercher les droites réelles situées sur la surface engendrée par cette conique.*

3° *Étudier la forme des sections faites dans la surface par des plans parallèles aux faces du parallélépipède.*

Prenons pour origine le centre du parallélépipède et pour axes des parallèles aux arêtes ; soient

$$\begin{cases} y - b = 0, \\ z + c = 0, \end{cases} \qquad \begin{cases} z - c = 0, \\ x + a = 0, \end{cases} \qquad \begin{cases} x - a = 0, \\ y + b = 0 \end{cases}$$

les équations des arêtes données et (a, b, c), $(-a, -b, -c)$ les coordonnées des points P et P′ non situés sur ces arêtes.

1° Le lieu demandé a pour équation

$$\left(\frac{x}{a} - 1\right)\left(\frac{z}{c} + 1\right)\left(\frac{y}{b} - \frac{z}{c}\right)\left(\frac{y}{b} - \frac{x}{a}\right) + \left(\frac{y^2}{b^2} - 1\right)\left(\frac{x}{a} - \frac{z}{c}\right)^2 = 0.$$

2° Les droites réelles de cette surface sont la diagonale PP′, qui est une droite double, puis les arêtes données et les arêtes qui passent par les points P, P′.

238. *Démontrer que sur la surface $x^3 + y^3 + z^3 - a^3 = 0$ il y a seulement trois droites réelles définies par les équations*

$$\begin{cases} y + z = 0, \\ x - a = 0, \end{cases} \qquad \begin{cases} z + x = 0, \\ y - a = 0, \end{cases} \qquad \begin{cases} x + y = 0, \\ z - a = 0. \end{cases}$$

Étudier les sections faites dans la surface par des plans passant par l'une de ces droites.

239. *On donne trois axes rectangulaires et une droite (Δ) parallèle à Oz, ayant pour équations $x = a$, $y = b$. D'un point M pris sur cette droite on abaisse des perpendiculaires sur les plans de coordonnées, et on considère le cercle qui passe par les pieds de ces perpendiculaires.*

Former l'équation de la surface engendrée par ce cercle quand le point M se déplace sur (Δ), et déterminer les droites et les cercles situés sur cette surface.

L'équation de la surface peut s'écrire

$$(x^2 + y^2 + z^2 - ax - by)\left(\frac{x}{a} + \frac{y}{b} - 2\right) + z^2 = 0.$$

240. *On donne trois axes rectangulaires et un point P. Par* *ce point on mène un plan variable qui rencontre les axes aux points A, B, C.*

On demande le lieu du centre de la sphère circonscrite au tétraèdre OABC.

Ce lieu est une surface cubique. Déterminer les droites réelles situées sur cette surface.

241. *On donne trois axes rectangulaires, deux points A, B sur Oz ayant pour cotes a, b, et une parabole définie par les équations $y^2 - 2px = 0$, $z = 0$.*

On considère le cercle passant par les points A, B et par un point variable M de la parabole.

Trouver la surface engendrée par ce cercle.

On trouve une surface du cinquième degré définie par l'équation

$$2pxy^2\left[x^2 + y^2 + (z - a)(z - b)\right] - \left[4p^2x^2(x^2 + y^2) + aby^4\right] = 0.$$

242. *Soient oabc un tétraèdre, T, trirectangle au sommet o, dont les arêtes oa, ob, oc ont la même longueur l, et d le centre de la sphère circonscrite à ce tétraèdre.*

On suppose que le tétraèdre T se déplace par rapport à un trièdre trirectangle fixe OX, OY, OZ de manière que les points a, b, c, d décrivent respectivement les plans qui ont pour équations

$$Y + Z = 0, \qquad Z + X = 0, \qquad X + Y = 0,$$

$$X + Y + Z + \frac{l}{2} = 0.$$

1° Démontrer que les points symétriques des points a, b, c, d par rapport aux arêtes oa, ob, oc du tétraèdre T décrivent également des plans.

2° Trouver l'équation de la surface S décrite par le sommet o du tétraèdre T. Cette surface, qui est du quatrième degré, a un point triple et trois droites doubles.

3° Par chaque point α d'une droite double passent deux droites δ et δ' qui rencontrent la surface en quatre points confondus. Chercher pour quelles positions du point a sur cette droite double les droites δ et δ' coïncident.

4° Montrer que tout plan tangent à la surface S coupe cette surface suivant deux coniques, et que ces deux coniques se confondent pour quatre positions particulières du plan tangent.

Si on désigne par (X, Y, Z) et (x, y, z) les coordonnées d'un point par rapport au trièdre fixe OXYZ et au trièdre mobile $oabc$, on a les formules de transformation de coordonnées

$$X = x_0 + ax + a'y + a''z,$$
$$Y = y_0 + bx + b'y + b''z,$$
$$Z = z_0 + cx + c'y + c''z,$$

et en utilisant les formules d'Euler, on a

$$a = \cos\varphi\cos\psi - \sin\varphi\sin\psi\cos\theta, \qquad a' = -\sin\varphi\cos\psi - \cos\varphi\sin\psi\cos\theta,$$
$$b = \cos\varphi\sin\psi + \sin\varphi\cos\psi\cos\theta, \qquad b' = -\sin\varphi\sin\psi + \cos\varphi\cos\psi\cos\theta,$$
$$c = \sin\varphi\sin\theta, \qquad c' = \cos\varphi\sin\theta,$$

$$a'' = \sin\theta\sin\psi,$$
$$b'' = -\sin\theta\cos\psi,$$
$$c'' = \cos\theta.$$

En écrivant que les points a, b, c, d décrivent les plans indiqués dans l'énoncé on trouve immédiatement la condition

$$a + b' + c'' + 1 = 0,$$

qui donne $\cos(\varphi + \psi) = -1$, ou $\psi = \pi - \varphi$; ce qui simplifie les formules.

On peut alors exprimer x_0, y_0, z_0, coordonnées du point o, en fonction de θ et de φ, et les formules de transformation ne contiennent plus alors que ces deux paramètres.

Le lieu du symétrique de a par rapport au plan obc est alors le plan $Y - Z = 0$, celui du symétrique de b par rapport au plan oca est le plan $Z - X = 0$, et enfin le symétrique de c par rapport au plan oab décrit le plan $X - Y = 0$.

Les symétriques de d par rapport aux arêtes oa, ob, oc décrivent respectivement les plans

$$Y + Z - X - \frac{l}{2} = 0, \qquad Z + X - Y - \frac{l}{2} = 0,$$

$$X + Y - Z - \frac{l}{2} = 0.$$

L'équation de la surface S est

$$Y^2Z^2 + Z^2X^2 + X^2Y^2 + 2lXYZ = 0 ;$$

cette surface est du quatrième degré, elle a un point triple à l'origine et trois droites doubles qui sont les axes de coordonnées (226).

Tout plan tangent à cette surface la coupe suivant une courbe du quatrième degré qui a un point double au point de contact et trois autres points doubles aux points de rencontre de ce plan avec les axes. Cette courbe se décompose donc en deux coniques.

Par suite, pour qu'un plan, $uX + vY + wZ = l$, soit tangent à la surface, il faut et il suffit que le cône qui a pour sommet l'origine et pour base la section du plan et de la surface se décompose en deux cônes du second degré. On doit donc avoir

$$Y^2Z^2 + Z^2X^2 + X^2Y^2 + 2XYZ(uX + vY + wZ)$$
$$\equiv (YZ + mZX + nXY)\left(YZ + \frac{1}{m}ZX + \frac{1}{n}XY\right),$$

ce qui donne

$$2u = \frac{m}{n} + \frac{n}{m}, \qquad 2v = n + \frac{1}{n}, \qquad 2w = m + \frac{1}{m} ;$$

et ces équations définissent un plan tangent en fonction des paramètres m et n.

Pour que les deux coniques coïncident, il faut et il suffit que les deux cônes

$$YZ + mZX + nXY = 0, \qquad YZ + \frac{1}{m}ZX + \frac{1}{n}XY = 0$$

coïncident, et pour cela il faut qu'on ait $m = \pm 1$, $n = \pm 1$. Ceci donne quatre ensembles de valeurs pour u, v, w. On a les quatre plans

$$X + Y + Z = l, \qquad -X + Y - Z = l,$$
$$-X - Y + Z = l, \qquad X - Y - Z = l.$$

Il est même facile de voir que ces plans coupent la surface suivant des cercles.

Prenons par exemple la solution $m = 1$, $n = 1$, et le plan $X + Y + Z = l$.

Le cône $YZ + ZX + XY = 0$ est de révolution autour de la droite $X = Y = Z$, et le plan $X + Y + Z = l$, qui est perpendiculaire à cet axe, coupe le cône, et par suite la surface, suivant un cercle.

REMARQUE. — Il est aisé de voir que cette surface est une surface de Steiner (208).

Menons par l'origine, qui est un point triple, une sécante quelconque $X = \alpha\rho$, $Y = \beta\rho$, $Z = \gamma\rho$; cette droite rencontre la surface en trois points confondus à l'origine et en un autre point qui a pour coordonnées

$$X = \frac{-2\alpha^2\beta\gamma l}{\beta^2\gamma^2 + \gamma^2\alpha^2 + \alpha^2\beta^2},$$

$$Y = \frac{-2\beta^2\gamma\alpha l}{\beta^2\gamma^2 + \gamma^2\alpha^2 + \alpha^2\beta^2},$$

$$Z = \frac{-2\gamma^2\alpha\beta l}{\beta^2\gamma^2 + \gamma^2\alpha^2 + \alpha^2\beta^2}.$$

Posons $\beta\gamma = u$, $\gamma\alpha = v$, $\alpha\beta = w$, nous avons

$$X = \frac{-2vwl}{u^2 + v^2 + w^2},$$

$$Y = \frac{-2wul}{u^2 + v^2 + w^2},$$

$$Z = \frac{-2uvl}{u^2 + v^2 + w^2}.$$

Ce sont les équations paramétriques de la surface [1]. On reconnaît les équations d'une surface de Steiner.

L'intersection de cette surface et d'un plan quelconque

$$AX + BY + CZ = 1$$

est définie en coordonnées (u, v, w) par l'équation

$$u^2 + v^2 + w^2 + 2Avw + 2Bwu + 2Cuv = 0,$$

qui représente une conique (Γ).

Pour que le plan soit tangent, il faut que cette conique se décompose en deux droites, et pour que le plan rencontre la surface suivant deux coniques confondues, il faut que la conique (Γ) se réduise à une droite double.

243. *On considère la surface du troisième degré* (S) *définie par l'équation*

$$z(x^2 + y^2) - x(z^2 - a^2) = 0.$$

1° Les sections de cette surface par les plans parallèles au plan xOy et par les plans passant par Oz comprennent des circonférences (C) *et des hyperboles* (H).

2° Exprimer les coordonnées d'un point quelconque de la surface (S) *à l'aide de deux paramètres fixant la position des plans des courbes* (C) *et* (H) *passant par ce point.*

3° Les tangentes aux courbes de l'une des familles (C) *ou* (H) *aux points de rencontre avec une courbe arbitrairement choisie dans l'autre famille engendrent une surface réglée. De quelle nature sont les surfaces réglées ainsi obtenues?*

4° Comment sont constitués les cônes circonscrits à la surface (S) *et dont les sommets sont situés sur Oz? les cylindres circonscrits dont les génératrices sont parallèles au plan xOy?*

2° Les coordonnées d'un point de la surface peuvent s'écrire

---

[1] Il n'y a en réalité que *deux* paramètres qui sont les rapports de deux des nombres u, v, w au troisième.

en fonction des deux paramètres h et θ,

$$x = \frac{(h^2 - a^2)\cos^2\theta}{h}, \qquad y = \frac{(h^2 - a^2)\cos\theta\sin\theta}{h}, \qquad z = h,$$

h étant la cote du point, θ l'angle du plan MOz avec le plan des zx.

3° Les tangentes aux cercles (C) aux points où ces cercles rencontrent une hyperbole (H) engendrent le cylindre

$$z(x\cos 2\theta + y\sin 2\theta) - (z^2 - a^2)\cos^2\theta = 0.$$

Les tangentes aux hyperboles (H) aux points où ces courbes rencontrent un cercle (C) sont situées sur le cône

$$h^2(x^2 + y^2) - (h^2 + a^2)x\left[z - \frac{2a^2 h}{h^2 + a^2}\right] = 0.$$

Le cône circonscrit à (S) qui a pour sommet le point L de Oz de cote λ se décompose en deux cônes du second degré qui ont pour base les cercles sections de (S) par les deux plans

$$z^2 - \frac{2a^2 z}{\lambda} + a^2 = 0.$$

Le cylindre circonscrit à (S) dont les génératrices sont parallèles à la direction (D),

$$x\cos\varphi + y\sin\varphi = 0, \qquad z = 0,$$

se décompose en deux cylindres du deuxième degré qui ont pour bases les hyperboles, sections de (S) par les plans

$$(y^2 - x^2)\sin\varphi + 2xy\cos\varphi = 0.$$

244. *On donne trois axes rectangulaires et on désigne par A, B, C les projections d'un point* M *sur les axes de coordonnées. Trouver l'enveloppe du plan* ABC *quand le point* M *se déplace dans le plan* $x + y + z + 1 = 0$.

L'équation de l'enveloppe peut se mettre sous la forme irrationnelle

$$\sqrt{x} + \sqrt{y} + \sqrt{z} = 1,$$

les radicaux ayant des signes quelconques, ou sous la forme rationnelle

$$\left[x^2 + y^2 + z^2 - 2(yz + zx + xy) - 2(x + y + z) + 1 \right]^2$$
$$- 64xyz = 0.$$

On peut aussi représenter cette surface par les équations paramétriques

$$x = u^2, \qquad y = v^2, \qquad z = (u + v - 1)^2,$$

et ceci montre que c'est une surface de Steiner.

245. *Démontrer que l'intersection de la surface*

$$y^2 z^2 + z^2 x^2 + x^2 y^2 - 2xyz = 0$$

et de la sphère

$$x^2 + y^2 + z^2 - 1 = 0$$

se compose de quatre cercles.

246. *Démontrer que les deux surfaces*

$$y^2(x^2 + z^2) = c^2 x^2 + a^2 z^2,$$

$$\frac{x^2}{\lambda^2 - a^2} + \frac{y^2}{\lambda^2} + \frac{z^2}{\lambda^2 - c^2} = 1$$

se coupent orthogonalement suivant quatre droites.

247. *On donne trois axes rectangulaires Ox, Oy, Oz et une droite (D) dans le plan des xy et parallèle à Oy. On considère un cercle variable tangent à Oz à l'origine et ayant son centre sur la droite (D).*

1° Former l'équation de la surface (S) engendrée par ce cercle.

2° *Démontrer que les points de rencontre des normales à cette surface avec chacun des plans xOy et xOz sont situés sur une parabole, chacune des deux courbes étant la focale de l'autre.*

248. *On donne n points fixes dans l'espace, O_1, O_2, ... O_n, et un point variable, M ; on désigne par r_1, r_2, ... r_n les longueurs O_1M, O_2M, ... O_nM.*

Si r_1, r_2, ... r_n sont liés par une relation

$$(1) \qquad\qquad f(r_1, r_2, \ldots r_n) = 0,$$

le point M décrit une surface (S).

Sur chacune des droites O_iM on porte à partir du point M un vecteur MN_i dont la valeur algébrique est égale à $\dfrac{\partial f}{\partial r_i}$, et on construit la résultante MN de tous ces vecteurs.

Démontrer que la droite MN est normale à la surface (S) au point M.

Examiner les cas particuliers où il n'y a que deux points O_i, et où la relation (1) a l'une des formes: $r_1 + r_2 = 2a$, $r_1 - r_2 = 2a$, $r_1^2 + r_2^2 = a^2$, $r_1 r_2 = a^2$.

CHAPITRE VIII

COMPLEXES ET CONGRUENCES DE DROITES

———

249. *Définition d'un complexe de droites.*

On sait que la position d'une droite dans l'espace est définie par *quatre* nombres que l'on peut appeler les *coordonnées* de la droite.

Si la droite n'est pas parallèle au plan des xy, ses équations s'écrivent

$$x = az + p, \qquad y = bz + q ;$$

on peut envisager a, b, p, q comme les coordonnées de la droite.

Il en résulte que pour déterminer une droite, il faut donner *quatre* relations entre ses coordonnées.

1° Supposons que l'on donne seulement *trois* relations entre a, b, p, q; il existe alors une infinité de droites dont les coordonnées vérifient ces trois relations. Les coordonnées de toutes ces droites sont fonctions d'*un seul* paramètre arbitraire ; par suite, ces droites engendrent une surface réglée.

2° Si l'on donne *deux* relations entre a, b, p, q, ces coordonnées dépendent de *deux* paramètres arbitraires. On dit que les droites correspondantes forment une *congruence*.

Par un point quelconque S de l'espace il passe en général un *nombre limité* de droites de la congruence ; car, si l'on écrit qu'une droite passe par le point S, on obtient deux relations entre les deux paramètres.

De même dans un plan quelconque (P) il existe un *nombre limité* de droites de la congruence.

3° Supposons enfin qu'on donne une seule relation (R) entre a, b, p, q ; ces coordonnées sont alors fonctions de trois paramètres arbitraires. On dit que les droites correspondantes forment un *complexe* ; la relation (R) est appelée l'*équation du complexe*.

Par un point quelconque S de l'espace il passe une *infinité* de droites du complexe, qui ne dépendent plus alors que *d'un seul* paramètre, et qui, par suite, sont les génératrices d'un cône de sommet S. Ce cône est appelé le *cône du complexe* correspondant au point S.

Dans un plan quelconque (P) il y a une *infinité* de droites du complexe, qui ne dépendent plus que *d'un seul* paramètre et qui, par suite, enveloppent une courbe située dans le plan (P). Cette courbe est appelée la *courbe du complexe* relative au plan (P).

En résumé, toutes les droites de l'espace dépendent de quatre paramètres.

Les droites qui dépendent de trois paramètres forment un complexe ; celles qui dépendent de deux paramètres forment une congruence, et enfin celles qui sont fonctions d'un seul paramètre engendrent une surface réglée.

250. *Étant donné un complexe défini par son équation, former l'équation du cône du complexe correspondant à un point donné.*

Nous définirons d'abord les coordonnées plückériennes d'une droite, car l'étude analytique d'un complexe se fait plus simplement et plus symétriquement avec ces coordonnées.

Une droite quelconque de l'espace peut être représentée par des équations de la forme

$$\frac{x - x_0}{\alpha} = \frac{y - y_0}{\beta} = \frac{z - z_0}{\gamma},$$

x_0, y_0, z_0 désignant les coordonnées d'un point de la droite ; et

α, β, γ les paramètres directeurs de la droite, c'est-à-dire les coordonnées d'un point (autre que l'origine) situé sur la parallèle à la droite menée par l'origine.

Les projections de cette droite sur les plans de coordonnées ont respectivement pour équations

$$(1) \qquad \begin{cases} \gamma y - \beta z - l = 0, \\ \alpha z - \gamma x - m = 0, \\ \beta x - \alpha y - n = 0, \end{cases}$$

en posant

$$l = \gamma y_0 - \beta z_0, \qquad m = \alpha z_0 - \gamma x_0, \qquad n = \beta x_0 - \alpha y_0.$$

Les six nombres α, β, γ, l, m, n sont appelés les *coordonnées plückériennes* de la droite.

Remarquons qu'en réalité ces six nombres ne dépendent que de quatre paramètres, car ils sont définis à un facteur près, et de plus ils vérifient la relation

$$(2) \qquad l\alpha + m\beta + n\gamma = 0.$$

Inversement, étant donnés six nombres quelconques α, β, γ, l, m, n vérifiant la relation (2), α, β, γ *n'étant pas nuls tous les trois*, ces nombres sont les coordonnées plückériennes d'une droite, définie par les équations (1).

Lorsqu'on assujettit une droite à une condition géométrique, on obtient toujours une relation homogène par rapport à ses coordonnées plückériennes.

Par conséquent l'équation d'un complexe sera une équation homogène par rapport à α, β, γ, l, m, n,

$$(3) \qquad f(\alpha, \beta, \gamma, l, m, n) = 0.$$

Si le premier membre est un polynôme homogène de degré p, on dit que le complexe est de degré p.

Si le premier membre est du premier degré, on dit que le complexe est *linéaire*.

Cela posé, soit le complexe défini par l'équation (3); proposons-nous de former l'équation du cône du complexe correspondant à un point S (x_0, y_0, z_0).

Tout revient à trouver le lieu engendré par la droite

$$\frac{x - x_0}{\alpha} = \frac{y - y_0}{\beta} = \frac{z - z_0}{\gamma},$$

x_0, y_0, z_0 restant fixes, et α, β, γ variant en vérifiant toujours l'équation (3) du complexe.

Il suffit de remplacer dans cette équation α, β, γ par les quantités proportionnelles $x - x_0, y - y_0, z - z_0$; l, qui est égal à $\gamma y_0 - \beta z_0$, prend la valeur $(z - z_0)y_0 - (y - y_0)z_0$ ou $zy_0 - yz_0$, m se transforme en $xz_0 - zx_0$, et n en $yx_0 - xy_0$.

Par suite l'équation du cône du complexe est

$$f(x - x_0, y - y_0, z - z_0, zy_0 - yz_0, xz_0 - zx_0, yx_0 - xy_0) = 0.$$

Le degré de ce cône est égal au degré du complexe.

Si le complexe est linéaire, le cône se réduit à un plan ; ce qui revient à dire que toutes les droites d'un complexe linéaire qui passe par un point S sont situées dans un plan passant par le point S.

251. *Étant donné un complexe défini par son équation, déterminer la courbe du complexe située dans un plan donné.*

Si une droite (D) est définie par l'intersection des deux plans

$$P \equiv Ax + By + Cz + D = 0,$$
$$P' \equiv A'x + B'y + C'z + D' = 0,$$

les projections de cette droite sur les plans de coordonnées ont respectivement pour équations

$$(AB' - BA')y - (CA' - AC')z - (DA' - AD') = 0,$$
$$(BC' - CB')z - (AB' - BA')x - (DB' - BD') = 0,$$
$$(CA' - AC')x - (BC' - CB')y - (DC' - CD') = 0.$$

En comparant ces équations aux équations (1) du n° 250, on voit que les coordonnées plückériennes de la droite (D) sont

$$(1) \quad \begin{cases} \alpha = BC' - CB', & \beta = CA' - AC', & \gamma = AB' - BA', \\ l = DA' - AD', & m = DB' - BD', & n = DC' - CD'. \end{cases}$$

Cela posé, soit à déterminer la courbe du complexe située dans le plan donné

$$P \equiv Ax + By + Cz + D = 0.$$

Toute droite (D) de ce plan peut être définie comme l'intersection du plan (P) et d'un autre plan (P'),

$$P' \equiv A'x + B'y + C'z + D' = 0 ;$$

pour que cette droite appartienne au complexe, il faut que ses coordonnées plückériennes (1) vérifient l'équation du complexe. Nous obtenons ainsi l'équation

$$(2) \quad f(BC' - CB', \ CA' - AC', \ AB' - BA',$$
$$DA' - AD', \ DB' - BD', \ DC' - CD') = 0.$$

Ceci exprime que le plan (P') est tangent à la courbe du complexe située dans le plan (P) ; c'est donc l'équation tangentielle de cette courbe.

La classe de cette courbe est égale au degré du complexe.

Si l'on veut la projection de la courbe sur le plan des xy par exemple, il suffit de faire $A' = u$, $B' = v$, $C' = 0$, $D' = w$, et on obtient l'équation tangentielle de la projection de la courbe sur le plan des xy.

On peut aussi étudier cette courbe en considérant le cône qui a pour sommet l'origine et pour base la courbe du complexe. L'équation tangentielle principale (1) de ce cône se déduit de l'équation précédente en faisant $D' = 0$, et en remplaçant A', B', C' respectivement par u, v, w.

Si le complexe est linéaire, l'équation (2) est du premier degré ;

---

(1) Un cône a deux équations tangentielles ; l'une est linéaire et exprime que le plan $ux + vy + wz + r = 0$ passe par le sommet ; l'autre, qu'on peut appeler l'équation principale, exprime que le plan est tangent à une directrice quelconque.

Si le sommet est à l'origine, l'équation linéaire est $r = 0$, l'équation principale est homogène par rapport à u, v, w.

elle exprime que le plan (P') passe par un point fixe. On en conclut que toutes les droites du complexe situées dans le plan (P) passent par un même point.

252. *On donne un point fixe O et un plan fixe (Q) qui ne passe pas par le point O. Étudier le complexe des droites (D) qui rencontrent le plan (Q) en un point A tel que OA soit perpendiculaire à (D).*

Prenons comme origine le point O et comme plan des xy un plan parallèle au plan (Q), les axes de coordonnées étant rectangulaires, et soit $z - h = 0$ l'équation du plan (Q).

Désignons par

$$\frac{x - x_0}{\alpha} = \frac{y - y_0}{\beta} = \frac{z - z_0}{\gamma}$$

les équations d'une droite (D); le point A où cette droite rencontre le plan (Q) a pour coordonnées

$$x_0 + \frac{\alpha(h - z_0)}{\gamma}, \qquad y_0 + \frac{\beta(h - z_0)}{\gamma}, \qquad h,$$

et pour que OA soit perpendiculaire à (D), il faut qu'on ait

$$\alpha\left[x_0 + \frac{\alpha(h - z_0)}{\gamma}\right] + \beta\left[y_0 + \frac{\beta(h - z_0)}{\gamma}\right] + \gamma h = 0,$$

ou

$$(\alpha^2 + \beta^2 + \gamma^2)h + \beta(\gamma y_0 - \beta z_0) - \alpha(\alpha z_0 - \gamma x_0) = 0,$$

ou encore

$$(\alpha^2 + \beta^2 + \gamma^2)h + \beta l - \alpha m = 0.$$

Telle est l'équation du complexe. Ce complexe est du deuxième degré.

Cône du complexe. — Le cône du complexe qui a pour sommet le point $S(x_0, y_0, z_0)$ a pour équation

$$h\left[(x - x_0)^2 + (y - y_0)^2 + (z - z_0)^2\right]$$
$$+ (y - y_0)(z y_0 - y z_0) - (x - x_0)(x z_0 - z x_0) = 0.$$

Pour étudier ce cône, transportons l'origine des coordonnées au sommet S ; l'équation devient

$$(z_0 - h)(x^2 + y^2 + z^2) - z(xx_0 + yy_0 + zz_0) = 0.$$

Ceci montre que les plans de sections circulaires du cône sont parallèles aux plans $z = 0$, $xx_0 + yy_0 + zz_0 = 0$, c'est-à-dire au plan (Q) et à un plan perpendiculaire à OS.

Si $z_0 - h = 0$, c'est-à-dire si le point S est dans le plan (Q), le cône se décompose en deux plans.

Supposons $z_0 - h \neq 0$, et examinons si le cône peut encore se décomposer. Son équation s'écrit

$$x^2 + y^2 - \frac{h}{z_0 - h}z^2 - \frac{y_0}{z_0 - h}yz - \frac{x_0}{z_0 - h}zx = 0,$$

ou, en décomposant en carrés,

$$\left[x - \frac{x_0 z}{2(z_0 - h)}\right]^2 + \left[y - \frac{y_0 z}{2(z_0 - h)}\right]^2$$
$$- \frac{x_0^2 + y_0^2 + 4h(z_0 - h)}{4(z_0 - h)^2}z^2 = 0.$$

Le cône se réduit à deux plans imaginaires, si le point S est situé sur le paraboloïde de révolution (II) ayant pour équation

$$x^2 + y^2 + 4h(z - h) = 0,$$

ou

$$x^2 + y^2 + z^2 - (z - 2h)^2 = 0.$$

Ce paraboloïde a pour foyer le point Θ et pour plan tangent au sommet le plan (Q).

On peut ajouter que le cône est réel, si le point S est à l'extérieur du paraboloïde, et imaginaire si le point S est à l'intérieur.

Conique du complexe. — L'équation tangentielle de la projection sur le plan des xy de la conique du complexe située dans le plan

$$P \equiv Ax + By + Cz + D = 0$$

est (251)

$$u^2\left[h(B^2 + C^2) + CD\right] + v^2\left[h(A^2 + C^2) + CD\right]$$
$$- 2ABhuv - ACuw - BCvw = 0.$$

Cette équation représente une parabole, puisqu'il n'y a pas de terme en w^2.

Donc la conique du complexe est une parabole.

Cette parabole se décompose en deux points (dont l'un sera à l'infini) si la forme quadratique

$$u^2[h(B^2 + C^2) + CD] + v^2[h(A^2 + C^2) + CD] - 2AB\,huv$$

est divisible par $Au + Bv$. Ceci a lieu si

$$h(A^2 + B^2 + C^2) + CD = 0,$$

c'est-à-dire si le plan (P) est tangent au paraboloïde (Π).

Remarque. — Ces divers résultats peuvent s'obtenir très simplement par des considérations géométriques élémentaires.

253. 1° *Étudier le complexe des cordes de la quadrique*

$$Ax^2 + By^2 + Cz^2 - 1 = 0$$

qui sont vues de son centre sous un angle droit.

2° Quel lieu doit décrire le point S pour que le cône du complexe qui a pour sommet ce point soit de révolution ?

3° On considère la courbe du complexe située dans un plan (P). Quelles sont les positions du plan (P) pour lesquelles la courbe est une parabole ou un cercle ?

1° On trouve aisément que l'équation du complexe est

$$al^2 + bm^2 + cn^2 - (\alpha^2 + \beta^2 + \gamma^2) = 0,$$

en posant

$$a = B + C, \qquad b = C + A, \qquad c = A + B.$$

2° Le lieu demandé se compose du cône

$$(\Gamma') \qquad \frac{x^2}{a} + \frac{y^2}{b} + \frac{z^2}{c} = 0$$

et des focales de ce cône, c'est-à-dire des droites

$$\left\{ \begin{array}{l} \dfrac{y^2}{b-a} + \dfrac{z^2}{c-a} = 0, \\ x = 0, \end{array} \right. \quad \left\{ \begin{array}{l} \dfrac{x^2}{a-b} + \dfrac{z^2}{c-b} = 0, \\ y = 0, \end{array} \right. \quad \left\{ \begin{array}{l} \dfrac{x^2}{a-c} + \dfrac{y^2}{b-c}, \\ z = 0. \end{array} \right.$$

3° Considérons maintenant la conique du complexe située dans le plan

$$P \equiv Ux + Vy + Wz + R = 0.$$

Supposons $W \neq 0$, et projetons cette courbe sur le plan des xy. L'équation tangentielle de la projection est

$$u^2(aR^2 - V^2 - W^2) + v^2(bR^2 - U^2 - W^2) + 2UVuv$$
$$- 2aURuw - 2bVRvw + w^2(aU^2 + bV^2 + cW^2) = 0.$$

Pour que cette conique soit une parabole, il faut qu'on ait

$$aU^2 + bV^2 + cW^2 = 0 \; ;$$

ceci exprime que le plan (P) est parallèle à un plan tangent au cône (Γ).

Pour que la conique du complexe soit un cercle, il faut que ses directions asymptotiques soient parallèles aux droites définies par les équations

$$x^2 + y^2 + z^2 = 0, \quad Ux + Vy + Wz = 0,$$

et par suite que les directions asymptotiques de la conique projection soient parallèles aux droites

$$(1) \qquad W^2(x^2 + y^2) + (Ux + Vy)^2 = 0.$$

En formant l'équation ponctuelle de la conique projection, on voit que les coefficients de x^2, y^2, $2xy$ sont respectivement

$$(bR^2 - U^2 - W^2)(aU^2 + bV^2 + cW^2) - b^2V^2R^2,$$
$$(aR^2 - V^2 - W^2)(aU^2 + bV^2 + cW^2) - a^2U^2R^2,$$
$$abUVR^2 - UV(aU^2 + bV^2 + cW^2).$$

Écrivons que ces coefficients sont proportionnels aux coefficients des mêmes termes dans l'équation (1) ; nous obtenons les égalités

$$\frac{bR^2(aU^2 + cW^2)}{U^2 + W^2} = \frac{aR^2(bV^2 + cW^2)}{V^2 + W^2} = \frac{abUVR^2}{UV}.$$

On trouve d'abord la condition $R = 0$ qui exprime que le plan (P) passe par l'origine.

Cette solution écartée, on voit que le produit UV doit être nul. En supposant $U = 0$, on trouve

$$b(c - a)V^2 - c(a - b)W^2 = 0,$$

ou, en remplaçant a, b, c par leurs valeurs,

$$(C^2 - A^2)V^2 - (A^2 - B^2)W^2 = 0.$$

Cette condition exprime que le plan (P) est parallèle à l'un des plans

$$\frac{y^2}{C^2 - A^2} - \frac{z^2}{A^2 - B^2} = 0.$$

On voit de même que la conique du complexe est encore un cercle si le plan (P) est parallèle à l'un des plans

$$\frac{x^2}{B^2 - C^2} - \frac{z^2}{A^2 - B^2} = 0,$$

ou

$$\frac{x^2}{B^2 - C^2} - \frac{y^2}{C^2 - A^2} = 0.$$

Or ces plans sont les plans de sections circulaires du cône (Γ).

On peut donc dire que pour que la conique du complexe soit un cercle, il faut ou bien que le plan (P) passe par le centre de la quadrique, ou bien que ce plan soit parallèle à l'un des plans cycliques du cône (Γ).

254. *On donne un ellipsoïde rapporté à ses axes*

$$\frac{x^2}{a^2} + \frac{y^2}{b^2} + \frac{z^2}{c^2} - 1 = 0,$$

et on considère le complexe des droites telles que les plans tangents issus de l'une d'elles à l'ellipsoïde soient rectangulaires.

1° *Pour que le cône du complexe soit de révolution, il faut que le sommet soit situé sur une focale de l'ellipsoïde.*

2° *Soit* (C) *la courbe du complexe située dans un plan* (P). *Démontrer que le centre de cette conique est la projection du centre de l'ellipsoïde sur le plan* (P).

3° *Pour que* (C) *soit une hyperbole équilatère, il faut que le plan* (P) *soit tangent à l'ellipsoïde*

$$\frac{x^2}{2a^2+b^2+c^2}+\frac{y^2}{2b^2+c^2+a^2}+\frac{z^2}{2c^2+a^2+b^2}-\frac{1}{2}=0.$$

4° *Pour que* (C) *soit un cercle, il faut que le plan* (P) *soit perpendiculaire à une asymptote d'une focale de l'ellipsoïde.*

L'équation du complexe est

$$(b^2+c^2)\alpha^2+(c^2+a^2)\beta^2+(a^2+b^2)\gamma^2-(l^2+m^2+n^2)=0.$$

255. *On donne une quadrique rapportée à ses axes,*

$$\frac{x^2}{A}+\frac{y^2}{B}+\frac{z^2}{C}-1=0,$$

et on considère

1° *Le complexe des droites* (D) *telles que chacune d'elles soit perpendiculaire à sa conjuguée par rapport à la quadrique;*

2° *Le complexe des droites* (D_1) *telles que les normales aux points de contact des plans tangents issus d'une de ces droites à la quadrique soient dans un même plan;*

3° *Le complexe des droites* (D_2) *telles qu'il existe un plan passant par chacune d'elles et coupant la quadrique suivant une conique admettant cette droite pour axe.*

Montrer que ces trois complexes sont les mêmes, et ont pour équation

$$A\alpha l+B\beta m+C\gamma n=0.$$

256. *On donne une sphère et un paraboloïde définis par les équations*

$$x^2 + y^2 + z^2 - a^2 = 0, \qquad xy - az = 0.$$

1° *Étudier le complexe des droites* (D) *telles que les conjuguées de chacune de ces droites par rapport aux deux surfaces se rencontrent.*

2° *Condition pour que le cône du complexe se décompose en deux plans.*

3° *Condition pour que la conique du complexe soit une hyperbole équilatère.*

2° Il faut que le sommet du cône soit dans l'un des plans $x^2 - y^2 = 0$.

3° Il faut que le plan de la conique rencontre les bissectrices des axes Ox, Oy en des points M, N tels que $MN = 2a$.

257. *On donne une droite* (Δ) *et un plan* (Q). *Étudier le complexe des droites* (D) *telles que le point d'intersection de la droite* (D) *et du plan* (Q) *soit le pied de la perpendiculaire commune à* (D) *et* (Δ).

258. *Soit O un point pris sur l'intersection de deux plans* Q *et* Q'. *Étudier le complexe des droites* (D) *qui rencontrent les plans* Q *et* Q' *en des points* A, A' *tels que* OA = OA'.

En excluant les droites (D) qui rencontrent l'intersection des plans Q et Q', on trouve un complexe du troisième degré.

259. *Étudier le complexe des axes des cylindres de révolution passant par deux points.*

260. *On considère un complexe linéaire défini par l'équation*

$$A\alpha + B\beta + C\gamma + Dl + Em + Fn = 0,$$

où A, B, C, D, E, F sont des constantes.

1° Si $AD + BE + CF = 0$, toutes les droites du complexe rencontrent une droite fixe qui a pour coordonnées plückériennes $\alpha' = D$, $\beta' = E$, $\gamma' = F$, $l' = A$, $m' = B$, $n' = C$.

On dit alors que le complexe est spécial.

2° Soit maintenant $AD + BE + CF \neq 0$.

Les droites du complexe qui passent par un point quelconque $S(x, y, z, t)$ de l'espace sont situées dans le plan (P) dont les coordonnées u, v, w, r sont définies par les équations

$$(1) \quad \begin{cases} u = -Fy + Ez + At, \\ v = Fx - Dz + Bt, \\ w = -Ex + Dy + Ct, \\ r = -Ax - By - Cz. \end{cases}$$

3° Les droites du complexe situées dans le plan (P) (u, v, w, r) passent par le point $S(x, y, z, t)$, défini par les équations

$$(2) \quad \begin{cases} x = Cv - Bw - Dr, \\ y = -Cu + Aw - Er, \\ z = Bu - Av - Fr, \\ t = Du + Ev + Fw. \end{cases}$$

4° Montrer que les systèmes (1) et (2) sont équivalents.

5° Si le plan (P) se déplace parallèlement à lui-même, le point S décrit une droite qu'on appelle le diamètre conjugué du plan (P). Il existe une direction de plan à laquelle le diamètre conjugué est perpendiculaire.

Ce diamètre est appelé l'axe du complexe.

Si l'on prend cet axe comme axe des z, l'équation du complexe a la forme simple

$$\gamma + kn = 0,$$

k étant une constante.

261. *On donne dans l'espace les droites* (D) *dont les équations sont*

$$ux + vy + z + 1 = 0, \qquad x + y + uz + v = 0 ;$$

on regarde les paramètres u, v *comme les coordonnées d'un point* A *dans un plan* (P); *à chaque point* A *de ce plan correspond, en général, une droite* (D) *et une seule; par un point* M *de l'espace il passe, en général, une droite* (D) *et une seule.*

1° Où doit être le point M *pour qu'il passe par ce point une infinité de droites* (D)? *Soit* M_0 *un tel point.*

2° Quel est le lieu, dans le plan P, *des points* A *auxquels correspondent les droites* (D), *en nombre infini, qui passent par le point* M_0?

3° Quand, inversement, le point A *décrit ce lieu, quelle est la surface décrite par la droite* (D) *qui correspond au point* A ?

4° Lorsque, dans le plan P, *le point* A *décrit la parabole dont l'équation est* $v = au^2$, *la droite correspondante* (D) *décrit une surface* (Σ) *qui est, en général, du quatrième degré; la précédente étude permet de mettre en évidence des valeurs du paramètre* a *pour lesquelles cette surface contient un plan.*

L'ensemble des droites (D) forme une congruence (249) puisque ces droites dépendent des deux paramètres u et v.

A chaque point $A(u, v)$ du plan (P) correspond une droite (D), et cette droite est bien déterminée si les deux plans

$$ux + vy + z + 1 = 0,$$
$$x + y + uz + v = 0$$

ne coïncident pas, c'est-à-dire si l'on n'a pas

$$\frac{u}{1} = \frac{v}{1} = \frac{1}{u} = \frac{1}{v},$$

ou $u^2 = 1$, $u = v$.

Il y a donc deux points du plan (P) pour lesquels la droite (D) est indéterminée ; ce sont les points

$$A_1(u = 1, v = 1) \qquad \text{et} \qquad A_2(u = -1, v = -1).$$

Pour $u = 1$, $v = 1$, la droite (D) est indéterminée dans le plan

(Q_1) $$x + y + z + 1 = 0\,;$$

pour $u = -1$, $v = -1$, elle est indéterminée dans le plan

(Q_2) $$x + y - z - 1 = 0.$$

1° Exprimons maintenant que la droite (D) passe par un point $M(x', y', z')$ de l'espace ; nous avons, pour déterminer u et v, les équations

$$ux' + vy' + z' + 1 = 0,$$
$$uz' + v + x' + y' = 0.$$

Tirons v de la seconde et portons la valeur obtenue dans la première ; nous avons le système équivalent

(1)
$$\begin{cases} v = -uz' - x' - y', \\ u(x' - y'z') + z' + 1 - y'(x' + y') = 0. \end{cases}$$

Si $x' - y'z' \neq 0$, le système admet un ensemble unique de solutions finies pour u, v. Il passe une seule droite (D) par le point M.

Si $x' - y'z' = 0$, $z' + 1 - y'(x' + y') \neq 0$, le système n'a

pas de solutions finies. Mais si l'on pose $u = \dfrac{\alpha}{\gamma}$, $v = \dfrac{\beta}{\gamma}$, on a la

solution $\alpha = 1$, $\beta = -z'$, $\gamma = 0$, et la droite correspondante

$$x - z'y = 0, \qquad z - z' = 0.$$

Enfin, supposons qu'on ait

(2) $$x' - y'z' = 0, \qquad z' + 1 - y'(x' + y') = 0.$$

Dans ce cas le système (1) admet une infinité d'ensembles de solutions en u, v.

Remplaçons dans la deuxième équation du système (2) x' par $y'z'$; nous avons le système (3), équivalent au système (2),

(3) $$x' - y'z' = 0, \qquad (z' + 1)(y'^2 - 1) = 0\,;$$

et ce système peut lui-même se remplacer par les trois systèmes

$$(4) \begin{cases} z' + 1 = 0, \\ x' + y' = 0, \end{cases} \qquad (5) \begin{cases} y' - 1 = 0, \\ x' - z' = 0, \end{cases} \qquad (6) \begin{cases} y' + 1 = 0, \\ x' + z' = 0. \end{cases}$$

Mais, si l'on a les équations (4), le système (1) se réduit à $u = v$, et la droite D a pour équation

$$u(x + y) + z + 1 = 0,$$
$$x + y + u(z + 1) = 0.$$

Ces équations ne définissent qu'une droite (D).

Par suite, pour qu'il passe une infinité de droites (D) par le point M, il faut qu'on ait les relations (5) ou (6), c'est-à-dire que le point M soit situé sur l'une des droites

$$(\Delta_1) \begin{cases} y - 1 = 0, \\ x - z = 0, \end{cases} \qquad (\Delta_2) \begin{cases} y + 1 = 0, \\ x + z = 0. \end{cases}$$

On remarquera que (Δ_1) est dans le plan (Q_2) et (Δ_2) dans le plan (Q_1).

$2°$ Si le point $M_0(x_0, y_0, z_0)$ décrit (Δ_1), le point A décrit la droite

$$(L_1) \qquad u x_0 + v + x_0 + 1 = 0$$

qui passe par le point A_2.

$3°$ Si A décrit (L_1), le lieu engendré par (D) a pour équation

$$\begin{vmatrix} x & y & z + 1 \\ z & 1 & x + y \\ x_0 & 1 & x_0 + 1 \end{vmatrix} = 0 \, ;$$

ce lieu se décompose en deux plans, car si on ajoute à la dernière colonne les deux premières changées de signe, on voit aisément que l'équation se décompose en deux :

$$x + y - z - 1 = 0,$$

et

$$x - x_0 y + z - x_0 = 0.$$

La première représente le plan (Q_2), qui correspond au point

A_2 de la droite (L_1) ; la seconde représente un plan qui passe par (Δ_2), et qui est le vrai lieu.

4° Quand le point A décrit la parabole $v = au^2$, la droite (D) engendre la surface (Σ) ayant pour équation

$$(x - yz)[z(z + 1) - x(x + y)] - a[y(x + y) - z - 1]^2 = 0.$$

C'est en général une surface du quatrième degré, qui a pour droites doubles (Δ_1) et (Δ_2).

Pour $a = 1$, la parabole passe au point A_1, auquel correspond le plan (Q_1) ; la surface se dédouble alors en le plan (Q_1) et une surface du troisième degré qui a pour équation

$$(x + y)(y^2 + x) - (z + 1)[y^2 + xy - yz + x + y - 1] = 0,$$

et qui admet (Δ_1) comme droite double.

Remarque. — Si on ajoute et si on retranche les équations de la droite (D), on obtient le système équivalent

$$(u + 1)(x + z) + (v + 1)(y + 1) = 0,$$
$$(u - 1)(x - z) + (v - 1)(y - 1) = 0.$$

On en conclut que les droites (D) de la congruence sont les droites qui rencontrent (Δ_1) et (Δ_2), et cette remarque permet d'expliquer bien des résultats obtenus analytiquement.

262. *On considère dans l'espace les droites (D) définies par les équations*

$$x = uz - v,$$
$$y = (u^3 - 2uv)z - v(u^2 - v),$$

où u et v sont deux paramètres.

1° *Quel est le lieu des droites (D) qui rencontrent l'axe des z ?*

2° *Par un point M de l'espace passent en général deux droites (D) ; il existe une courbe (C), dont on demande les équations, telle que par chacun de ses points passent une infinité de droites (D).*

3° *Montrer qu'une quelconque des droites (D) rencontre la*

courbe (C) en deux points réels ou imaginaires ; déterminer, pour une droite (D) donnée, les z des points d'intersection de cette droite et de la courbe (C).

4° Former l'équation de la surface (S), lieu des milieux des droites qui joignent deux points de la courbe (C). Connaissant les coordonnées $x = x_0$ et $z = z_0$ d'un point M_0 pris sur la surface (S) en dehors de la courbe (C), déterminer les deux droites (D) qui passent par ce point, et reconnaître, d'après la position dans le plan des xz de la projection du point M_0, si les droites qui passent par ce point M_0 rencontrent la courbe (C) en des points réels ou imaginaires.

5° Par la courbe (C) et un point M non situé sur elle, on peut faire passer une surface du second degré : quelle est la nature de cette surface dans le cas où les droites (D) qui passent par ce point M sont réelles, et dans le cas où ces droites sont imaginaires ?

1° Le lieu se compose du cylindre $y - x^2 = 0$ et du cône $x^3 - yz^2 = 0$.

2° Les équations paramétriques de la courbe (C) sont

$$x = t^2, \qquad y = t^4, \qquad z = t.$$

3° Les t des points de rencontre de la courbe (C) et d'une droite (D) sont racines de l'équation

$$t^2 - ut + v = 0.$$

4° L'équation de la surface (S) est

$$4z^2(z^2 - x) - x^2 + y = 0.$$

L'une des droites (D) passant par M_0 rencontre la courbe (C) aux deux points définis par

$$t^2 - 2tz_0 + 2z_0^2 - x_0 = 0,$$

et l'autre aux deux points

$$t^2 + 2tz_0 - 2z_0^2 - x_0 = 0.$$

On discute aisément la réalité des racines de ces équations

5° L'équation générale des quadriques considérées est

$$\lambda(x - z^2) + x^2 - y = 0 \; ;$$

ces surfaces sont des paraboloïdes pour les valeurs de λ finies et non nulles.

Le paraboloïde est hyperbolique quand les droites (D) sont réelles, et elliptique si elles sont imaginaires.

REMARQUE. — Les droites (D) forment une congruence ; ce sont les sécantes doubles de la courbe (C).

263. *On considère la congruence de droites*

$$y = \lambda x + \mu - \lambda^2,$$
$$z = \mu x + \lambda \mu - \lambda^3,$$

λ et μ étant deux paramètres arbitraires.

1° Montrer que par tout point de l'espace il passe une de ces droites et une seule, en général. Trouver le lieu des points par lesquels il en passe plus d'une.

2° Montrer que tout plan de l'espace contient trois de ces droites. Trouver l'enveloppe des plans pour lesquels deux de ces droites sont confondues, et l'enveloppe des plans pour lesquels les trois droites sont confondues.

3° Déterminer μ en fonction de λ de façon que la droite engendre une développable. Montrer que l'une de ces surfaces coïncide avec l'une des surfaces obtenues au 2°.

On pourra vérifier que la congruence donnée est formée par l'ensemble des sécantes doubles de la cubique $y = x^2$, $z = x^3$.

264. *Étudier la congruence de droites*

$$ux + (1 + v - u^2)y + uz - u(v + 1) = 0,$$
$$(u + v)x + y(1 - u^2) - z(1 - u^2) - u(1 + uv) = 0.$$

Déterminer les droites de la congruence passant par un point, ou situées dans un plan.

Donner une définition géométrique simple de ces droites.

CHAPITRE IX

CLASSIFICATION DES QUADRIQUES

265. *Discuter la nature de la quadrique définie par l'équation*

$$x^2 + (\lambda + 1)y^2 + \lambda z^2 - 2yz + 2xy + 2x + 2z + 4 = 0,$$

suivant les valeurs du paramètre λ.

Première méthode. — Nous décomposerons le premier membre de l'équation en une somme de carrés de fonctions linéaires indépendantes.

Comme le coefficient de x^2 est égal à 1, nous faisons entrer dans un premier carré tous les termes qui renferment la lettre x ; ce carré est $(x + y + 1)^2$, et pour le former nous avons dû ajouter $(y + 1)^2$. Par suite, l'équation s'écrit

$$(x + y + 1)^2 - (y + 1)^2 + (\lambda + 1)y^2 + \lambda z^2 - 2yz + 2z + 4 = 0,$$

ou

$$(1) \qquad P^2 + \lambda y^2 - 2yz + \lambda z^2 - 2y + 2z + 3 = 0,$$

en posant $P \equiv x + y + 1$.

Supposons $\lambda \neq 0$; nous faisons entrer dans un nouveau carré les termes qui contiennent y ; nous obtenons

$$P^2 + \frac{1}{\lambda}(\lambda y - z - 1)^2 - \frac{(z + 1)^2}{\lambda} + \lambda z^2 + 2z + 3 = 0,$$

ou

$$(2) \qquad \lambda P^2 + Q^2 + (\lambda^2 - 1)z^2 + 2(\lambda - 1)z + 3\lambda - 1 = 0,$$

en posant $Q \equiv \lambda y - z - 1$.

Supposons enfin $\lambda^2 - 1 \neq 0$; nous écrivons

$$\lambda P^2 + Q^2 + \frac{1}{\lambda^2 - 1}[(\lambda^2 - 1)z + \lambda - 1]^2 - \frac{(\lambda - 1)^2}{\lambda^2 - 1} + 3\lambda - 1 = 0,$$

ou

$$(3) \qquad \lambda P^2 + Q^2 + \frac{\lambda - 1}{\lambda + 1}R^2 + \frac{\lambda(3\lambda + 1)}{\lambda + 1} = 0,$$

en posant $R \equiv (\lambda + 1)z + 1$.

La décomposition en carrés est terminée, et la nature de la quadrique dépend des signes des coefficients de ces carrés, c'est-à-dire de la position du nombre λ par rapport aux valeurs remarquables -1, $-\frac{1}{3}$, 0, $+1$.

Si $\lambda < -1$, on a les signes $- + + -$, la surface est un hyperboloïde à une nappe ;

$$-1 < \lambda < -\frac{1}{3}, \quad - + - +, \quad \text{hyperboloïde à une nappe ;}$$

$$\lambda = -\frac{1}{3}, \qquad - + -, \quad \text{cône réel ;}$$

$$-\frac{1}{3} < \lambda < 0, \quad - + - -, \quad \text{hyperboloïde à deux nappes ;}$$

$$0 < \lambda < 1, \qquad + + - +, \quad \text{hyperboloïde à deux nappes ;}$$

$$1 < \lambda, \qquad + + + +, \quad \text{ellipsoïde imaginaire.}$$

Il nous reste à examiner les hypothèses que nous n'avons pas envisagées, $\lambda = 0$, et $\lambda^2 - 1 = 0$.

Si $\lambda = 0$, l'équation (1) devient

$$P^2 - 2yz - 2y + 2z + 3 = 0,$$

ou

$$P^2 - 2(y - 1)(z + 1) + 1 = 0.$$

Le produit $(y - 1)(z + 1)$ peut se remplacer par une différence de deux carrés, $Q^2 - R^2$, en posant

$$Q \equiv \frac{y - 1 + z + 1}{2}, \qquad R \equiv \frac{y - 1 - (z + 1)}{2},$$

et l'équation s'écrit

$$P^2 - 2Q^2 + 2R^2 + 1 = 0 ;$$

elle représente un hyperboloïde à deux nappes.

Supposons maintenant $\lambda = 1$; l'équation (2) devient

$$P^2 + Q^2 + 2 = 0 ;$$

elle représente un cylindre elliptique imaginaire.

Enfin, pour $\lambda = -1$, cette même équation (2) s'écrit

$$-P^2 + Q^2 - 4z - 4 = 0 ;$$

elle représente un paraboloïde hyperbolique.

On a donc les résultats suivants :

$$\lambda < -1, \qquad \text{hyperboloïde à une nappe ;}$$
$$\lambda = -1, \qquad \text{paraboloïde hyperbolique ;}$$
$$-1 < \lambda < -\frac{1}{3}, \quad \text{hyperboloïde à une nappe ;}$$
$$\lambda = -\frac{1}{3}, \qquad \text{cône réel ;}$$
$$-\frac{1}{3} < \lambda < 1, \quad \text{hyperboloïde à deux nappes ;}$$
$$\lambda = 1, \qquad \text{cylindre elliptique imaginaire ;}$$
$$\lambda > 1, \qquad \text{ellipsoïde imaginaire.}$$

Deuxième méthode. — Nous utiliserons les propriétés de l'équation en S et nous déterminerons les signes des coefficients de l'équation réduite de la quadrique.

L'équation en S est

$$(1) \qquad S^3 - 2S^2(\lambda + 1) + (\lambda^2 + 3\lambda - 1)S - (\lambda^2 - 1) = 0.$$

1° Si $\lambda^2 - 1 \neq 0$, cette équation a trois racines non nulles S_1, S_2, S_3, la surface admet un centre unique à distance finie (x_0, y_0, z_0), et l'équation réduite de la surface est

$$(2) \qquad S_1 x^2 + S_2 y^2 + S_3 z^2 + D_1 = 0,$$

en posant $D_1 = x_0 + z_0 + 4$.

La nature de la surface résulte alors des signes de S_1, S_2, S_3, D_1.

Comme l'équation en S a toujours ses racines réelles, le nombre des racines positives est égal au nombre des variations ; il suffit donc d'étudier les signes des coefficients de l'équation (1) et pour cela de placer λ par rapport aux nombres ± 1 et aux racines α, β du trinome $\lambda^2 + 3\lambda - 1$. On a l'ordre de grandeur

$$\alpha < -1 < \beta < 1,$$

et on en déduit le tableau suivant :

λ	Signes des coefficients				Signes des racines		
$-\infty$							
	+	+	+	−	+	−	−
α							
	+	+	−	−	+	−	−
-1							
	+	−	−	+	+	+	−
β							
	+	−	+	+	+	+	−
$+1$							
	+	−	+	−	+	+	+
$+\infty$							

D'autre part, un calcul facile donne

$$D_1 = \frac{3\lambda + 1}{\lambda + 1},$$

et ceci met en évidence une nouvelle valeur remarquable de λ,

$$-\frac{1}{3}.$$

On en conclut que si λ est inférieur à -1, les signes des coefficients de l'équation réduite (2) sont

$$+\;-\;-\;+\;;$$

la surface est un hyperboloïde à une nappe.

Si $-1 < \lambda < -\dfrac{1}{3}$, on a les signes

$$+\;+\;-\;-\;,$$

hyperboloïde à une nappe.

Si $\lambda = -\dfrac{1}{3}$, $+\;+\;-\;0$, cône réel.

Si $-\dfrac{1}{3} < \lambda < 1$, $+\;+\;-\;+$, hyperboloïde à deux nappes.

Enfin, si $\lambda > 1$, $+\;+\;+\;+$, ellipsoïde imaginaire.

2° Supposons maintenant $\lambda = -1$. L'équation en S devient dans ce cas

$$S^3 - 3S = 0 \;;$$

elle admet une racine nulle, et deux racines différentes de zéro, de signes contraires. Donc la surface est soit un paraboloïde hyperbolique, soit un cylindre hyperbolique (pouvant être réduit à deux plans). Pour distinguer ces deux cas, on peut examiner les plans de centre.

Ces plans ont pour équations

$$x + y + 1 = 0,$$
$$(\lambda + 1)y - z + x = 0,$$
$$\lambda z - y + 1 = 0 \;;$$

et ce système est équivalent au suivant :

$$(3) \quad \begin{cases} (\lambda - 1)[(\lambda + 1)z + 1] = 0, \\ x = -\lambda z - 2, \\ y = \lambda z + 1. \end{cases}$$

Si $\lambda = -1$, la première équation (3) n'a pas de solutions, les plans de centre sont parallèles à une même droite, la surface est un paraboloïde hyperbolique.

3° Soit enfin $\lambda = 1$. L'équation en S s'écrit

$$S^3 - 4S^2 + 3S = 0 ;$$

elle a une racine nulle et deux racines positives. Donc la surface est soit un paraboloïde elliptique, soit un cylindre elliptique (réel, imaginaire, ou réduit à deux plans).

On voit aisément que les plans (3) passent par une même droite

$$x + z + 2 = 0, \qquad y - z - 1 = 0.$$

Par suite, la surface est un cylindre dont l'équation réduite est

$$S_1 x^2 + S_2 y^2 + D_1 = 0,$$

S_1, S_2 étant les racines positives de l'équation en S, et D_1 ayant la valeur $x_0 + z_0 + 4$, x_0, z_0 étant les coordonnées d'un des centres. On a $x_0 + z_0 + 2 = 0$, et $D_1 = +2$.

On en conclut que le cylindre elliptique est imaginaire.

On est ainsi conduit aux mêmes résultats que par la première méthode.

266. *Discuter la nature de la quadrique définie par l'équation*

$$-x^2 + (\lambda - 1) z^2 + 2(\lambda + 1)yz - 2zx$$
$$+ 2xy + 2x + 2(\lambda - 1)y + 4z + \lambda = 0,$$

suivant les valeurs du paramètre λ.

Les résultats sont les suivants :

$$-\infty < \lambda < -\frac{1}{\sqrt{2}}, \qquad \text{hyperboloïde à deux nappes ;}$$

$$\lambda = -\frac{1}{\sqrt{2}}, \qquad \text{cône réel ;}$$

$$-\frac{1}{\sqrt{2}} < \lambda < 0, \qquad \text{hyperboloïde à une nappe ;}$$

$$\lambda = 0, \qquad \text{paraboloïde hyperbolique ;}$$

$$0 < \lambda < \frac{1}{\sqrt{2}}, \qquad \text{hyperboloïde à une nappe ;}$$

$$\lambda = \frac{1}{\sqrt{2}}, \qquad \text{cône réel ;}$$

$$\frac{1}{\sqrt{2}} < \lambda < 1, \qquad \text{hyperboloïde à deux nappes ;}$$

$$\lambda = 1, \qquad \text{cylindre hyperbolique ;}$$

$$1 < \lambda < +\infty, \qquad \text{hyperboloïde à une nappe.}$$

267. *Discuter la nature de la quadrique définie par l'équation*

$$x^2 + (2\lambda^2 + 1)(y^2 + z^2) - 2(yz + zx + xy) - 2\lambda^2 + 3\lambda - 1 = 0.$$

On trouve :

$$-\infty < \lambda < -1, \qquad \text{ellipsoïde réel ;}$$

$$\lambda = -1, \qquad \text{cylindre elliptique réel ;}$$

$$-1 < \lambda < \frac{1}{2}, \qquad \text{hyperboloïde à une nappe ;}$$

$$\lambda = \frac{1}{2}, \qquad \text{cône réel ;}$$

$$\frac{1}{2} < \lambda < 1, \qquad \text{hyperboloïde à deux nappes ;}$$

$$\lambda = 1, \qquad \text{deux plans sécants imaginaires ;}$$

$$1 < \lambda < +\infty, \qquad \text{ellipsoïde réel.}$$

268. *Discuter la nature de la quadrique définie par l'équation*

$$x^2 + y^2 + hz^2 + 2axz + 2byz + 2cz = 0,$$

quand les coefficients h, a, b, c prennent toutes les valeurs possibles.

Si $c \neq 0$, on a les résultats suivants :

$$h < a^2 + b^2, \quad \text{hyperboloïde à deux nappes ;}$$
$$h = a^2 + b^2, \quad \text{paraboloïde elliptique ;}$$
$$h > a^2 + b^2, \quad \text{ellipsoïde réel.}$$

Si $c = 0$,

$$h < a^2 + b^2, \quad \text{cône réel ;}$$
$$h = a^2 + b^2, \quad \text{deux plans sécants imaginaires ;}$$
$$h > a^2 + b^2, \quad \text{cône imaginaire.}$$

269. *Étudier la nature de la quadrique définie par l'équation*

$$(x - x_0)^2 + (y - y_0)^2 + (z - z_0)^2 - (lx + my + nz + p)^2 = 0.$$

Comme les variables x, y, z figurent symétriquement dans cette équation, il vaut mieux employer la méthode de l'équation en S, car la décomposition en carrés détruirait la symétrie.

L'équation en S admet la racine double 1 et la racine simple $S_1 = 1 - l^2 - m^2 - n^2$.

1° Si $S_1 \neq 0$, l'équation réduite a la forme

$$x^2 + y^2 + S_1 z^2 - \frac{P_0^2}{S_1} = 0,$$

en posant $P_0 = lx_0 + my_0 + nz_0 + p$.

On en déduit les résultats suivants :

$$S_1 > 0 \quad \begin{cases} P_0 \neq 0 & \text{Ellipsoïde de révolution.} \\ P_0 = 0 & \text{Cône imaginaire.} \end{cases}$$

$$S_1 < 0 \quad \begin{cases} P_0 \neq 0 & \text{Hyperboloïde de révolution à deux nappes.} \\ P_0 = 0 & \text{Cône de révolution.} \end{cases}$$

2° Si $S_1 = 0$, $P_0 \neq 0$, la surface est un paraboloïde de révolution.

Si $S_1 = 0$, $P_0 = 0$, la surface se compose de deux plans sécants imaginaires.

On pouvait prévoir ces résultats en remarquant que la surface donnée est le lieu des points dont le rapport des distances au point (x_0, y_0, z_0) et au plan $lx + my + nz + p = 0$ est égal à $\sqrt{l^2 + m^2 + n^2}$.

270. *Appliquer la méthode de l'équation en* S *pour discuter la nature de la quadrique*

$$A(x^2 + y^2 + z^2) + 2B(yz + zx + xy) + 2C(x + y + z) + D = 0,$$

et comparer aux résultats obtenus au n° 183.

271. *Reconnaître la nature de la quadrique*

$$ayz + bzx + cxy + d = 0,$$

le produit $abcd$ *n'étant pas nul.*

Réponse : $abcd > 0$, hyperboloïde à une nappe ;

$\qquad abcd < 0$, hyperboloïde à deux nappes.

272. *Reconnaître la nature de la quadrique*

$$a(x^2 + 2yz) + b(y^2 + 2zx) + c(z^2 + 2xy) - 1 = 0.$$

En posant $m = a + b + c$, $p = a^2 + b^2 + c^2 - bc - ca - ab$, on voit que l'équation en S a pour racines m et $\pm\sqrt{p}$, et l'équation réduite s'écrit

$$mx^2 + \sqrt{p}(y^2 - z^2) - 1 = 0.$$

273. *Discuter la nature des quadriques définies par les équations*

$$x^2 + y^2 + z^2 + 2\lambda xy - 2\lambda x + 2y + 2z + 3 = 0,$$
$$x^2 + \lambda y^2 + (\lambda + 1)z^2 - 2yz - 2zx + 2x - 2(\lambda + 1)y + 3 = 0.$$

274. *Étudier la nature de la quadrique définie par l'équation*

$$z = ax + by + c \pm \sqrt{f(x, y)},$$

$f(x, y)$ désignant un polynome du deuxième degré par rapport à x et y.

L'équation $f(x, y) = 0$ représente dans le plan des xy une conique (C), qui est le contour apparent de la surface sur le plan des xy, c'est-à-dire la projection, parallèlement à Oz, de l'intersection de la surface et du plan diamétral conjugué de la direction Oz.

La nature dépend alors de la nature de la conique (C) et de la région du plan des xy où se projette *réellement* la surface, c'est-à-dire de la région positive de la courbe $f(x, y) = 0$.

1° *La conique* (C) *est une ellipse réelle.*

Si la surface se projette à l'intérieur, c'est un ellipsoïde réel ; si elle se projette à l'extérieur, hyperboloïde à une nappe.

2° *La conique* (C) *est une ellipse imaginaire.*

Si $f(x, y) > 0$ pour tout point du plan des xy, hyperboloïde à deux nappes ; $f(x, y) < 0$, ellipsoïde imaginaire.

3° *La conique* (C) *est un ensemble de deux droites sécantes imaginaires conjugués.*

$f(x, y) > 0$, cône réel ; $f(x, y) < 0$, cône imaginaire.

4° *La conique* (C) *est une hyperbole.*

La surface se projette à l'intérieur, hyperboloïde à deux nappes ; à l'extérieur, hyperboloïde à une nappe.

5° *La conique* (C) *est un ensemble de deux droites sécantes réelles.*

La surface est un cône réel.

6° *La conique* (C) *est une parabole.*

La surface se projette à l'intérieur, paraboloïde elliptique ; à l'extérieur, paraboloïde hyperbolique.

7° *La conique* (C) *est un ensemble de deux droites parallèles réelles.*

La surface se projette à l'intérieur, cylindre elliptique réel ; à l'extérieur, cylindre hyperbolique.

8° *La conique (C) est un ensemble de deux droites parallèles imaginaires conjuguées.*

$f(x, y) > 0$, cylindre hyperbolique ; $f(x, y) < 0$, cylindre elliptique imaginaire.

9° *La conique (C) est une droite double.*

$f(x, y) > 0$, deux plans sécants réels ; $f(x, y) < 0$, deux plans sécants imaginaires conjugués.

10° $f(x, y)$ *est du premier degré.*

Cylindre parabolique.

11° $f(x, y)$ *est une constante positive.*

Deux plans parallèles réels.

12° $f(x, y)$ *est une constante négative.*

Deux plans parallèles imaginaires conjugués.

REMARQUE. — On peut vérifier ces divers résultats en écrivant l'équation de la surface sous la forme

$$(z - ax - by - c)^2 - f(x, y) = 0,$$

et en décomposant en carrés le polynome $f(x, y)$.

275. *Étudier la nature des quadriques définies par les équations*

$$z = ax + by + c \pm \sqrt{- x^2 + 2xy - 5y^2 + 2x},$$
$$z = ax + by + c \pm \sqrt{x^2 + 2xy + 2y^2 - 2x + 3},$$
$$z = ax + by + c \pm \sqrt{xy - x + y},$$
$$z = ax + by + c \pm \sqrt{(x - y)^2 - 2(x + y) + 1},$$
$$z = ax + by + c \pm \sqrt{(x - y + 1)(y - x - 2)}.$$

On trouve respectivement : ellipsoïde réel, hyperboloïde à deux nappes, hyperboloïde à une nappe, paraboloïde hyperbolique, cylindre elliptique réel.

276. *Étudier la nature des quadriques représentées par* *l'équation*

$$z = ax + by + c \pm \sqrt{\lambda x^2 - 2xy + \lambda y^2 - 2x + 2y + 3},$$

suivant les valeurs du paramètre λ.

Voici les résultats

$$\lambda < -1, \text{ ellipsoïde réel};$$
$$\lambda = -1, \text{ paraboloïde elliptique};$$
$$-1 < \lambda < -\frac{1}{3}, \text{ hyperboloïde à deux nappes};$$
$$\lambda = -\frac{1}{3}, \text{ cône réel};$$
$$-\frac{1}{3} < \lambda < 1, \text{ hyperboloïde à une nappe};$$
$$\lambda = 1, \text{ cylindre hyperbolique};$$
$$\lambda > 1, \text{ hyperboloïde à deux nappes}.$$

277. *Étudier la nature des quadriques définies par les équations*

$$z = ax + by + c \pm \sqrt{x^2 + 2\lambda xy + \lambda y^2 + 2\lambda x + 2y + \lambda + 1},$$
$$z = ax + by + c \pm \sqrt{x^2 + 2\lambda xy + y^2 - 2\lambda x + 2y + 2},$$
$$z = ax + by + c \pm \sqrt{\lambda x^2 - 2xy + \lambda y^2 - 2(\lambda + 1)x + 2y + 2},$$

278. *Étudier la nature de la quadrique représentée par l'équation*

$$z = \frac{f(x, y)}{P},$$

$f(x, y)$ *étant un polynome du deuxième degré et* P *une fonction linéaire par rapport à x et y.*

Toute parallèle à Oz rencontre la surface en un seul point à distance finie, donc Oz est direction asymptotique. Le plan $P = 0$

est le lieu des droites parallèles à Oz qui rencontrent la surface en deux points à l'infini, donc c'est le plan asymptote relatif à Oz.

De plus, si x_0, y_0 sont des solutions communes aux équations $f(x, y) = 0$, $P = 0$, la droite $x = x_0$, $y = y_0$ est située à la fois sur la surface et sur le plan asymptote.

Or, si l'on connaît l'intersection d'une quadrique et d'un plan asymptote, on peut dire immédiatement la nature de la quadrique. Tout revient donc à étudier les solutions des deux équations

$$(1) \qquad f(x, y) = 0, \qquad\qquad (2) \qquad P = 0,$$

ou les points de rencontre de la conique (C) définie par (1) et de la droite (D) définie par (2).

1° *La droite (D) rencontre la conique (C) en deux points réels.*

Le plan asymptote relatif à Oz rencontre la quadrique suivant deux droites parallèles réelles; la surface est un hyperboloïde à une nappe.

2° *(D) rencontre (C) en deux points imaginaires conjugués.*
La surface est un hyperboloïde à deux nappes.

3°. *(D) rencontre (C) en deux points confondus à distance finie.*

Ceci peut arriver de deux manières, ou bien (D) est tangente à (C), ou bien (C) admet un point double et (D) passe par ce point. La surface est un cône réel.

4° *(D) rencontre (C) en un point à distance finie et en un point à l'infini.*

Paraboloïde hyperbolique (ceci a lieu en particulier si $f(x, y)$ est du premier degré).

5° *(D) rencontre (C) en deux points à l'infini.*

Cylindre hyperbolique [ceci a lieu en particulier si $f(x, y)$ est une constante].

6° Si P se réduit à une constante, le plan asymptote est rejeté à l'infini. La surface est un paraboloïde elliptique, un paraboloïde hyperbolique ou un cylindre parabolique suivant que la conique (C) est du genre ellipse, hyperbole ou parabole.

279. *Déterminer la nature des quadriques définies par les* *équations*

$$z = \frac{x^2 - xy + 2y}{y + 1},$$

$$z = \frac{x^2 + y^2 - 1}{x - 1},$$

$$z = \frac{x^2 - y^2}{x - y + 1},$$

$$z = \frac{x^2 + xy - 2y^2 - x + y - 1}{x + 2y - 1}.$$

On trouve respectivement : hyperboloïde à une nappe, cône réel, paraboloïde hyperbolique, cylindre hyperbolique.

280. *On donne trois axes rectangulaires* Ox, Oy, Oz, *un cercle* (C) *dans le plan des xy, défini par les équations*

$$x^2 + y^2 - R^2 = 0, \qquad z = 0,$$

un point A *dans le plan des zx, ayant pour coordonnées* x_0, 0, z_0, *et un point* $B(x_1, y_1, z_1)$.

On prend un point Q *dans le plan des xy et on considère le plan passant par le point* A *et par la polaire du point* Q *par rapport au cercle.*

On demande le lieu du point de rencontre de ce plan et de la droite BQ *quand le point* Q *varie.*

Ce lieu est une quadrique. Discuter la nature de cette quadrique quand le point B *se déplace dans l'espace,* A *restant fixe.*

Soient α, β, 0 les coordonnées du point Q ; la polaire de ce point par rapport au cercle (C) est définie par les équations

$$\alpha x + \beta y - R^2 = 0, \qquad z = 0.$$

Par suite, le plan passant par cette polaire et le point A a pour équation

$$(1) \qquad \frac{\alpha x + \beta y - R^2}{\alpha x_0 - R^2} = \frac{z}{z_0};$$

d'autre part, les équations de la droite BQ sont

$$(2) \qquad \frac{x - x_1}{\alpha - x_1} = \frac{y - y_1}{\beta - y_1} = \frac{z - z_1}{- z_1}.$$

Nous aurons le lieu demandé en éliminant α, β entre (1) et (2). Les équations (2) nous donnent

$$\alpha = \frac{z x_1 - x z_1}{z - z_1}, \qquad \beta = \frac{z y_1 - y z_1}{z - z_1};$$

remplaçons α, β par ces valeurs dans l'équation (1); nous obtenons, après un calcul facile,

$$(x^2 + y^2)z_0 z_1 + z^2(x_0 x_1 - R^2) - yz z_0 y_1 - xz(x_0 z_1 + z_0 x_1)$$
$$+ R^2 z(z_0 + z_1) - R^2 z_0 z_1 = 0.$$

Cette équation représente une quadrique (S) passant par les points A, B et le cercle (C).

Pour étudier la nature de cette quadrique, nous décomposerons en carrés le premier membre de son équation, en observant que le produit $z_0 z_1$ doit être différent de zéro, car, si l'un des points A ou B était dans le plan des xy, le problème n'aurait aucun sens.

Il est facile de faire entrer dans un premier carré tous les termes qui contiennent la lettre x, puis dans un deuxième ceux qui renferment y; on obtient ainsi

$$\frac{1}{z_0 z_1}\left[x z_0 z_1 - \frac{z(x_0 z_1 + z_0 x_1)}{2} \right]^2 + \frac{1}{z_0 z_1}\left[y z_0 z_1 - \frac{z z_0 y_1}{2} \right]^2$$
$$- \frac{z^2(x_0 z_1 + z_0 x_1)^2}{4 z_0 z_1} - \frac{z^2 z_0^2 y_1^2}{4 z_0 z_1} + z^2(x_0 x_1 - R^2)$$
$$+ R^2 z(z_0 + z_1) - R^2 z_0 z_1 = 0,$$

ou encore, en posant

$$P = x z_0 z_1 - \frac{z(x_0 z_1 + z_0 x_1)}{2}, \qquad Q = y z_0 z_1 - \frac{z z_0 y_1}{2},$$

$$(3) \qquad 4(P^2 + Q^2) - z^2\left[(x_0 z_1 - z_0 x_1)^2 + z_0^2 y_1^2 + 4 R^2 z_0 z_1\right]$$
$$+ 4 R^2 z(z_0 + z_1)z_0 z_1 - 4 R^2 z_0^2 z_1^2 = 0.$$

Posons maintenant

$$H_1 = (x_0 z_1 - z_0 x_1)^2 + z_0^2 y_1^2 + 4R^2 z_0 z_1,$$

et examinons d'abord le cas où H_1 n'est pas nul.

Nous pouvons alors continuer la décomposition en carrés et écrire

$$4(P^2 + Q^2) - \frac{1}{H_1}\left[H_1 z - 2R^2(z_0 + z_1)z_0 z_1\right]^2 + \frac{4R^4(z_0 + z_1)^2 z_0^2 z_1^2}{H_1}$$
$$- 4R^2 z_0^2 z_1^2 = 0,$$

ou encore

$$(4) \qquad 4(P^2 + Q^2) - \frac{U^2}{H_1} - \frac{4R^2 z_0^2 z_1^2}{H_1}\Gamma_1 = 0,$$

en posant

$$U \equiv H_1 z - 2R^2(z_0 + z_1)z_0 z_1,$$

$$\Gamma_1 = H_1 - R^2(z_0 + z_1)^2 \equiv (x_0 z_1 - z_0 x_1)^2 + z_0^2 y_1^2 - R^2(z_0 - z_1)^2.$$

Considérons alors l'équation (4); P, Q, U désignent des fonctions linéaires indépendantes, H_1 et Γ_1 des constantes. La nature de la surface (S) dépend alors des signes des quantités H_1 et Γ_1, c'est-à-dire de la position du point B par rapport aux surfaces

$$H \equiv (x_0 z - z_0 x)^2 + z_0^2 y^2 + 4R^2 z z_0 = 0,$$

$$\Gamma \equiv H - R^2(z + z_0)^2 \equiv (x_0 z - z_0 x)^2 + z_0^2 y^2 - R^2(z - z_0)^2 = 0.$$

La première est un paraboloïde elliptique (H) tangent à l'origine au plan des xy; la direction de son axe, $x_0 z - z_0 x = 0$, $y = 0$, est la droite OA.

La deuxième est un cône réel (Γ) ayant pour sommet le point A et circonscrit au paraboloïde le long du cercle

$$(x - x_0)^2 + y^2 - 4R^2 = 0, \qquad z + z_0 = 0.$$

Nous voyons ainsi que le point A est extérieur au paraboloïde, et comme le point A est dans la région positive de cette surface, on en conclut que la région positive du paraboloïde est la région extérieure.

D'autre part le paraboloïde est tout entier dans la région négative du cône; cette région est l'intérieur du cône.

1° Si le point B est à l'intérieur du paraboloïde, il est aussi à l'intérieur du cône ; on a $H_1 < 0$, $\Gamma_1 < 0$, la surface (S) est un ellipsoïde réel.

2° Si le point B est à l'extérieur du paraboloïde et à l'intérieur du cône, on a $H_1 > 0$, $\Gamma_1 < 0$, la surface (S) est un hyperboloïde à deux nappes.

3° Si le point B est à l'extérieur du cône, il est aussi à l'extérieur du paraboloïde ; on a $H_1 > 0$, $\Gamma_1 > 0$, la surface (S) est un hyperboloïde à une nappe.

4° Si le point B est sur le cône, $\Gamma_1 = 0$, la surface (S) est un cône réel.

5° Supposons enfin que le point B soit sur le paraboloïde, c'est-à-dire que l'on ait $H_1 = 0$.

Dans ce cas, il faut revenir à l'équation (3) de la surface (S), et l'on voit que si $z_1 + z_0 \neq 0$, c'est-à-dire si B n'est pas sur le cercle de contact du paraboloïde et du cône, la surface (S) est un paraboloïde. Si le point B est sur le cercle, la surface (S) est un cylindre elliptique réel.

Remarque. — Quel que soit le point B, la surface (S) contient le cercle donné (C). On peut alors, pour déterminer la nature de cette surface, étudier la réalité et la position des points de rencontre de la surface et du diamètre conjugué du plan du cercle (C). Soient H et K ces points. On sait que :

1° Si les points H, K sont réels, distincts et situés de part et d'autre du point O, la surface est un ellipsoïde réel ;

2° Si les points H, K sont réels, distincts et situés d'un même côté du point O, la surface est un hyperboloïde à deux nappes ;

3° Si les points H, K sont confondus à distance finie, la surface est un cône ;

4° Si les points H, K sont imaginaires, la surface est un hyperboloïde à une nappe.

5° Si l'un des points est à l'infini, la surface est un paraboloïde.

6° Si les deux points H, K sont à l'infini, la surface est un cylindre elliptique réel.

Or, le diamètre conjugué du plan des xy a pour équations

$$2xz_0z_1 - z(x_0z_1 + z_0x_1) = 0, \qquad 2yz_0z_1 - zz_0y_1 = 0 ;$$

il rencontre la surface en deux points H, K dont les cotes sont racines de l'équation

$$\Pi_1z^2 - 4R^2z(z_0 + z_1)z_0z_1 + 4R^2z_0^2z_1^2 = 0.$$

Il suffira de discuter cette équation du deuxième degré par rapport à z, et on sera conduit aux résultats indiqués.

281. *On donne une sphère* (Σ), *un cercle* (C) *situé sur cette sphère et un point P dans l'espace. Par le point P on mène un plan quelconque qui rencontre la sphère suivant un cercle* (γ) ; *on considère un cône du second degré passant par les cercles* (C) *et* (γ), *et on demande le lieu du sommet de ce cône.*

Ce lieu est une quadrique (S). *Discuter la nature de cette quadrique quand le point P se déplace dans l'espace, la sphère* (Σ) *et le cercle* (C) *restant fixes.*

Nous prendrons pour axes Ox et Oy deux diamètres rectangulaires quelconques du cercle (C) et pour axe des z la perpendiculaire au plan de ce cercle, passant par son centre.

Les équations du cercle (C) sont alors

$$x^2 + y^2 - a^2 = 0, \qquad z = 0,$$

et celle de la sphère (Σ),

$$(1) \qquad f(x, y, z) = x^2 + y^2 + z^2 - 2bz - a^2 = 0.$$

Soient x_0, y_0, z_0 les coordonnées du point P ; un plan quelconque passant par ce point a pour équation

$$u(x - x_0) + v(y - y_0) + w(z - z_0),$$

et coupe la sphère suivant un cercle (γ).

On sait que les sommets des cônes du second degré qui passent par les cercles (C) et (γ) sont les points qui ont même plan polaire par rapport à toutes les quadriques qui passent par ces deux cercles.

Parmi ces quadriques nous considérerons la sphère (1) et l'ensemble des plans des deux cercles,

$$(2) \quad \varphi(x, y, z) \equiv z\left[u(x - x_0) + v(y - y_0) + w(z - z_0)\right] = 0,$$

et nous chercherons le lieu des points qui ont même plan polaire par rapport aux quadriques (1) et (2).

Pour cela, nous éliminerons u, v, w entre les équations

$$\frac{f'_x}{\varphi'_x} = \frac{f'_y}{\varphi'_y} = \frac{f'_z}{\varphi'_z} = \frac{f'_t}{\varphi'_t}.$$

Nous obtenons ainsi l'équation du lieu,

$$z_0(x^2 + y^2) + (2b - z_0)z^2 - 2y_0 yz - 2x_0 zx + 2a^2 z - a^2 z_0 = 0.$$

Cette équation représente une quadrique (S), dont on peut discuter la nature en appliquant les mêmes méthodes qu'au numéro précédent.

On est conduit aux résultats suivants :

Soit (Σ_1) la sphère concentrique à (Σ) et tangente au plan des xy.

1° Si le point P est à l'intérieur de Σ_1, la surface est un ellipsoïde réel.

2° Si le point P est sur la sphère (Σ_1), la surface (S) est un paraboloïde elliptique.

3° Si le point P est entre les deux sphères (Σ) et (Σ_1), la surface (S) est un hyperboloïde à deux nappes.

4° Si le point P est sur la sphère (Σ), la surface (S) est un cône réel.

5° Si le point P est extérieur à (Σ), la surface (S) est un hyperboloïde à deux nappes.

6° Enfin si le point P est dans le plan du cercle (C), la surface (S) se compose de deux plans, le plan du cercle (C) et le plan polaire de P par rapport à la sphère (Σ).

282. *On donne une sphère* (Σ), *un plan* (P) *et un point* A ; *par* *le point A on mène une droite variable qui rencontre le plan (P) en un point B; puis sur AB comme diamètre on décrit une sphère (Σ'); le plan radical des sphères (Σ) et (Σ') rencontre la droite AB en un point M.*

Le lieu du point M est une quadrique (S).

Discuter la nature de cette quadrique quand le point A se déplace dans l'espace, le plan (P) et la sphère (Σ) restant fixes.

On prend le plan (P) comme plan des xy et la perpendiculaire à ce plan menée par le centre de la sphère (Σ) pour axe des z.

Soit

$$x^2 + y^2 + (z - c)^2 - R^2 = 0$$

l'équation de la sphère (Σ) et x_0, y_0, z_0 les coordonnées du point A.

Le lieu du point M est une quadrique qui a pour équation

$$z_0(x^2 + y^2) + (2c - z_0)z - 2y_0yz - 2x_0zx$$
$$+ z[x_0^2 + y_0^2 + (z_0 - c)^2 + R^2 - 2c^2] + z_0(c^2 - R^2) = 0.$$

La nature de cette quadrique dépend de la position du point A par rapport à la sphère (Σ) et à une autre sphère (Σ_1) concentrique à (Σ) et tangente au plan (P).

283. *A un ellipsoïde donné on circonscrit une série de quadriques (Σ), la courbe de contact étant l'intersection de l'ellipsoïde par un plan fixe (P). On circonscrit ensuite à chaque surface (Σ) un cône ayant pour sommet un point donné A.*

1° Trouver le lieu des courbes de contact des cônes et des surfaces (Σ).

2° Ce lieu est une quadrique (S). Discuter la nature de cette quadrique quand le point A se déplace dans l'espace, le plan (P) et l'ellipsoïde restant fixes.

Prenons comme axes des x et des y deux diamètres conjugués de l'ellipse, section de l'ellipsoïde par le plan (P), et comme axe des z le diamètre conjugué de ce plan par rapport à l'ellipsoïde.

L'équation de l'ellipsoïde peut alors s'écrire

$$\frac{x^2}{a^2} + \frac{y^2}{b^2} + \frac{(z-h)^2}{c^2} - 1 = 0,$$

et l'équation générale des quadriques (Σ) est

$$(\Sigma) \qquad \frac{x^2}{a^2} + \frac{y^2}{b^2} + \frac{(z-h)^2}{c^2} - 1 + \lambda z^2 = 0.$$

Soient x_0, y_0, z_0 les coordonnées du point A. La courbe de contact du cône circonscrit à (Σ), ayant pour sommet le point A, est définie par l'intersection de (Σ) et du plan polaire de A ; on aura le lieu demandé en éliminant λ entre les équations de (Σ) et de ce plan polaire. On trouve ainsi

$$z_0 \left[\frac{x^2}{a^2} + \frac{y^2}{b^2} + \frac{(z-h)^2}{c^2} - 1 \right]$$
$$- z \left[\frac{xx_0}{a^2} + \frac{yy_0}{b^2} + \frac{(z-h)(z_0-h)}{c^2} - 1 \right] = 0.$$

La nature de cette quadrique dépend de la position du point A par rapport au paraboloïde

$$\frac{x^2}{a^2} + \frac{y^2}{b^2} - \frac{4hz}{c^2} = 0$$

et au cône

$$\left(\frac{h^2}{c^2} - 1 \right) \left(\frac{x^2}{a^2} + \frac{y^2}{b^2} \right) + \left(\frac{hz}{c^2} - \frac{h^2}{c^2} + 1 \right)^2 = 0 \, ;$$

ce cône est circonscrit au paraboloïde, car son équation peut s'écrire

$$\left(\frac{h^2}{c^2} - 1 \right) \left(\frac{x^2}{a^2} + \frac{y^2}{b^2} - \frac{4hz}{c^2} \right) + \left(\frac{hz}{c^2} + \frac{h^2}{c^2} - 1 \right)^2 = 0.$$

284. *On donne une sphère* (Σ), *un plan* (P) *et un point* A. *Le plan polaire d'un point quelconque* B *du plan* (P) *par rapport à la sphère rencontre* AB *au point* M.

Quand le point B se déplace dans le plan (P), le lieu du point M est une quadrique (S). Discuter la nature de cette quadrique quand le point A se déplace dans l'espace.

285. *On donne un hyperboloïde à une nappe et un point A. On considère un paraboloïde circonscrit à l'hyperboloïde et tel que le plan (P) de la courbe de contact passe par le point A. Soit M le point d'intersection de ce paraboloïde avec celui de ses diamètres qui passe par A ; soit Q le point de rencontre du plan (P) avec la droite qui joint le point M au pôle du plan (P) par rapport à l'hyperboloïde.*

Le plan (P) tournant autour de A, on demande :

1° Le lieu du point M ;

2° Le lieu du point Q. Ce lieu est une quadrique (S), dont on discutera la nature en faisant varier le point A dans l'espace.

3° Le lieu des positions que doit occuper le point A pour que la surface (S) soit de révolution.

1° Soient $H \equiv \dfrac{x^2}{a^2} + \dfrac{y^2}{b^2} - \dfrac{z^2}{c^2} - 1 = 0$ l'équation de l'hyperboloïde rapporté à ses axes et x_0, y_0, z_0 les coordonnées du point A.

Le lieu du point M est un plan qui a pour équation

$$\frac{xx_0}{a^2} + \frac{yy_0}{b^2} - \frac{zz_0}{c^2} - \frac{H_0}{2} - 1 = 0,$$

en posant $H_0 = \dfrac{x_0^2}{a^2} + \dfrac{y_0^2}{b^2} - \dfrac{z_0^2}{c^2} - 1$.

2° Le lieu du point Q est la quadrique (S)

$$\frac{H_0}{2}\left(\frac{x^2}{a^2} + \frac{y^2}{b^2} - \frac{z^2}{c^2} - 1\right)$$
$$- \left(\frac{xx_0}{a^2} + \frac{yy_0}{b^2} - \frac{zz_0}{c^2} - 1\right)\left(\frac{xx_0}{a^2} + \frac{yy_0}{b^2} - \frac{zz_0}{c^2} - \frac{H_0}{2} - 1\right) = 0.$$

Pour discuter la nature de cette quadrique on peut utiliser la méthode de l'équation en S.

Si $11_0 + 2 \neq 0$, l'équation en S n'a pas de racines nulles et l'équation réduite a la forme

$$S_1 x^2 + S_2 y^2 + S_3 z^2 + \frac{11_0^2(11_0 + 1)}{8(11_0 + 2)} = 0.$$

Les racines de l'équation en S sont séparées par les nombres

$$\frac{11_0}{2a^2}, \quad \frac{11_0}{2b^2} \quad \text{et} \quad -\frac{11_0}{2c^2}.$$

La nature de la quadrique (S) dépend de la position du point A par rapport à l'hyperboloïde donné (H), à l'hyperboloïde conjugué (H') et au cône asymptote (C).

Si A est à l'intérieur de (H'), (S) est un ellipsoïde réel.

Si A est sur (H'), paraboloïde elliptique.

Si A est entre (H') et (C), hyperboloïde à deux nappes.

Si A est sur (C), cône réel.

Si A est extérieur à (C), hyperboloïde à une nappe.

Enfin, si A est sur (H), un plan double.

3° Le lieu se compose des trois coniques

$$\frac{y^2}{b^2} \cdot \frac{a^2 + b^2}{a^2 - b^2} + \frac{z^2}{c^2} \cdot \frac{c^2 - a^2}{c^2 + a^2} + 1 = 0, \qquad x = 0,$$

$$\frac{x^2}{a^2} \cdot \frac{a^2 + b^2}{a^2 - b^2} + \frac{z^2}{c^2} \cdot \frac{b^2 - c^2}{b^2 + c^2} - 1 = 0, \qquad y = 0,$$

$$\frac{x^2}{a^2} \cdot \frac{c^2 - a^2}{c^2 + a^2} + \frac{y^2}{b^2} \cdot \frac{c^2 - b^2}{c^2 + b^2} + 1 = 0, \qquad z = 0.$$

286. *On donne un ellipsoïde* (S) *et deux points* P *et* P', *et l'on considère les ellipses* (C) *et* (C') *suivant lesquelles l'ellipsoïde est coupé par les plans polaires des points* P, P'.

1° *Démontrer que les coniques* (C), (C') *et les points* P, P' *sont situés sur une quadrique* (Σ).

2° *Discuter la nature de cette quadrique en supposant que le point* P *se déplace dans l'espace, le point* P' *et l'ellipsoïde restant fixes.*

Soient $\dfrac{x^2}{a^2} + \dfrac{y^2}{b^2} + \dfrac{z^2}{c^2} - 1 = 0$ l'équation de l'ellipsoïde *rap-*

*porté à trois diamètres conjugués quelconques, et (x_0, y_0, z_0),
(x_1, y_1, z_1)* les coordonnées des points P, P'.

L'équation de la quadrique (Σ) est

$$\left(\frac{x_0 x_1}{a^2} + \frac{y_0 y_1}{b^2} + \frac{z_0 z_1}{c^2} - 1\right)\left(\frac{x^2}{a^2} + \frac{y^2}{b^2} + \frac{z^2}{c^2} - 1\right)$$

$$-\left(\frac{x x_0}{a^2} + \frac{y y_0}{b^2} + \frac{z z_0}{c^2} - 1\right)\left(\frac{x x_1}{a^2} + \frac{y y_1}{b^2} + \frac{z z_1}{c^2} - 1\right) = 0.$$

Pour discuter la nature de cette quadrique, le point P' restant fixe, on peut prendre pour axe des z la droite OP', ce qui revient à faire $x_1 = y_1 = 0$.

287. *On donne une sphère* (S) *et une droite* (D) ; *par la droite on fait passer un plan variable et l'on considère toutes les quadriques circonscrites à la sphère le long de la courbe d'intersection de la sphère et du plan.*

1° Le lieu des pôles d'un plan fixe (P) *par rapport aux quadriques considérées est un plan qui tourne autour d'une droite fixe* (Δ), *quand la droite* (D) *se déplace dans un plan passant par le centre de la sphère.*

2° On fait alors pivoter le plan (P) *autour d'un point* A ; *trouver le lieu du point de rencontre de ce plan avec la droite* (Δ). *Ce lieu est une quadrique* (Σ) *bitangente à la sphère* (S). *Étudier la nature de cette quadrique quand le point* A *varie.*

3° Trouver l'enveloppe des plans des courbes communes à la sphère et à la quadrique (Σ) *quand le point* A *décrit une sphère.*

1° Prenons comme origine le centre de la sphère et comme plan des xy le plan diamétral qui contient la droite (D). L'équation de la sphère est alors

$$x^2 + y^2 + z^2 - R^2 = 0,$$

et la droite (D) peut être représentée par les équations

$$Ax + By + C = 0, \qquad z = 0.$$

Un plan quelconque passant par cette droite a une équation de la forme

$$Ax + By + \lambda z + C = 0,$$

et les quadriques circonscrites à la sphère le long de la courbe d'intersection avec ce plan ont pour équation générale

$$x^2 + y^2 + z^2 - R^2 + \mu(Ax + By + \lambda z + C)^2 = 0.$$

Le lieu du pôle du plan

$$(P) \qquad ux + vy + wz + h = 0$$

par rapport à ces quadriques est le plan

$$C(vx - uy) + A(hy + vR^2) - B(hx + uR^2) = 0,$$

qui passe par la droite fixe

$$(\Delta) \qquad hx + uR^2 = 0, \qquad hy + vR^2 = 0,$$

quand la droite (D) se déplace dans le plan des xy.

2° Soient x_0, y_0, z_0 les coordonnées du point A. La quadrique Σ a pour équation

$$z_0(x^2 + y^2 + z^2 - R^2) - z(xx_0 + yy_0 + zz_0 - R^2) = 0 ;$$

elle coupe la sphère suivant le grand cercle du plan des xy, et suivant le cercle section de la sphère par le plan polaire de A. Donc cette quadrique est bitangente à la sphère aux points de rencontre de ces deux cercles.

La nature de cette quadrique dépend de la position du point A par rapport au cylindre $x^2 + y^2 - R^2 = 0$.

3° Si le point A décrit la sphère (S'),

$$(x - a)^2 + (y - b)^2 + (z - c)^2 - \rho^2 = 0,$$

son plan polaire enveloppe la quadrique

$$x^2 + y^2 + z^2 = \frac{(ax + by + cz - R^2)^2}{\rho^2}.$$

C'est une quadrique de révolution admettant pour foyer l'origine et pour plan directeur correspondant le plan polaire du centre O' de la sphère (S') par rapport à la sphère (S).

288. *On donne deux droites non situées dans un même plan, (Δ) et (Δ'). Par la droite (Δ) on mène un plan quelconque (P) et par la droite (Δ') un plan (P') perpendiculaire au plan (P). Démontrer que le lieu géométrique de la droite commune aux plans (P) et (P') est un hyperboloïde à une nappe, dont les plans cycliques sont perpendiculaires aux droites (Δ) et (Δ').*

289. *On donne deux droites (Δ) et (Δ') non situées dans un même plan. Par la droite (Δ) on mène un plan variable (P) coupant (Δ') au point A. La perpendiculaire élevée en A au plan (P) décrit un paraboloïde hyperbolique.*

290. *On donne deux droites, (Δ) et (Δ') non situées dans un même plan et un point A. Une droite variable (D) se déplace en rencontrant (Δ) et (Δ') aux points B et B', tels que les droites AB et AB' soient rectangulaires. Montrer que le lieu engendré par la droite (D) est une quadrique (S).*

Quel lieu doit décrire le point A pour que la quadrique (S) soit de révolution ?

291. *Le lieu engendré par une droite variable assujettie à rencontrer deux droites fixes non situées dans un même plan en faisant avec elles des angles égaux se compose de deux paraboloïdes hyperboliques.*

292. *On donne trois axes rectangulaires, un cercle dans le plan des xy ayant pour équations*

$$x^2 + y^2 - R^2 = 0, \qquad z = 0,$$

et deux droites (D) et (D') définies par les équations

$$(D) \begin{cases} y = 0, \\ z = x - R, \end{cases} \qquad (D') \begin{cases} x = 0, \\ z = -y + R. \end{cases}$$

Le lieu des droites qui rencontrent le cercle et les droites (D),

(D′) *en des points différents est un hyperboloïde à une nappe qui a pour équation*

$$x^2 + y^2 + z^2 + 2yz - 2zx - R^2 = 0.$$

293. 1° *Trouver le lieu du sommet d'un cône passant par deux cercles d'une quadrique, l'un fixe, l'autre variable, situés dans des plans non parallèles.*

2° *Suivant la position du centre de la quadrique par rapport au lieu trouvé et à ses asymptotes, reconnaître la nature de cette quadrique.*

3° *Trouver le lieu du symétrique du cercle variable par rapport au centre de la sphère passant par ce cercle variable et le cercle fixe, et faire voir comment la nature de ce lieu est liée à celle de la première quadrique, en s'appuyant sur le résultat obtenu dans la seconde partie.*

CHAPITRE X

ÉQUATIONS GÉNÉRALES DE QUADRIQUES
CENTRES, AXES, SOMMETS

---

294. *On donne trois axes rectangulaires, un cercle* (C) *dans le plan des xy, tangent à l'origine à Oy, et un cercle* (C') *dans le plan des yz, tangent à l'origine à Oy. On désignera par a l'abscisse du centre de* (C), *par b la cote du centre de* (C'), *et on supposera* $a > 0$, $b > 0$, $a > b$.

1°. *Former l'équation générale des quadriques passant par ces deux cercles.*

2° *Trouver le lieu des centres de ces quadriques.*

3° *Étant donné un point du lieu, reconnaître la nature de la quadrique dont ce point est le centre.*

1° Les équations des cercles sont

$$(C) \qquad x^2 + y^2 - 2ax = 0, \qquad z = 0,$$

$$(C') \qquad y^2 + z^2 - 2bz = 0, \qquad x = 0.$$

Considérons une quadrique contenant le cercle (C); si dans l'équation de cette quadrique nous faisons $z = 0$, nous devons obtenir $x^2 + y^2 - 2ax = 0$, équation du cercle (C) par rapport aux axes Ox, Oy. Il en résulte que l'équation générale des quadriques contenant le cercle (C) est

$$(1) \qquad x^2 + y^2 - 2ax + z(ux + vy + wz + h) = 0.$$

Écrivons que cette surface contient le cercle (C'); pour cela, nous faisons $x = 0$ dans l'équation (1); nous avons

$$y^2 + z(vy + wz + h) = 0,$$

et nous exprimons que cette équation représente la même courbe que l'équation $y^2 + z^2 - 2bz = 0$.

Ceci nous donne $v = 0$, $w = 1$, $h = -2b$.

Portons ces valeurs dans l'équation (1); nous avons

$$x^2 + y^2 - 2ax + z(ux + z - 2b) = 0,$$

ou, en remplaçant u par 2λ,

$$(2) \qquad x^2 + y^2 + z^2 + 2\lambda zx - 2ax - 2bz = 0.$$

Telle est l'équation générale des quadriques passant par les deux cercles (C) et (C′).

On peut obtenir cette équation un peu plus rapidement de la façon suivante:

Par les deux cercles passe une sphère dont l'équation est

$$x^2 + y^2 + z^2 - 2ax - 2bz = 0 ;$$

on est conduit alors à chercher l'équation générale des quadriques passant par l'intersection de cette sphère et des deux plans $z = 0$, $x = 0$. Cette équation est

$$f(x,\, y,\, z) \equiv x^2 + y^2 + z^2 - 2ax - 2bz + 2\lambda zx = 0.$$

2° Le centre de cette quadrique est déterminé par les équations

$$(3) \qquad \begin{cases} \dfrac{1}{2} f'_x \equiv x - a + \lambda z = 0, \\[2mm] \dfrac{1}{2} f'_y \equiv y = 0, \\[2mm] \dfrac{1}{2} f'_z \equiv z - b + \lambda x = 0. \end{cases}$$

Nous aurons le lieu du centre en éliminant λ entre ces équations.

On voit ainsi que le lieu est une hyperbole équilatère (H),

située dans le plan des zx, définie par les équations

$$x(x - a) - z(z - b) = 0, \qquad y = 0.$$

Considérons les points $A(a, 0)$, $B(0, b)$, $C(a, b)$; (11) est circonscrite au rectangle OABC. Par suite, son centre est au centre du rectangle, et ses axes sont parallèles à Ox et Oz; ses asymptotes sont parallèles aux bissectrices de l'angle xOz.

Son équation peut d'ailleurs s'écrire

$$\left(x - \frac{a}{2}\right)^2 - \left(z - \frac{b}{2}\right)^2 - \frac{a^2 - b^2}{4} = 0,$$

et comme nous supposons $a > b$, on voit que l'axe réel est parallèle à Ox.

Il est alors facile de construire cette hyperbole.

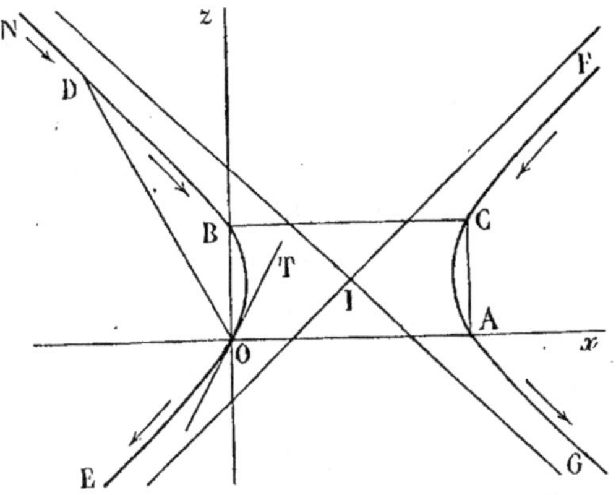

3° On détermine aisément la nature de la quadrique (2) suivant les différentes valeurs de λ.

Voici les résultats :

$\lambda < -1$,	hyperboloïde à deux nappes,
$\lambda = -1$,	paraboloïde elliptique,
$-1 < \lambda < 1$,	ellipsoïde réel,
$\lambda = 1$,	paraboloïde elliptique,

$$1 < \lambda < \frac{a^2 + b^2}{2ab}, \quad \text{hyperboloïde à deux nappes,}$$

$$\lambda = \frac{a^2 + b^2}{2ab}, \qquad \text{cône réel,}$$

$$\lambda > \frac{a^2 + b^2}{2ab}, \qquad \text{hyperboloïde à une nappe.}$$

D'autre part, on peut exprimer les coordonnées du centre de la quadrique en fonction de λ; il suffit de résoudre les équations (3) par rapport à x et z. On trouve

$$x = \frac{a - b\lambda}{1 - \lambda^2}, \qquad z = \frac{b - a\lambda}{1 - \lambda^2};$$

ce sont les équations paramétriques de l'hyperbole (H).

Quand λ croît de $-\infty$ à $+\infty$, le point (x, z) décrit cette hyperbole dans le sens des flèches. Pour $\lambda = \pm \infty$, le point est en O; pour $\lambda = \pm 1$, il est à l'infini; enfin, pour $\lambda = \frac{a^2 + b^2}{2ab}$, il occupe une position D, la droite OD étant symétrique par rapport à Oz de la tangente en O à l'hyperbole.

Si on se reporte alors au tableau qui indique la nature de la surface correspondant aux valeurs de λ, on obtient les conséquences suivantes.

Tous les points des arcs OE et DN sont centres d'hyperboloïdes à deux nappes; ceux de l'arc FCAG, centres d'ellipsoïdes réels; ceux de l'arc OBD, centres d'hyperboloïdes à une nappe; enfin, le point D est centre d'un cône réel.

295. *On donne trois axes rectangulaires, un cercle (C) dans le plan des xy, ayant pour centre l'origine et pour rayon R, et un point A sur Ox, ayant pour abscisse a.*

Par le point A on mène dans le plan des xy une sécante rencontrant le cercle (C) aux points M et N. Sur MN comme diamètre, dans un plan perpendiculaire au plan des xy, on décrit un cercle (C').

1° *Lieu des centres des quadriques* (S) *qui passent par les cercles* (C) *et* (C'), *quand la sécante tourne autour du point* A.

2° *Séparer sur la surface obtenue les régions qui correspondent aux centres des différents genres de quadriques.*

1° On peut considérer les quadriques (S) comme passant par l'intersection de la sphère qui admet (C) comme grand cercle et de la quadrique formée par les plans des cercles (C) et (C'). L'équation de l'ensemble de ces plans étant $z[\lambda y + \mu(x - a)] = 0$, l'équation générale des quadriques (S) est

$$(S) \qquad x^2 + y^2 + z^2 - R^2 + 2z[\lambda y + \mu(x - a)] = 0,$$

λ et μ étant deux paramètres variables.

Les équations du centre sont

$$x + \mu z = 0,$$
$$y + \lambda z = 0,$$
$$z + \lambda y + \mu(x - a) = 0.$$

Éliminons λ et μ entre ces trois équations; nous obtenons

$$x^2 + y^2 - z^2 - ax = 0,$$

c'est l'équation du lieu. Elle représente un hyperboloïde de révolution à une nappe (H), ayant pour cercle de gorge le cercle décrit sur OA comme diamètre, les génératrices faisant 45° avec l'axe de révolution.

2° L'équation de la surface peut s'écrire

$$(x + \mu z)^2 + (y + \lambda z)^2 + z^2(1 - \lambda^2 - \mu^2) - 2a\mu z - R^2 = 0,$$

et, en supposant $1 - \lambda^2 - \mu^2 \neq 0$,

$$(x + \mu z)^2 + (y + \lambda z)^2 + \frac{1}{1 - \lambda^2 - \mu^2}[z(1 - \lambda^2 - \mu^2) - a\mu]^2$$
$$- \frac{a^2\mu^2 + R^2(1 - \lambda^2 - \mu^2)}{1 - \lambda^2 - \mu^2} = 0.$$

La nature de la quadrique est indiquée par le tableau

suivant :

$$1 - \lambda^2 - \mu^2 > 0 \quad \text{Ellipsoïde réel,}$$

$$1 - \lambda^2 - \mu^2 < 0 \quad \begin{cases} a^2\mu^2 + R^2(1 - \lambda^2 - \mu^2) > 0 \text{ hyp. à deux nappes,} \\ a^2\mu^2 + R^2(1 - \lambda^2 - \mu^2) < 0 \text{ hyp. à une nappe,} \\ a^2\mu^2 + R^2(1 - \lambda^2 - \mu^2) = 0 \text{ cône réel,} \end{cases}$$

$$1 - \lambda^2 - \mu^2 = 0 \quad \begin{cases} \mu \neq 0 \text{ paraboloïde elliptique,} \\ \mu = 0 \text{ cylindre elliptique réel.} \end{cases}$$

Cela posé, des équations du centre on tire

$$\lambda = -\frac{y}{z}, \qquad \mu = -\frac{x}{z},$$

et par suite

$$1 - \lambda^2 - \mu^2 = \frac{z^2 - x^2 - y^2}{z^2},$$

$$a^2\mu^2 + R^2(1 - \lambda^2 - \mu^2) = \frac{a^2x^2 + R^2(z^2 - x^2 - y^2)}{z^2};$$

mais, pour tout point du lieu, on a $x^2 + y^2 - z^2 = ax$. Par

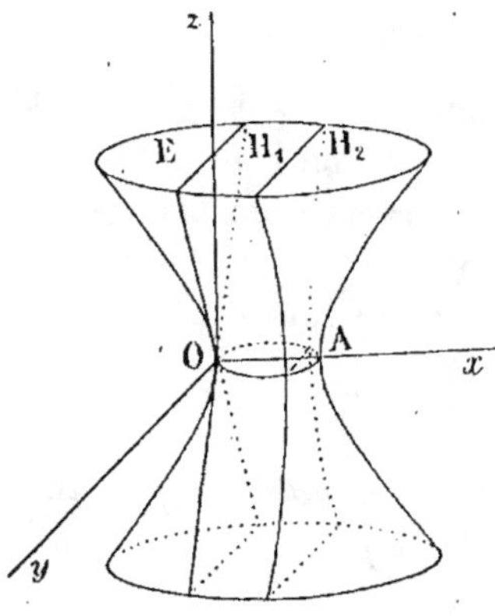

suite, $1 - \lambda^2 - \mu^2$ a le signe de $-x$, (en supposant $a > 0$), et $a^2\mu^2 + R^2(1 - \lambda^2 - \mu^2)$ a le signe de $x(ax - R^2)$.

Coupons alors l'hyperboloïde (H) par les plans $x = 0$, $ax - R^2 = 0$; la surface est partagée en trois parties. Les points de la première qui ont des abscisses négatives sont des centres d'ellipsoïdes réels; ceux de la région intermédiaire, correspondant à $x > 0$, $ax - R^2 < 0$, sont des centres d'hyperboloïdes à une nappe ; enfin ceux de la troisième, pour lesquels on a $ax - R^2 > 0$, sont des centres d'hyperboloïdes à deux nappes.

Le plan $ax - R^2 = 0$ coupe (H) suivant une hyperbole qui est le lieu des centres des cônes réels, et le plan $x = 0$ coupe (H) suivant deux droites, qui sont précisément les axes des deux cylindres elliptiques qui sont représentés par l'équation (S) pour $\mu = 0$, $\lambda = \pm 1$.

296. *On donne trois axes rectangulaires, un point A sur Ox, d'abscisse 2a, un point B sur Oy, d'ordonnée 2b, un point C sur Oz, de cote 2c. On suppose a, b, c positifs.*

1° Former l'équation générale des quadriques (S) qui passent par les points O, A, B, C et qui coupent le plan des xy suivant un cercle, et les plans yOz, zOx suivant des hyperboles équilatères.

2° Trouver le lieu des centres de ces quadriques.

3° Séparer sur le lieu trouvé les centres des quadriques de même nature.

1° L'équation générale des quadriques (S) est

$$x^2 + y^2 - z^2 + 2\lambda yz + 2\mu zx - 2ax - 2by + 2cz = 0.$$

2° Le lieu du centre est la sphère

$$x(x - a) + y(y - b) + z(z - c) = 0.$$

3° Le plan $ax + by - cz = 0$ coupe cette sphère suivant un cercle (C). Tous les points de ce cercle sont centres de cônes; tous les points de la sphère situés par rapport au plan du cercle (C) du côté des z positifs sont centres d'hyperboloïdes à deux nappes, et les autres points de la sphère sont centres d'hyperboloïdes à une nappe.

297. *Former l'équation générale des quadriques passant par deux droites non situées dans un même plan.*

Nous nous appuierons sur les propriétés suivantes qui sont bien connues.

1° Par neuf points quelconques passe en général une seule quadrique.

2° Pour qu'une quadrique contienne une droite, il faut et il suffit qu'elle en contienne trois points.

3° Par suite, il existe une seule quadrique passant par deux droites non situées dans un même plan et par trois points quelconques n'appartenant pas à ces droites.

Cela posé, soient deux droites (D) et (Δ), non situées dans un même plan et ayant pour équations

$$(D) \begin{cases} P = 0, \\ Q = 0, \end{cases} \qquad (Δ) \begin{cases} R = 0, \\ S = 0, \end{cases}$$

P, Q, R, S désignant des fonctions linéaires ; nous allons montrer que l'équation générale des quadriques passant par ces deux droites est

$$(1) \qquad P(\alpha R + \beta S) + Q(\gamma R + \delta S) = 0,$$

α, β, γ, δ désignant des nombres arbitraires.

Remarquons d'abord que, quelles que soient les valeurs de α, β, γ, δ, l'équation (1) représente une quadrique passant par les deux droites (D) et (Δ), car si les coordonnées d'un point annulent P et Q, ou R et S, elles annulent le premier membre de l'équation (1).

Il faut démontrer de plus qu'on peut déterminer α, β, γ, δ de façon que l'équation (1) représente une quadrique, choisie arbitrairement, et passant par les droites (D) et (Δ). Soit (Σ) une telle quadrique ; prenons sur cette surface trois points quelconques A, B, C, non situés sur les droites (D) et (Δ), et déterminons α, β, γ, δ de façon que l'équation (1) soit vérifiée par les coordonnées de ces trois points.

Nous obtenons ainsi trois équations homogènes à quatre inconnues qui permettent de calculer trois des nombres α, β, γ, δ en fonction du quatrième, et en portant les valeurs obtenues dans l'équation (1), nous avons une équation qui représente une quadrique $(Σ_1)$ passant par (D), (Δ) et par les points A, B, C. Par suite, $(Σ_1)$ coïncide avec (Σ) et la proposition est établie.

298. 1° *Étudier la nature des quadriques qui passent par* *deux droites non situées dans un même plan. Montrer que ces quadriques sont des hyperboloïdes à une nappe, ou des paraboloïdes hyperboliques, ou des ensembles de deux plans réels, sécants ou parallèles.*

2° Montrer que les centres des hyperboloïdes sont situés dans le plan qui est parallèle à la fois aux deux droites et qui est à la même distance de tous leurs points.

Soient (D) et (Δ) deux droites non situées dans un même plan. Prenons comme axe des z une droite quelconque rencontrant (D) en A, (Δ) en B, pour origine le milieu O de AB, pour axe des x une parallèle à (D), et pour axe des y une parallèle à (Δ). Les équations des droites sont alors

$$\text{(D)} \begin{cases} y = 0, \\ z - h = 0, \end{cases} \qquad \text{(Δ)} \begin{cases} x = 0, \\ z + h = 0, \end{cases}$$

et l'équation générale des quadriques passant par ces droites est (297)

$$y\big[\alpha x + \beta(z + h)\big] + (z - h)\big[\gamma x + \delta(z + h)\big] = 0,$$

α, β, γ, δ étant des nombres quelconques.

On peut étudier la nature de ces quadriques soit par la décomposition en carrés, soit par la méthode de l'équation en S ; c'est un bon exercice que nous recommandons au lecteur.

Nous préférons ici discuter les équations qui déterminent le centre ; ce sont les équations

$$\text{(1)} \qquad \begin{cases} \alpha y + \gamma(z - h) = 0, \\ \alpha x + \beta(z + h) = 0. \\ \beta y + \gamma x + 2\delta z = 0. \end{cases}$$

Premier cas. $\alpha \neq 0$.

Des deux premières équations nous pouvons tirer y et x en fonction de z, et en portant les valeurs obtenues dans la troisième nous obtenons le système équivalent

$$\text{(2)} \qquad y = -\frac{\gamma(z - h)}{\alpha}, \qquad x = -\frac{\beta(z + h)}{\alpha}, \qquad z(\alpha\delta - \beta\gamma) = 0.$$

1° Si $\alpha\delta - \beta\gamma \neq 0$, ce système admet un ensemble unique de solutions

$$z = 0, \qquad y = \frac{\gamma h}{\alpha}, \qquad x = -\frac{\beta h}{\alpha}.$$

La surface a un centre unique situé dans le plan des xy, qui est le plan parallèle aux deux droites et à égale distance de tous leurs points.

Comme la surface contient deux droites non situées dans un même plan, c'est un hyperboloïde à une nappe.

2° Supposons $\alpha\delta - \beta\gamma = 0$. Le système (2) se réduit aux deux premières équations ; par suite, les plans de centre passent par une même droite. Comme la surface ne peut être un cylindre, elle se compose de deux plans sécants réels passant l'un par (D), l'autre par (Δ).

On peut d'ailleurs le vérifier facilement en remplaçant dans l'équation de la surface δ par $\dfrac{\beta\gamma}{\alpha}$; l'équation devient

$$y\left[\alpha x + \beta(z + h)\right] + (z - h)\left[\gamma x + \frac{\beta\gamma}{\alpha}(z + h)\right] = 0,$$

ou

$$\left[\alpha x + \beta(z + \gamma)\right]\left[\alpha y + \gamma(z - h)\right] = 0.$$

DEUXIÈME CAS. $\alpha = 0$.

1° $\beta \neq 0$, $\gamma \neq 0$. Le système (1) représente trois plans parallèles à une même droite ; donc la surface est un paraboloïde hyperbolique.

2° $\beta \neq 0$, $\gamma = 0$. Les plans de centre passent par une même droite

$$z + h = 0, \qquad \beta y + 2\delta z = 0.$$

La surface se compose de deux plans sécants réels : facile à vérifier.

Même conclusion, si $\beta = 0$, $\gamma \neq 0$.

3° $\beta = 0$, $\gamma = 0$. Les plans de centre sont confondus ; la surface se compose des deux plans parallèle $z^2 - h^2 = 0$.

299. *Lieu des centres des quadriques passant par deux points*

A, B *et par deux droites* (D), (Δ), *non situées dans un même plan.*

Prenons comme origine le milieu O de AB, pour axe des z la droite passant par O et rencontrant (D) et (Δ) et enfin pour axes des x et des y des parallèles à (D) et (Δ).

Les équations de ces droites sont alors

$$\begin{cases} y = 0, \\ z - h = 0, \end{cases} \qquad \begin{cases} x = 0, \\ z - h' = 0. \end{cases}$$

Soient (a, b, c) les coordonnées du point A ; celles du point B sont alors $-a, -b, -c$.

Le lieu demandé est une droite définie par les équations

$$2z - h - h' = 0,$$
$$2bh(h'^2 - c^2)x - 2ah'(h^2 - c^2)y + abc(h^2 - h'^2) = 0.$$

300. *Lieu des centres des quadriques passant par une conique* (C) *et par une droite* (D) *qui rencontre la conique* (C) *en un point* O.

On peut prendre pour axe des z la droite (D), pour axe des x le diamètre de la conique (C) qui passe au point O et pour axe des y la tangente au point O à la conique.

Les équations de cette courbe sont de la forme

$$Ax^2 + Cy^2 + 2Dx = 0, \qquad z = 0.$$

Le lieu demandé est le cylindre

$$Ax^2 + Cy^2 + Dx = 0.$$

301. *Trouver le lieu des centres des quadriques passant par une conique* (C) *et par deux points* A, B, *le milieu* O *de ces deux points étant situé dans le plan de la conique* (C), *en dehors de la conique.*

Ce lieu est une quadrique; discuter la nature de cette qua-

drique et séparer sur ce lieu les centres des quadriques de même nature.

On peut prendre comme origine le point O, comme axe des z la droite AB, comme axe des x le diamètre de la conique qui passe par le point O, et comme axe des y une parallèle aux cordes conjuguées de ce diamètre.

Les équations de la conique sont de la forme

$$Ax^2 + Cy^2 + 2Dx - 1 = 0, \qquad z = 0,$$

et le lieu demandé a pour équation

$$Ax^2 + Cy^2 - \frac{z^2}{a^2} + Dx = 0,$$

$\pm a$ étant les cotes des points A et B.

302. *Lieu des centres des quadriques passant par les côtés d'un quadrilatère gauche.*

Soient A, B, C, D quatre points non situés dans un même plan; considérons le quadrilatère gauche dont les côtés sont AB, BC, CD et DA.

Si on désigne par α, β, γ, δ les plans des angles A, B, C, D respectivement, on peut envisager les quadriques qui passent par les côtés du quadrilatère comme passant par l'intersection de la quadrique formée par les plans α, γ et de celle qui est formée par les plans β, δ. On en conclut que l'équation générale des quadriques considérées est

$$PR + \lambda QS = 0,$$

P, Q, R, S étant les premiers membres des équations des plans α, β, γ, δ, respectivement.

On pourra prendre comme axes de coordonnées la droite BD et les droites joignant le milieu de BD aux points A et C.

Le lieu demandé est la droite qui joint les milieux de AC et BD.

Comparer à l'exercice 299.

303. *On donne des divisions homographiques tracées sur deux droites non situées dans un même plan. Démontrer que le lieu géométrique des droites qui joignent deux points homologues quelconques est un hyperboloïde à une nappe dont le centre est le milieu des points homologues des points à l'infini.*

304. *On donne deux faisceaux homographiques de plans passant respectivement par deux droites* (D), (Δ) *non situées dans un même plan.*

Démontrer que le lieu géométrique de la droite commune à deux plans homologues quelconques est un hyperboloïde à une nappe dont le centre est le milieu des points A, B, *définis de la manière suivante :*

A *est le point de rencontre de* (D) *et du plan passant par* (Δ), *homologue du plan passant par* (D) *et parallèle à* (Δ) ; B *est le point de rencontre de* (Δ) *et du plan passant par* (D), *homologue du plan passant par* (Δ) *et parallèle à* (D).

Cas particulier : exercice n° 288.

305. *Lieu des centres des quadriques qui passent par la cubique* $y = x^2$, $z = x^3$.

Séparer sur le lieu trouvé les centres des quadriques de même nature.

On peut obtenir l'équation des quadriques passant par la courbe donnée, en écrivant que l'équation générale du second degré à trois variables est vérifiée, quel que soit x, quand on y remplace y par x^2 et z par x^3.

On trouve ainsi

$$(1) \qquad \lambda(x^2 - y) + \mu(y^2 - xz) + \nu(xy - z) = 0.$$

Mais voici un procédé plus rapide :

Toute cubique gauche rencontre une quadrique en six points ; donc, pour qu'une quadrique contienne une cubique, il faut qu'elle passe par sept points de cette courbe. Par suite, par une cubique et deux points non situés sur la cubique, passe en général une seule quadrique.

Si l'on connaît alors trois quadriques particulières, $f_1(x, y, z) = 0$, $f_2(x, y, z) = 0$, $f_3(x, y, z) = 0$ passant par une cubique, et n'ayant pas d'autres points communs en dehors de cette cubique, l'équation générale des quadriques passant par la cubique est

$$\lambda f_1(x, y, z) + \mu f_2(x, y, z) + \nu f_3(x, y, z) = 0.$$

Le raisonnement est analogue à celui qui a été fait au n° 297.

Dans le cas actuel, on a immédiatement trois quadriques passant par la cubique donnée :

$$x^2 - y = 0, \qquad y^2 - zx = 0, \qquad xy - z = 0.$$

Par suite l'équation générale des quadriques passant par cette cubique est l'équation (1).

Le lieu des centres est la surface

$$2x^3 - 3xy + z = 0.$$

306. *On donne un ellipsoïde et un point* P ; *à tout point* M *de l'espace on fait correspondre le point de rencontre* M' *de la droite* PM *et du plan polaire de* M.

1° Lorsque M' *est assujetti à rester dans un plan* (Π), *le point* M *reste sur une quadrique* (Q).

2° Si le plan (Π) *tourne autour d'un point fixe* R, *le centre de la quadrique* (Q) *décrit une quadrique* (Q') *qui passe par un point fixe et une ellipse fixe quand le point* R *se déplace d'une manière quelconque dans l'espace. Discuter la nature de* (Q') *suivant la position du point* R.

On prendra comme axes trois diamètres conjugués de l'ellipsoïde, l'un d'eux passant au point P.

307. *Former l'équation générale des quadriques tangentes* *à deux plans donnés* (α), (β) *en des points donnés* A, B, *non situés sur une même génératrice.*

Première méthode. — Nous prenons comme axe des x l'intersection des deux plans, comme origine O un point arbitraire de cette droite, comme axes des y et des z les droites OA et OB respectivement ; les équations des plans (α), (β) sont alors $z = 0$, $y = 0$. Nous désignerons par a l'ordonnée de A, par b la cote de B.

Pour que la quadrique

$$f(x, y, z) \equiv Ax^2 + A'y^2 + A''z^2 + 2Byz + 2B'zx + 2B''xy$$
$$+ 2Cx + 2C'y + 2C''z + D = 0$$

soit tangente au plan (α) au point A, il faut et il suffit que le plan polaire de A, $af'_y + f'_t = 0$, coïncide avec le plan $z = 0$. Ceci nous donne les conditions

$$B''a + C = 0, \qquad A'a + C' = 0, \qquad C'a + D = 0.$$

De même, en écrivant que le plan polaire de B, $bf'_z + f'_t = 0$, coïncide avec le plan $y = 0$, nous avons

$$B'b + C = 0, \qquad A''b + C'' = 0, \qquad C''b + D = 0.$$

Nous en tirons

$$A' = \frac{D}{a^2}, \qquad A'' = \frac{D}{b^2}, \qquad B' = -\frac{C}{b}, \qquad B'' = -\frac{C}{a},$$

$$C' = -\frac{D}{a}, \qquad C'' = -\frac{D}{b},$$

et par suite l'équation générale demandée s'écrit

$$Ax^2 + D\left(\frac{y^2}{a^2} + \frac{z^2}{b^2} - \frac{2y}{a} - \frac{2z}{b} + 1\right)$$
$$+ 2Byz - 2Cx\left(\frac{y}{a} + \frac{z}{b} - 1\right) = 0,$$

$$(1) \quad Ax^2 - 2Cx\left(\frac{y}{a} + \frac{z}{b} - 1\right) + D\left(\frac{y}{a} + \frac{z}{b} - 1\right)^2 + hyz = 0,$$

en posant $h = 2\mathrm{B} - \dfrac{2\mathrm{D}}{ab}$, A, C, D, h désignant des paramètres arbitraires.

Deuxième méthode. — Soient $\mathrm{R} = 0$, $\mathrm{S} = 0$ les équations des plans (α), (β) et $\mathrm{P} = 0$, $\mathrm{Q} = 0$ les équations de la droite AB ; nous allons montrer que l'équation générale demandée est

$$(2) \qquad f(\mathrm{P}, \mathrm{Q}, \mathrm{R}, \mathrm{S}) \equiv \mathrm{RS} + \lambda \mathrm{P}^2 + \mu \mathrm{PQ} + \nu \mathrm{Q}^2 = 0,$$

λ, μ, ν étant des paramètres arbitraires.

Remarquons d'abord que, quels que soient λ, μ, ν, l'équation (2) représente une quadrique tangente aux plans (α), (β) aux points A, B respectivement.

En effet, le plan tangent à la quadrique (2) au point (x_0, y_0, z_0) a pour équation

$$\mathrm{P}_0 f'_\mathrm{P} + \mathrm{Q}_0 f'_\mathrm{Q} + \mathrm{R}_0 f'_\mathrm{R} + \mathrm{S}_0 f'_\mathrm{S} = 0.$$

Or, si x_0, y_0, z_0 sont les coordonnées du point A, on a $\mathrm{P}_0 = 0$, $\mathrm{Q}_0 = 0$, $\mathrm{R}_0 = 0$; ceci montre que le point A est sur la quadrique et que le plan tangent en ce point est $f'_\mathrm{S} = 0$, ou $\mathrm{R} = 0$, c'est-à-dire le plan (α).

Même démonstration pour le plan (β).

Il faut montrer de plus qu'on peut déterminer λ, μ, ν de façon que l'équation (2) représente une quadrique, arbitrairement choisie, tangente en A, B aux plans (α), (β) respectivement.

Lorsqu'on assujettit une quadrique à toucher un plan donné en un point donné, on a trois relations linéaires entre les coefficients ; comme une quadrique est définie en général par neuf conditions linéaires, on voit qu'il existe une seule quadrique tangente à deux plans donnés en des points donnés et passant par trois autres points également donnés.

Comme on peut déterminer λ, μ, ν de façon que l'équation (2) soit vérifiée par les coordonnées de trois points, on voit que cette équation pourra représenter une quadrique quelconque tangente en A, B aux plans (α), (β). Le raisonnement est le même qu'au n° 297.

Si nous revenons aux axes de coordonnées indiqués dans la

première méthode, les équations des plans tangents sont $z = 0$, $y = 0$, et celles de la droite AB, $x = 0$, $\dfrac{y}{a} + \dfrac{z}{b} - 1 = 0$. On en conclut que l'équation générale des quadriques considérées est

$$yz + \lambda x^2 + \mu x\left(\frac{y}{a} + \frac{z}{b} - 1\right) + \nu\left(\frac{y}{a} + \frac{z}{b} - 1\right)^2 = 0 ;$$

c'est bien l'équation (1) avec des notations différentes.

308. *La condition nécessaire et suffisante pour que deux quadriques soient bitangentes est qu'elles se coupent suivant deux coniques ayant deux points communs.*

1° *La condition est nécessaire.* — Soient deux quadriques tangentes aux plans $R = 0$, $S = 0$, les points de contact étant situés sur la droite $P = 0$, $Q = 0$; les équations de ces quadriques sont (307)

$$f(x, y, z) \equiv RS + \lambda P^2 + \mu PQ + \nu Q^2 = 0,$$
$$f_1(x, y, z) \equiv RS + \lambda_1 P^2 + \mu_1 PQ + \nu_1 Q^2 = 0.$$

Retranchons ces deux équations ; nous obtenons l'équation

$$f(x, y, z) - f_1(x, y, z) \equiv (\lambda - \lambda_1)P^2 + (\mu - \mu_1)PQ$$
$$+ (\nu - \nu_1)Q^2 = 0,$$

qui représente une quadrique passant par l'intersection des quadriques f et f_1. Or cette quadrique se compose de deux plans passant par la droite $P = 0$, $Q = 0$. Donc l'intersection des quadriques f et f_1 se compose de deux coniques qui se coupent aux points de contact.

2° *La condition est suffisante.* — Soient deux quadriques (Q) et (Q$_1$) qui se coupent suivant deux coniques situées dans les plans $U = 0$, $V = 0$.

Si l'équation de (Q) est

$$f(x, y, z) = 0,$$

celle de (Q_1) peut être mise sous la forme

$$f(x, y, z) + \lambda UV = 0.$$

La droite $U = 0$, $V = 0$ rencontre ces deux quadriques aux mêmes points A, B. On démontrera sans difficulté que les deux surfaces sont tangentes en ces deux points.

309. *L'équation générale des quadriques bitangentes à la quadrique $f(x, y, z) = 0$ aux points de rencontre avec la droite $P = 0$, $Q = 0$ est*

$$f(x, y, z) + \lambda P^2 + \mu PQ + \nu Q^2 = 0.$$

310. *Pour que les deux quadriques $f(x, y, z) = 0$, $g(x, y, z) = 0$ soient bitangentes, il faut et il suffit qu'il existe un nombre λ tel que les quatre plans*

$$(1) \quad \begin{cases} f'_x + \lambda g'_x = 0, & f'_y + \lambda g'_y = 0, \\ f'_z + \lambda g'_z = 0, & f'_t + \lambda g'_t = 0 \end{cases}$$

passent par une même droite.

Pour que les surfaces soient bitangentes, il faut et il suffit qu'il existe un nombre λ tel que l'équation $f + \lambda g = 0$ représente deux plans, et ceci a lieu lorsque la surface $f + \lambda g = 0$ admet une infinité de points doubles en ligne droite, c'est-à-dire lorsque les quatre équations (1) sont vérifiées par les coordonnées de tous les points d'une droite.

Cette droite est alors l'intersection des deux plans, et la corde des contacts des deux surfaces.

311. *On donne les deux droites (D) et (Δ) définies respective-ment par les équations*

$$(D) \quad \begin{cases} y = 0, \\ z - h = 0, \end{cases} \qquad (\Delta) \quad \begin{cases} x = 0, \\ z + h = 0, \end{cases}$$

les axes de coordonnées étant supposés rectangulaires.

1° Trouver l'équation ponctuelle de la surface (S), lieu du sommet d'un paraboloïde variable qui passe par ces deux droites.

2° Trouver l'équation tangentielle de la même surface (S).

L'équation générale des quadriques passant par les droites (D) et (Δ) est

$$y\big[\alpha x + \beta(z+h)\big] + (z-h)\big[\gamma x + \delta(z+h)\big] = 0,$$

α, β, γ, δ étant des paramètres variables.

Nous avons vu au n° 298 que pour que cette équation représente un paraboloïde, il faut que α soit nul. On peut le voir autrement.

Si un paraboloïde contient les droites (D) et (Δ), l'un des plans directeurs est le plan $z = 0$, puisque ces deux droites sont parallèles à ce plan ; donc l'ensemble des termes du deuxième degré de l'équation doit être divisible par z. On doit donc avoir $\alpha = 0$.

L'équation générale des paraboloïdes est alors

$$(1) \qquad z(\gamma x + \beta y + \delta z) - h\gamma x + h\beta y - \delta h^2 = 0.$$

1° Le sommet d'un paraboloïde est le point de rencontre de l'axe et de la surface. La direction de l'axe est parallèle à l'intersection des deux plans (réels ou imaginaires) dont se compose le cône des directions asymptotiques. Cette direction est appelée la direction asymptotique principale : c'est aussi la direction à laquelle sont parallèles les plans de centres.

L'axe lui-même est le diamètre conjugué de la direction de plan perpendiculaire à la direction asymptotique principale.

Dans le cas actuel, la direction asymptotique principale est définie par l'intersection des plans directeurs,

$$z = 0, \qquad \gamma x + \beta y + \delta z = 0,$$

ou $z = 0$, $\gamma x + \beta y = 0$.

Les paramètres directeurs sont β, $-\gamma$, 0 ; le plan perpendiculaire a pour équation $\beta x - \gamma y, = 0$, et le diamètre conjugué de ce plan, c'est-à-dire l'axe, est défini par

$$\frac{f'_x}{\beta} = \frac{f'_y}{-\gamma}, \qquad f'_z = 0,$$

ou

$$(2) \qquad \frac{\gamma(z-h)}{\beta} = \frac{\beta(z+h)}{-\gamma}, \qquad \gamma x + \beta y + 2\delta z = 0.$$

Le sommet du paraboloïde est déterminé par les équations (1) et (2), et nous aurons le lieu demandé en éliminant β, γ, δ entre ces équations.

La première des équations (2) s'écrit

$$(3) \qquad \frac{\beta^2}{\gamma^2} = -\frac{z-h}{z+h};$$

de la seconde nous tirons $\delta = -\dfrac{\gamma x + \beta y}{2z}$, et en portant cette valeur dans l'équation (1), nous avons

$$(4) \qquad \frac{\beta}{\gamma} = -\frac{x(z-h)^2}{y(z+h)^2}.$$

Il est alors facile d'éliminer $\dfrac{\beta}{\gamma}$ entre (3) et (4).

Nous voyons ainsi que l'équation ponctuelle de la surface (S) est

$$x^2(z-h)^3 + y^2(z+h)^3 = 0,$$

Comme cette équation est homogène par rapport à x et y, elle représente un conoïde dont l'axe est Oz et dont le plan directeur est parallèle au plan des xy.

2° On démontrera aisément que l'équation tangentielle de ce conoïde est

$$v^2(r+hw)^3 + u^2(r-hw)^3 = 0.$$

312. *On donne trois axes rectangulairés, une parabole définie par les équations* $y^2 - 2px = 0$, $z = 0$, *et deux points* A, B *symétriques par rapport au plan de cette parabole et ayant pour coordonnées* (a, b, c) *et* $(a, b, -c)$. *On suppose que la droite*

AB *ne rencontre pas la parabole, c'est-à-dire que l'on a*
$b^2 - 2pa \neq 0$.

1° *Trouver le lieu des sommets des paraboloïdes contenant la parabole et les deux points* A, B.

2° *Séparer sur le lieu trouvé les sommets des paraboloïdes elliptiques de ceux des paraboloïdes hyperboliques.*

1° On trouve sans difficulté que l'équation générale des paraboloïdes envisagés est

$$(1) \qquad y^2 - \frac{b^2 - 2pa}{c^2} z^2 + 2\lambda yz - 2px - 2\lambda bz = 0,$$

λ étant un paramètre variable.

L'axe d'un quelconque de ces paraboloïdes est parallèle à Ox ; par suite, cet axe est le diamètre conjugué du plan des yz, et a pour équations $f'_y = 0$, $f'_z = 0$, ou

$$(2) \qquad y + \lambda z = 0.$$

$$(3) \qquad -\frac{b^2 - 2pa}{c^2} z + \lambda y - \lambda b = 0.$$

On aura le lieu du sommet en éliminant λ entre les équations (1), (2) et (3).

De l'équation (2) on tire $\lambda = -\dfrac{y}{z}$, et en portant cette valeur dans (1) et (3) on obtient un système de deux équations qui est équivalent au système suivant :

$$(4) \qquad y^2 + \frac{b^2 - 2pa}{c^2} z^2 - by = 0,$$

$$(5) \qquad by - 2px = 0.$$

Ce sont les équations du lieu.

La première représente un cylindre parallèle à Ox, dont la directrice est une conique (C) située dans le plan yOz, tangente à Oz à l'origine, et symétrique par rapport à Oy. La deuxième représente un plan passant par Oz.

Ce plan coupe le cylindre suivant une conique (Γ), de même

nature que (C), tangente à Oz au point O, et symétrique par
rapport au plan des xy. Cette conique (Γ) est le lieu des sommets.

C'est une ellipse si $b^2 - 2pa > 0$, une hyperbole si $b^2 - 2pa < 0$.

2° L'équation (1) peut s'écrire

$$(y + \lambda z)^2 - z^2\left[\frac{b^2 - 2pa}{c^2} + \lambda^2\right] - 2\lambda bz - 2px = 0.$$

Si $b^2 - 2pa > 0$, cette équation représente un paraboloïde
hyperbolique. Tous les points de l'ellipse (Γ) sont des sommets
de paraboloïdes hyperboliques.

Si $b^2 - 2pa < 0$, le paraboloïde est elliptique dans le cas où
l'on a

$$\frac{b^2 - 2pa}{c^2} + \lambda^2 < 0.$$

Mais nous avons trouvé la valeur de λ en fonction des coordonnées d'un point du lieu, $\lambda = -\dfrac{y}{z}$; l'inégalité peut donc
s'écrire

$$y^2 + \frac{b^2 - 2pa}{c^2} z^2 < 0,$$

ou, en tenant compte de (4), et en supposant $b > 0$,

$$y < 0.$$

La conique (Γ) est une hyperbole ; la branche de cette courbe
tangente à Oz contient les sommets de paraboloïdes elliptiques,
et l'autre branche les sommets de paraboloïdes hyperboliques.

313. *On donne les deux quadriques ayant pour équations*

$$yz - ax = 0, \qquad zx + a(y - z) = 0.$$

*1° Démontrer qu'elles se coupent suivant une cubique gauche
et former l'équation générale des quadriques passant par cette
cubique.*

*2° Lieu des sommets des paraboloïdes passant par cette cu-
bique.*

3° *Trouver l'équation générale des cônes passant par la cubique et l'enveloppe de leurs traces sur le plan des xy.*

4° *Trouver le lieu des diamètres de ces cônes qui sont conjugués de la direction du plan des xy.*

1° Les équations de la cubique peuvent s'écrire, en fonction d'un paramètre t,

$$x = \frac{at^2}{1+t^2}, \qquad y = \frac{at}{1+t^2}, \qquad z = at.$$

Pour obtenir l'équation générale des quadriques passant par la cubique, il suffit de déterminer une troisième quadrique contenant la cubique (305) ; on trouve aisément le cylindre $x^2 + y^2 - ax = 0$. Par suite l'équation générale des quadriques considérées est

$$(1) \quad \lambda(yz - ax) + \mu(xz + ay - az) + \nu(x^2 + y^2 - ax) = 0.$$

2° Pour que cette équation représente un paraboloïde il faut qu'on ait $\nu = 0$; les équations de l'axe sont

$$\frac{f'_x}{\lambda} = \frac{f'_y}{-\mu}, \qquad f'_z = 0.$$

Le lieu des sommets est le cercle

$$z = 0, \qquad x^2 + y^2 - ax = 0.$$

3° Pour que l'équation (1) représente un cône, il faut qu'on ait $\lambda^2 + \mu^2 + \lambda\nu = 0$, ou $\nu = -\dfrac{\lambda^2 + \mu^2}{\lambda}$.

L'enveloppe demandée a pour équation

$$4(x^2 + y^2)(x^2 + y^2 - ax) - a^2 y^2 = 0 ;$$

c'est un limaçon de Pascal.

4° Le lieu des diamètres considérés est un hyperboloïde à une nappe ayant pour équation

$$2(x^2 + y^2) - yz - ax = 0.$$

314. *On considère les paraboloïdes passant par les cercles (C) et (C′) définis au n° 295.*

1° Démontrer que l'axe de l'un quelconque de ces paraboloïdes rencontre Oz en faisant avec cette droite un angle égal à 45°, et s'appuie sur le cercle décrit sur OA′ comme diamètre (A′ étant le milieu de OA) dans le plan des xy.

2° Démontrer que le lieu de ces axes est une surface du quatrième degré qui est coupée suivant des limaçons de Pascal par des plans parallèles au plan des xy.

Le lieu des axes a pour équation

$$[2(x^2 + y^2) - ax]^2 - 4z^2(x^2 + y^2) = 0.$$

315. *On donne trois axes rectangulaires, un cercle (C) dans le plan des xy, tangent à l'origine à Oy, et un cercle (C′) dans le plan des yz, tangent à l'origine à Oy. On désignera par a l'abscisse du centre de (C), par b la cote du centre de (C′), et on supposera $a > 0$, $b > 0$, $a > b$.*

1° Former l'équation générale des quadriques (S) passant par ces deux cercles.

2° On donne un point A (x_0, y_0) dans le plan des xy, et on considère la courbe de contact du cône circonscrit de sommet A à une quadrique (S). Montrer que le lieu de cette courbe est une quadrique (Σ).

3° Où doit se trouver A pour que la surface (Σ) soit un cône? Former dans ce cas son équation réduite.

4° Où doit se trouver le point A pour que la surface (Σ) soit un paraboloïde? Former son équation réduite et montrer qu'il existe une relation indépendante du point A entre les paramètres des paraboles principales.

5° Le point A se déplaçant dans le plan des xy de façon que (Σ) soit un paraboloïde, trouver le lieu de l'axe de ce paraboloïde.

1° Nous avons déjà obtenu au n° 294 l'équation générale des

surfaces (S),

$$x^2 + y^2 + z^2 + 2\lambda zx - 2ax - 2bz = 0.$$

2° $(2a - x_0)x^2 + x_0 y^2 + x_0 z^2 + 2bzx - 2y_0 xy - 2bx_0 z = 0.$

3° Le lieu de A est le cercle

$$x_0^2 + y_0^2 - 2ax_0 = 0,$$

et l'équation réduite du cône est

$$x_0 X^2 + \left(a + \sqrt{a^2 + b^2}\right)Y^2 + \left(a - \sqrt{a^2 + b^2}\right)Z^2 = 0.$$

4° Le lieu de A est le cercle

$$x_0^2 + y_0^2 - 2ax_0 + b^2 = 0 \,;$$

l'équation réduite du paraboloïde est

$$x_0 Y^2 + 2a Z^2 - 2b^2 \sqrt{\frac{x_0}{2a}}\, X = 0.$$

Entre les paramètres p et q des paraboles principales on a la relation

$$pq = \frac{b^4}{4a^2}.$$

5° Le lieu de l'axe est un cône du second degré qui a pour sommet le point $\left(-\dfrac{b^2}{2a},\ 0,\ b\right)$; et si on transporte l'origine en ce point, l'équation du cône est

$$b(x^2 + y^2 + z^2) + 2axz = 0.$$

316. *On donne une quadrique* (Q) *et un point* O.

1° *Trouver le lieu des cordes* AB *de la quadrique* (Q) *qui passent en* O, *et telles que* $\dfrac{\overline{OA}}{\overline{OB}} = k$, *$k$ étant un nombre donné.*

2° *Ce lieu est un cône* (C). *Déterminer son intersection avec la quadrique.*

3° *Lieu des centres des sections de la quadrique* (Q) *par les plans tangents au cône* (C).

4° *On suppose que le nombre k varie et on demande le lieu des axes du cône* (C).

1° Soit

$$\varphi(x, y, z) + 2Cx + 2C'y + 2C''z + D = 0$$

l'équation de la quadrique (Q), rapportée à trois axes rectangulaires quelconques passant par le point O.

Le cône (C) a pour équation

$$\varphi(x, y, z) + h(Cx + C'y + C''z)^2 = 0,$$

où l'on pose $h = -\dfrac{4k}{D(1 + k)^2}$.

2° Il coupe la quadrique (Q) suivant deux coniques situées dans les plans parallèles

$$Cx + C'y + C''z = -\frac{D(1 + k)}{2},$$

$$Cx + C'y + C''z = -\frac{D(1 + k)}{2k};$$

résultat qu'on peut prévoir.

3° Pour résoudre les deux dernières parties, on peut prendre pour axes de coordonnées des parallèles aux directions principales de (Q), ce qui revient à poser $\varphi(x, y, z) \equiv Ax^2 + A'y^2 + A''z^2$.

Le lieu se compose de deux coniques définies par les équations

$$\varphi(x, y, z) + P = 0, \qquad (P + E)(hP - 1) = 0,$$

en posant

$$P \equiv Cx + C'y + C''z, \qquad E = \frac{C^2}{A} + \frac{C'^2}{A'} + \frac{C''^2}{A''}.$$

4° Le lieu est le cône

$$C(A' - A'')yz + C'(A'' - A)zx + C''(A - A')xy = 0.$$

347. *On considère les paraboloïdes passant par une droite* (D), *dont l'axe est parallèle à une direction donnée* (Δ) *et dont les plans directeurs sont perpendiculaires.*

Combien de paramètres renferme l'équation générale?

Trouver le lieu des sommets.

318. *Dans un paraboloïde on donne la direction de l'axe, un plan tangent et une génératrice.*

Combien de paramètres renferme l'équation générale?

Lieu des sommets.

319. *Trouver le lieu des sommets des paraboloïdes équilatères passant par une hyperbole.*

320. *Trouver le lieu du sommet d'un cône qui a pour base un cercle donné et dont un axe passe par un point donné.*

321. *Lieu des sommets des quadriques qui passent par un cercle donné et qui ont pour centre un point donné. Séparer sur le lieu trouvé les sommets des quadriques de même nature.*

CHAPITRE XI

ÉQUATIONS RÉDUITES DES QUADRIQUES NORMALES, FOYERS, GÉNÉRATRICES

---

322. *On donne un ellipsoïde rapporté à ses axes,*

$$\frac{x^2}{a^2} + \frac{y^2}{b^2} + \frac{z^2}{c^2} - 1 = 0,$$

et un point P(α, β, γ). *Former l'équation générale des quadriques passant par les pieds des normales issues du point* P *à l'ellipsoïde.*

On sait que ces pieds sont les points de rencontre de l'ellipsoïde et d'une cubique gauche définie par les équations

$$(1) \qquad \frac{\alpha - x}{\dfrac{x}{a^2}} = \frac{\beta - y}{\dfrac{y}{b^2}} = \frac{\gamma - z}{\dfrac{z}{c^2}}.$$

Première méthode. — Si on égale à t les rapports égaux (1), et si on résout par rapport à x, y, z, on obtient les équations paramétriques de la cubique,

$$(2) \qquad x = \frac{a^2\alpha}{t + a^2}, \qquad y = \frac{b^2\beta}{t + b^2}, \qquad z = \frac{c^2\gamma}{t + c^2}.$$

Les t des points de rencontre de cette cubique et de l'ellipsoïde sont racines de l'équation

$$(3) \qquad \frac{a^2\alpha^2}{(t+a^2)^2} + \frac{b^2\beta^2}{(t+b^2)^2} + \frac{c^2\gamma^2}{(t+c^2)^2} - 1 = 0.$$

Cette équation a six racines ; en remplaçant t successivement par ces racines dans les équations (2), on obtient les coordonnées des pieds des normales issues du point P à l'ellipsoïde.

Cela posé, considérons une quadrique quelconque

$$Ax^2 + A'y^2 + A''z^2 + 2Byz + 2B'zx + 2B''xy$$
$$+ 2Cx + 2C'y + 2C''z + D = 0,$$

et écrivons que cette quadrique passe par les pieds des normales considérées. Nous devons avoir

$$(4) \qquad \frac{Aa^4\alpha^2}{(t+a^2)^2} + \frac{A'b^4\beta^2}{(t+b^2)^2} + \frac{A''c^4\gamma^2}{(t+c^2)^2}$$
$$+ \frac{2Bb^2c^2\beta\gamma}{(t+b^2)(t+c^2)} + \frac{2B'c^2a^2\gamma\alpha}{(t+c^2)(t+a^2)} + \frac{2B''a^2b^2\alpha\beta}{(t+a^2)(t+b^2)}$$
$$+ \frac{2Ca^2\alpha}{t+a^2} + \frac{2C'b^2\beta}{t+b^2} + \frac{2C''c^2\gamma}{t+c^2} + D = 0,$$

et cette équation doit être vérifiée par les racines de l'équation (3).

Comme les équations (3) et (4) sont toutes deux du sixième degré, il faut écrire qu'elles ont mêmes racines. Pour cela [1], nous décomposerons les deux premiers membres en éléments simples, et nous écrirons que les éléments simples correspondants sont proportionnels.

Le premier membre de (3) est tout décomposé. Pour (4) le calcul est très simple ; on remarque que l'on a

$$\frac{1}{(t+b^2)(t+c^2)} \equiv \frac{1}{b^2-c^2}\left[\frac{1}{t+c^2} - \frac{1}{t+b^2}\right]$$

et des identités analogues. En écrivant la proportionnalité, on a

$$\frac{Aa^4\alpha^2}{a^2\alpha^2} = \frac{A'b^4\beta^2}{b^2\beta^2} = \frac{A''c^4\gamma^2}{c^2\gamma^2} = \frac{D}{-1},$$

---

(1) Voir tome II, n° 256.

$$B' \frac{c^2 a^2 \gamma \alpha}{c^2 - a^2} - B'' \frac{a^2 b^2 \alpha \beta}{a^2 - b^2} + C a^2 \alpha = 0,$$

$$B'' \frac{a^2 b^2 \alpha \beta}{a^2 - b^2} - B \frac{b^2 c^2 \beta \gamma}{b^2 - c^2} + C' b^2 \beta = 0,$$

$$B \frac{b^2 c^2 \beta \gamma}{b^2 - c^2} - B' \frac{c^2 a^2 \gamma \alpha}{c^2 - a^2} + C'' c^2 \gamma = 0.$$

On en déduit

$$A = - \frac{D}{a^2}, \qquad A' = - \frac{D}{b^2}, \qquad A'' = - \frac{D}{c^2},$$

$$C = B'' \frac{b^2 \beta}{a^2 - b^2} - B' \frac{c^2 \gamma}{c^2 - a^2},$$

$$C' = B \frac{c^2 \gamma}{b^2 - c^2} - B'' \frac{a^2 \alpha}{a^2 - b^2},$$

$$C'' = B' \frac{a^2 \alpha}{a^2 - b^2} - B \frac{b^2 \beta}{b^2 - c^2}.$$

Remplaçons alors A, A', A'', C, C', C'' par ces valeurs dans l'équation de la quadrique ; nous obtenons l'équation générale cherchée,

$$-D\left(\frac{x^2}{a^2} + \frac{y^2}{b^2} + \frac{z^2}{c^2} - 1\right) + 2B\left(yz + \frac{c^2 \gamma y}{b^2 - c^2} - \frac{b^2 \beta z}{b^2 - c^2}\right)$$

$$+ 2B'\left(zx + \frac{a^2 \alpha z}{c^2 - a^2} - \frac{c^2 \gamma x}{c^2 - a^2}\right)$$

$$+ 2B''\left(xy + \frac{b^2 \beta x}{a^2 - b^2} - \frac{a^2 \alpha y}{a^2 - b^2}\right) = 0,$$

où D, B, B', B'' sont arbitraires.

Deuxième méthode. — Si l'on peut déterminer les équations de quatre quadriques passant par les pieds des normales considérées,

$$f_1 = 0, \qquad f_2 = 0, \qquad f_3 = 0, \qquad f_4 = 0,$$

on pourra écrire immédiatement l'équation générale des quadriques demandées sous la forme

$$\lambda_1 f_1 + \lambda_2 f_2 + \lambda_3 f_3 + \lambda_4 f_4 = 0,$$

λ_1, λ_2, λ_3, λ_4 étant des paramètres variables ; même raisonnement qu'au n° 297.

Nous avons d'abord l'ellipsoïde donné, puis les cylindres qui projettent la cubique (1) sur les plans de coordonnées, et qui ont pour équations respectivement

$$(b^2 - c^2)yz + c^2\gamma y - b^2\beta z = 0,$$
$$(c^2 - a^2)zx + a^2\alpha z - c^2\gamma x = 0,$$
$$(a^2 - b^2)xy + b^2\beta x - a^2\alpha y = 0.$$

Par suite, l'équation générale cherchée est

$$\lambda_1\left(\frac{x^2}{a^2} + \frac{y^2}{b^2} + \frac{z^2}{c^2} - 1\right) + \lambda_2\big[(b^2 - c^2)yz + c^2\gamma y - b^2\beta z\big]$$
$$+ \lambda_3\big[(c^2 - a^2)zx + a^2\alpha z - c^2\gamma x\big]$$
$$+ \lambda_4\big[(a^2 - b^2)xy + b^2\beta x - a^2\alpha y\big] = 0.$$

C'est, aux notations près, l'équation obtenue par la première méthode.

323. *D'un point* P *donné on mène les normales à un ellipsoïde donné.*

1° *Démontrer que par les pieds de ces six normales on peut faire passer une infinité de surfaces du second degré* (S) *concentriques à l'ellipsoïde.*

2° *Trouver le lieu que doit décrire le point* P *pour que les surfaces* (S) *soient de révolution.*

3° *Déterminer le cône lieu des axes de révolution des surfaces* (S).

4° *Sur la section de ce cône par un plan perpendiculaire à l'axe mineur de l'ellipsoïde, indiquer les points par lesquels passe l'axe de révolution quand la surface* (S) *est un ellipsoïde, un hyperboloïde à une ou deux nappes, un cône, un cylindre ou un système de deux plans parallèles.*

1° L'équation générale des surfaces (S) est

$$\frac{x^2}{a^2} + \frac{y^2}{b^2} + \frac{z^2}{c^2} - 1 + 2\lambda a^2\alpha(b^2 - c^2)yz + 2\lambda b^2\beta(c^2 - a^2)zx + 2\lambda c^2\gamma(a^2 - b^2)xy = 0,$$

α, β, γ désignant les coordonnées du point P.

2° Le lieu du point P est un cône du quatrième degré,

$$\frac{y^2z^2}{a^2(b^2 - c^2)} + \frac{z^2x^2}{b^2(c^2 - a^2)} + \frac{x^2y^2}{c^2(a^2 - b^2)} = 0.$$

3° $a^2(b^2 - c^2)x^2 + b^2(c^2 - a^2)y^2 + c^2(a^2 - b^2)z^2 = 0.$

4° La section de ce cône par un plan perpendiculaire à Oz est une hyperbole. Les lignes séparatrices sont des droites passant par l'origine, et les pentes positives de ces droites sont $\dfrac{a}{b}$, 1 et

$$\sqrt{\frac{\dfrac{1}{a^2} - \dfrac{1}{b^2} + \dfrac{1}{c^2}}{\dfrac{1}{b^2} + \dfrac{1}{c^2} - \dfrac{1}{a^2}}}.$$

324. *Trouver le lieu des points tels que les pieds des six normales qu'on peut mener de l'un quelconque d'entre eux à un ellipsoïde donné se séparent en deux groupes de trois points dont les plans respectifs soient parallèles entre eux.*

Montrer que si l'on se donne un point P du lieu, la solution de ce problème : « Mener du point P les normales à l'ellipsoïde » dépend de la résolution de deux équations du troisième degré.

Discuter ces équations.

Le lieu du point P se compose des quatre droites définies par les équations

$$ax(b^2 - c^2) = \pm\, by(c^2 - a^2) = \pm\, cz(a^2 - b^2).$$

Si l'on suppose le point P situé sur la droite qui correspond aux signes $+$ et ayant pour coordonnées α, β, γ, les coordonnées des pieds des normales issues du point P sont

$$x = \frac{a^2\alpha}{t+a^2}, \qquad y = \frac{b^2\beta}{t+b^2}, \qquad z = \frac{c^2\gamma}{t+c^2},$$

t étant racine d'une quelconque des équations du troisième degré suivantes :

$$\frac{a\alpha}{t+a^2} + \frac{b\beta}{t+b^2} + \frac{c\gamma}{t+c^2} - 1 = 0,$$

$$\frac{a\alpha}{t+a^2} + \frac{b\beta}{t+b^2} + \frac{c\gamma}{t+c^2} + 1 = 0.$$

325. *D'un point M pris sur un paraboloïde on mène les quatre normales MA, MB, MC, MD, autres que celle qui a son pied en M. On demande, lorsque M décrit le paraboloïde, de trouver :*

1° le lieu du centre de la sphère (Σ) qui passe aux quatre points A, B, C, D ;

2° le lieu du centre de la sphère (Σ'), circonscrite au tétraèdre formé par les plans tangents au paraboloïde en A, B, C, D.

3° Montrer que le milieu du segment limité par les centres des sphères (Σ) et $\Sigma')$ est un point fixe.

1° Soit $\dfrac{y^2}{p} + \dfrac{z^2}{q} - 2x = 0$ l'équation du paraboloïde rapporté à ses plans principaux et au plan tangent au sommet ; nous supposons que p et q ont des signes quelconques, et par suite que le paraboloïde est elliptique ou hyperbolique.

Désignons par x_0, y_0, z_0 les coordonnées du point M ; nous avons

$$(1) \qquad \frac{y_0^2}{p} + \frac{z_0^2}{q} - 2x_0 = 0.$$

Les pieds des normales issues du point M au paraboloïde sont les points de rencontre de cette surface et de la cubique définie par les équations

$$(2) \qquad \frac{x_0 - x}{-1} = \frac{y_0 - y}{\dfrac{y}{p}} = \frac{z_0 - z}{\dfrac{z}{q}} = t,$$

ou par les équations paramétriques

$$(3) \qquad x = t + x_0, \qquad y = \frac{p y_0}{t + p}, \qquad z = \frac{q z_0}{t + q}.$$

Les t des pieds des normales sont racines de l'équation

$$(4) \qquad \frac{p y_0^2}{(t + p)^2} + \frac{q z_0^2}{(t + q)^2} - 2(t + x_0) = 0,$$

obtenue en remplaçant dans l'équation du paraboloïde x, y, z par leurs valeurs (3).

Cette équation admet la racine $t = 0$, correspondant au point M ; en retranchant (1) de (4), nous mettons en évidence le facteur t, et en supprimant ce facteur il nous reste l'équation du quatrième degré

$$(5) \qquad \frac{y_0^2(t + 2p)}{p(t + p)^2} + \frac{z_0^2(t + 2q)}{q(t + q)^2} + 2 = 0,$$

dont les racines sont les t des points A, B, C, D.

Soit maintenant

$$x^2 + y^2 + z^2 + \alpha x + \beta y + \gamma z + \delta = 0$$

l'équation de la sphère qui passe par ces quatre points ; remplaçons-y x, y, z par les valeurs (3) ; nous obtenons l'équation

$$(6) \qquad (t + x_0)^2 + \frac{p^2 y_0^2}{(t + p)^2} + \frac{q^2 z_0^2}{(t + q)^2} + \alpha(t + x_0)$$
$$+ \frac{\beta p y_0}{t + p} + \frac{\gamma q z_0}{t + q} + \delta = 0,$$

et cette équation doit admettre comme racines les quatre racines de l'équation (5).

L'équation (6), étant du sixième degré, admet deux racines de plus que l'équation (5). Multiplions alors celle-ci par un trinome $t^2 + mt + n$; nous obtenons une nouvelle équation,

$$(7) \qquad \left[\frac{y_0^2(t + 2p)}{p(t + p)^2} + \frac{z_0^2(t + 2q)}{q(t + q)^2} + 2 \right](t^2 + mt + n) = 0,$$

et nous devons écrire que les équations (6) et (7) ont mêmes racines.

Pour cela nous décomposerons leurs premiers membres en éléments simples, et nous écrirons que ces éléments sont proportionnels. Nous aurons des termes en t^2, en t, en $\dfrac{1}{t+p}$, en $\dfrac{1}{t+q}$, en $\dfrac{1}{(t+p)^2}$, en $\dfrac{1}{(t+q)^2}$ et des termes indépendants.

Le premier membre de (6) est tout décomposé ; un calcul facile donne pour (7) la décomposition suivante :

$$(8)\qquad \frac{y_0^2}{p}\left[t+m+\frac{n-p^2}{t+p}+\frac{p(p^2-mp+n)}{(t+p)^2}\right]$$
$$+\frac{z_0^2}{q}\left[t+m+\frac{n-q^2}{t+q}+\frac{q(q^2-mq+n)}{(t+q)^2}\right]$$
$$+2(t^2+mt+n)=0.$$

Nous avons alors

$$\frac{1}{2}=\frac{2x_0+\alpha}{2x_0+2m}=\frac{x_0^2+\alpha x_0+\delta}{2mx_0+2n}=\frac{\beta p y_0}{\dfrac{y_0^2}{p}(n-p^2)}=\frac{\gamma q z_0}{\dfrac{z_0^2}{q}(n-q^2)}$$
$$=\frac{p^2 y_0^2}{y_0^2(p^2-mp+n)}=\frac{q^2 z_0^2}{z_0^2(q^2-mq+n)}.$$

Nous avons remplacé $\dfrac{y_0^2}{p}+\dfrac{z_0^2}{q}$ par $2x_0$.

Nous tirons de là

$$p^2-mp+n=2p^2,\qquad q^2-mq+n=2q^2,$$
$$\beta=\frac{y_0(n-p^2)}{2p^2},\qquad \gamma=\frac{z_0(n-q^2)}{2q^2},$$
$$2x_0+\alpha=x_0+m,\qquad x_0^2+\alpha x_0+\delta=mx_0+n.$$

Les deux premières nous donnent

$$m=-(p+q),\qquad n=-pq,$$

et les suivantes

$$\beta=-\frac{y_0(p+q)}{2p},\qquad \gamma=-\frac{z_0(p+q)}{2q},$$
$$\alpha=-(x_0+p+q),\qquad \delta=-pq.$$

On en conclut que l'équation de la sphère (Σ) est

$$x^2 + y^2 + z^2 - (x_0 + p + q)x - \frac{(p+q)y_0}{2p}\, y$$
$$- \frac{(p+q)z_0}{2q}\, z - pq = 0.$$

Les coordonnées du centre sont

$$x = \frac{x_0 + p + q}{2}, \qquad y = \frac{(p+q)y_0}{4p}, \qquad z = \frac{(p+q)z_0}{4q};$$

on aura le lieu de ce point en éliminant x_0, y_0, z_0 entre ces équations et la relation (1). On obtient ainsi l'équation

$$\frac{8(py^2 + qz^2)}{(p+q)^2} - 2x + p + q = 0,$$

qui représente un paraboloïde de même nature que le paraboloïde donné.

Remarque. — On peut obtenir autrement l'équation de la sphère (Σ). Pour cela, on cherche à former les équations de trois quadriques passant par les points A, B, C, D et *ayant leurs directions principales parallèles aux axes de coordonnées*.

Si x, y, z désignent les coordonnées d'un des points A, B, C, D, les relations (2) montrent que $x_0 - x$, $y_0 - y$, $z_0 - z$ sont proportionnels à $-1, \dfrac{y}{p}, \dfrac{z}{q}$.

Écrivons l'équation du paraboloïde sous la forme

$$y\,\frac{y}{p} + z\,\frac{z}{q} + 2x\,(-1) = 0,$$

puis remplaçons-y $\dfrac{y}{p}, \dfrac{z}{q}, -1$ par les quantités proportionnelles signalées ; nous obtenons l'équation

$$y(y_0 - y) + z(z_0 - z) + 2x(x_0 - x) = 0,$$

qui représente une quadrique passant par les points A, B, C, D.
Retranchons maintenant la relation (1) de l'équation du para-

boloïde; nous obtenons

$$\frac{y+y_0}{p}(y-y_0)+\frac{z+z_0}{q}(z-z_0)-2(x-x_0)=0\,;$$

puis nous remplaçons $y-y_0$, $z-z_0$, $x-x_0$ par les quantités proportionnelles $\frac{y}{p}$, $\frac{z}{q}$, -1, et nous avons

$$\frac{(y+y_0)y}{p^2}+\frac{(z+z_0)z}{q^2}+2=0,$$

équation encore vérifiée par les coordonnées des points A, B, C, D.

Nous obtenons ainsi les trois quadriques

$$S_1\equiv\frac{y^2}{p}+\frac{z^2}{q}-2x=0,$$
$$S_2\equiv y(y_0-y)+z(z_0-z)+2x(x_0-x)=0,$$
$$S_3\equiv\frac{(y+y_0)y}{p^2}+\frac{(z+z_0)z}{q^2}+2=0,$$

passant par les points A, B, C, D et ayant leurs directions principales parallèles aux axes de coordonnées.

Considérons alors l'équation

$$\lambda_1 S_1 + \lambda_2 S_2 + \lambda_3 S_3 = 0\,;$$

elle représente, quels que soient λ_1, λ_2, λ_3, une quadrique jouissant des mêmes propriétés. Or nous pouvons déterminer λ_1, λ_2, λ_3 de façon que cette équation représente une sphère; il suffit en effet d'écrire que les coefficients de x^2, y^2, z^2 sont égaux. Nous obtenons

$$\lambda_1 = -(p+q), \qquad \lambda_2 = 1, \qquad \lambda_3 = pq,$$

et en remplaçant λ_1, λ_2, λ_3 par ces valeurs dans l'équation précédente, nous obtenons l'équation de la sphère (Σ).

2° Le plan tangent en l'un des points A, B, C, D au paraboloïde a pour équation

$$\frac{yy_0}{t+p}+\frac{zz_0}{t+q}-(x+x_0+t)=0.$$

Écrivons que ce plan passe par un point A_1 de l'espace, ayant pour coordonnées x_1, y_1, z_1 ; nous avons

$$(9) \qquad \frac{y_1 y_0}{t + p} + \frac{z_1 z_0}{t + q} - (x_1 + x_0 + t) = 0,$$

et, si nous écrivons que cette équation est vérifiée par trois racines de l'équation (5), A_1 sera l'un des sommets du tétraèdre T_1, formé par les plans tangents en A, B, C, D.

Soit t_1 la racine de (5) qui n'appartient pas à (9) ; multiplions (9) par $t - t_1$; nous avons.

$$(10) \qquad \left[\frac{y_1 y_0}{t + p} + \frac{z_1 z_0}{t + q} - (x_1 + x_0 + t) \right] (t - t_1) = 0,$$

et écrivons que (5) et (10) ont mêmes racines.

Pour pouvoir appliquer la méthode reposant sur la décomposition des fractions rationnelles en éléments simples, il faut que les dénominateurs de ces fractions renferment les mêmes facteurs linéaires avec le même exposant. Ceci n'a pas lieu pour les premiers membres de (10) et (5).

Pour rendre les dénominateurs semblables, nous multiplierons le premier membre de (5) par $(t+p)(t+q)$. Cette équation devient

$$(11) \qquad \frac{y_0^2(t + 2p)(t + q)}{p(t + p)} + \frac{z_0^2(t + 2q)(t + p)}{q(t + q)}$$
$$+ 2(t + p)(t + q) = 0.$$

Nous décomposons alors en éléments simples les premiers membres de (10) et (11), et nous avons

$$y_1 y_0 \left[1 - \frac{t_1 + p}{t + p} \right] + z_1 z_0 \left[1 - \frac{t_1 + q}{t + q} \right]$$
$$- (x_1 + x_0 + t)(t - t_0) = 0,$$

$$\frac{y_0^2}{p} \left[t + p + q + \frac{p(q - p)}{t + p} \right] + \frac{z_0^2}{q} \left[t + p + q + \frac{q(p - q)}{t + q} \right]$$
$$+ 2(t + p)(t + q) = 0.$$

Écrivons alors que les éléments sont proportionnels ; nous

avons

$$-\frac{1}{2} = \frac{-x_1 - x_0 + t_1}{2x_0 + 2(p+q)} = \frac{y_1 y_0 + z_1 z_0 + t_1(x_1 + x_0)}{2x_0(p+q) + 2pq}$$

$$= \frac{-y_1 y_0 (t_1 + p)}{y_0^2(q-p)} = \frac{-z_1 z_0 (t_1 + q)}{z_0^2(p-q)}.$$

Ceci nous permet de calculer x_1, y_1, z_1 en fonctions de t_1; nous avons

$$x_1 = t_1 + p + q, \qquad y_1 = \frac{y_0(q-p)}{2(t_1+p)}, \qquad z_1 = \frac{z_0(p-q)}{2(t_1+q)}.$$

Ces formules donnent les coordonnées du point A_1 du tétraèdre T_1 en fonction du t de celui des points A, B, C, D situé dans la face opposée à A_1.

On en conclut que les coordonnées des sommets du tétraèdre (T_1) sont déterminées par les formules

$$x = t + p + q, \qquad y = \frac{y_0(q-p)}{2(t+p)}, \qquad z = \frac{z_0(p-q)}{2(t+q)},$$

t étant racine de l'équation (5).

En faisant alors un calcul tout à fait analogue à celui qui nous a donné l'équation de la sphère (Σ), nous trouverons pour équation de (Σ')

$$x^2 + y^2 + z^2 + (x_0 - p - q)x + \frac{(p+q)y_0}{2p} y$$

$$+ \frac{(p+q)z_0}{2q} z + \frac{p^2 + q^2}{2} = 0.$$

Le lieu du centre de cette sphère est encore un paraboloïde qui a pour équation

$$\frac{8(py^2 + qz^2)}{(p+q)^2} + 2x - p - q = 0.$$

3° Le milieu des centres des sphères (Σ) et (Σ') a pour coordonnées $\dfrac{p+q}{2}$, 0, 0.

326. *D'un point* P *pris sur la normale en un point* A *d'un*

paraboloïde on peut mener à la surface quatre autres normales ayant pour pieds B, C, D, E.

1° Trouver l'équation de la sphère (Σ) passant par les quatre points B, C, D, E.

2° Trouver le lieu du centre I de la sphère (Σ) quand le point P se déplace sur la normale au point A, ainsi que la surface engendrée par la droite PI.

Soit $\dfrac{y^2}{p} + \dfrac{z^2}{q} - 2x = 0$ l'équation du paraboloïde rapporté à ses plans principaux et au plan tangent au sommet, et soient x_0, y_0, z_0 les coordonnées du point A.

Nous avons

$$\frac{y_0^2}{p} + \frac{z_0^2}{q} - 2x_0 = 0,$$

et la normale au point A a pour équation

$$\frac{x - x_0}{-1} = \frac{y - y_0}{\dfrac{y_0}{p}} = \frac{z - z_0}{\dfrac{z_0}{q}}.$$

Prenons un point $P(\alpha, \beta, \gamma)$ sur cette normale ; nous avons

$$\frac{\alpha - x_0}{-1} = \frac{\beta - y_0}{\dfrac{y_0}{p}} = \frac{\gamma - z_0}{\dfrac{z_0}{q}}.$$

D'autre part, les pieds des normales issues du point P ont pour coordonnées

$$x = \alpha + t, \qquad y = \frac{p\beta}{t + p}, \qquad z = \frac{q\gamma}{t + q},$$

t étant racine de l'équation

$$(1) \qquad \frac{p\beta^2}{(t + p)^2} + \frac{q\gamma^2}{(t + q)^2} - 2(\alpha + t) = 0.$$

L'un de ces pieds de normales est le point A ; il correspond à la valeur t_0, racine de l'équation (1), et telle que l'on ait

$$x_0 = \alpha + t_0, \qquad y_0 = \frac{p\beta}{t_0 + p}, \qquad z_0 = \frac{q\gamma}{t_0 + q}.$$

1° L'équation de la sphère (Σ) est alors

$$x^2 + y^2 + z^2 - (\alpha + t_0 + p + q) - \frac{\beta(2t_0 + p + q)}{2(t_0 + p)} y$$
$$- \frac{\gamma(2t_0 + p + q)}{2(t_0 + q)} z + (t_0 + p)(t_0 + q) = 0.$$

2° Le lieu du centre est la droite

$$(\mathrm{D}) \qquad 2x = x_0 + p + q, \qquad pz_0 y - q y_0 z = 0.$$

La droite PI rencontre deux droites fixes, la normale en A au paraboloïde et la droite (D), lieu du centre de la sphère (Σ); de plus PI reste parallèle au plan fixe

$$x + \frac{py}{y_0} + \frac{qz}{z_0} = 0.$$

Donc le lieu de la droite PI est un paraboloïde hyperbolique.

327. *D'un point P pris sur la normale en un point A d'un paraboloïde, on peut mener à la surface quatre autres normales ayant pour pieds B, C, D, E.*

1° Déterminer la position du point P de façon que le tétraèdre BCDE soit orthocentrique.

2° Lieu du point P, de l'orthocentre, du centre de gravité, et du centre de la sphère circonscrite quand le point A décrit le paraboloïde.

Mêmes axes et mêmes notations qu'au n° précédent.

1° Le point P est déterminé par les équations

$$x_0 = \alpha + t_0, \qquad y_0 = \frac{p\beta}{t_0 + p}, \qquad z_0 = \frac{q\gamma}{t_0 + q},$$

où t_0 a la valeur constante

$$t_0 = - \frac{3p^2 + 3q^2 - 2pq}{2(p + q)}.$$

2° Le lieu du point P est le paraboloïde

$$\frac{py^2}{(l_0+p)^2} + \frac{qy^2}{(l_0+q)^2} - 2(x+l_0) = 0.$$

L'orthocentre est situé sur la cubique aux pieds des normales issues du point P; le t de cet orthocentre a aussi une valeur constante t' liée à l_0 par la formule

$$\frac{p(l_0+p)}{t'+p} + \frac{q(l_0+q)}{t'+q} = 0.$$

Le lieu de ce point est le paraboloïde

$$py^2 + qz^2 - \frac{2p^2(l_0+p)^2}{(t'+p)^2}(x+l_0-t') = 0.$$

Le centre de gravité a pour coordonnées

$$x = \frac{1}{4}(3\alpha - l_0 - 2p - 2q),$$

$$y = \frac{p\beta(2l_0+p+q)}{4(p-q)(l_0+p)},$$

$$z = \frac{q\gamma(2l_0+p+q)}{4(q-p)(l_0+q)}.$$

Il décrit un paraboloïde.

Enfin, la sphère a pour équation

$$x^2+y^2+z^2 - (x_0+p+q)x - \frac{y_0}{2p}(2l_0+p+q)y$$

$$- \frac{z_0}{2q}(2l_0+p+q)z - (l_0+p)(l_0+q) = 0.$$

Le lieu du centre est le paraboloïde

$$8(py^2+qz^2) - (2l_0+p+q)^2(2x-p-q) = 0.$$

328. *La condition nécessaire et suffisante pour que les normales en trois points* A, B, C *du paraboloïde*

$$\frac{y^2}{p} + \frac{z^2}{q} - 2x = 0$$

concourent en un même point est que le pôle du plan ABC soit situé sur la surface

$$x(qy^2 + pz^2) + (p - q)(qy^2 - pz^2) + \frac{1}{2} pq(p - q)^2 = 0.$$

329. *Trouver la condition pour que les normales à l'ellipsoïde*
$$\frac{x^2}{a^2} + \frac{y^2}{b^2} + \frac{z^2}{c^2} - 1 = 0 \quad \text{aux points d'intersection par le plan}$$
$$u\frac{x}{a} + v\frac{y}{b} + w\frac{z}{c} - 1 = 0 \text{ soient rencontrées par une même droite.}$$

Montrer que si la condition trouvée est remplie, les normales aux points d'intersection de l'ellipsoïde donné par le plan
$$\frac{x}{ua} + \frac{y}{vb} + \frac{z}{wc} - 1 = 0 \text{ rencontrent la même droite.}$$

La condition demandée est

$$\frac{(v^2 + w^2)(u^2 - 1)}{b^2 - c^2} + \frac{(w^2 + u^2)(v^2 - 1)}{c^2 - a^2} + \frac{(u^2 + v^2)(w^2 - 1)}{a^2 - b^2} = 0.$$

330. *On coupe un ellipsoïde par un plan* (P) *et l'on mène à la surface les normales dont les pieds sont situés sur la courbe d'intersection.*

1° Démontrer que le cône qui a son sommet à l'origine et dont les génératrices sont parallèles à ces normales est un cône du deuxième degré.

2° Trouver l'enveloppe des plans (P) *pour lesquels ce cône est capable d'un trièdre trirectangle inscrit.*

Soient $\dfrac{x^2}{a^2} + \dfrac{y^2}{b^2} + \dfrac{z^2}{c^2} - 1 = 0$ l'équation de l'ellipsoïde rapporté à ses axes et $ux + vy + wz + r = 0$ celle du plan (P).

1° Le cône envisagé a pour équation

$$r^2(a^2x^2 + b^2y^2 + c^2z^2) - (a^2ux + b^2vy + c^2wz)^2 = 0.$$

2° L'enveloppe du plan (P) est un ellipsoïde qui a pour équation

$$\frac{x^2}{a^4} + \frac{y^2}{b^4} + \frac{z^2}{c^4} - \frac{1}{a^2 + b^2 + c^2} = 0.$$

Cette surface est polaire réciproque de la sphère de Monge par rapport à l'ellipsoïde.

331. *Étant données une sphère et une quadrique, les normales menées par le centre de la sphère à toutes les quadriques qui passent par l'intersection de ces deux surfaces sont sur un cône du second ordre.*

Si on désigne par

$$x^2 + y^2 + z^2 - R^2 = 0,$$

$$\varphi(x, y, z) + 2Cx + 2C'y + 2C''z + D = 0$$

les équations de la sphère et de la quadrique, le cône envisagé a pour équation

$$\begin{vmatrix} \varphi'_x & x & C \\ \varphi'_y & y & C' \\ \varphi'_z & z & C'' \end{vmatrix} = 0.$$

332. *On donne une quadrique, et un plan (P) qui coupe la quadrique suivant un cercle (C).*

1° Démontrer que les normales à la quadrique en tous les points du cercle (C) rencontrent une droite fixe.

2° La surface engendrée par ces normales est coupée par un plan parallèle au plan (P) suivant une conchoïde de conique si le plan (P) ne passe pas par le centre de la quadrique, et suivant une conchoïde de droite si le plan (P) passe par le centre de la quadrique.

333. *On donne une quadrique à centre unique et une cubique gauche passant par le centre et dont les directions asymptotiques sont parallèles aux axes de la surface.*

Démontrer que les normales à cette quadrique aux points où elle est rencontrée par la cubique sont situées sur une même surface du deuxième degré.

Dans quel cas cette surface est-elle un cône?

334. *Trouver le lieu des centres des sphères de rayon nul bitangentes à une quadrique à centre unique.*

Soit

$$\frac{x^2}{A} + \frac{y^2}{B} + \frac{z^2}{C} - 1 = 0$$

l'équation de la quadrique rapportée à ses axes ; nous supposons que A, B, C ont des signes quelconques et que l'on a $A > B > C$.

Soient α, β, γ les coordonnées d'un point du lieu. Pour que la sphère

$$(x - \alpha)^2 + (y - \beta)^2 + (z - \gamma)^2 = 0$$

soit bitangente à la quadrique, il faut qu'il existe un nombre λ tel que l'équation

$$\lambda\left(\frac{x^2}{A} + \frac{y^2}{B} + \frac{z^2}{C} - 1\right) + (x - \alpha)^2 + (y - \beta)^2 + (z - \gamma)^2 = 0$$

représente un ensemble de deux plans, et pour cela (310) que les équations obtenues en dérivant cette équation par rapport à x, y, z, t représentent quatre plans passant par une même droite.

Nous avons ainsi les équations

$$(1) \quad \begin{cases} \dfrac{\lambda x}{A} + x - \alpha = 0, \\[2mm] \dfrac{\lambda y}{B} + y - \beta = 0, \\[2mm] \dfrac{\lambda z}{C} + z - \gamma = 0, \\[2mm] -\lambda - \alpha(x - \alpha) - \beta(y - \beta) - \gamma(z - \gamma) = 0. \end{cases}$$

Les trois premières ne contiennent chacune qu'une inconnue,

x, y, ou z; le système ne peut donc se réduire à deux équations que si l'une des trois premières est identiquement nulle. Annulons d'abord la première; nous avons

$$\lambda = - A, \qquad \alpha = 0.$$

Les deux suivantes deviennent

$$(2) \qquad y = \frac{B\beta}{B - A}, \qquad z = \frac{C\gamma}{C - A},$$

et il n'y a plus qu'à écrire que ces valeurs vérifient la quatrième équation du système (1). Ceci nous donne

$$\frac{\beta^2}{B - A} + \frac{\gamma^2}{C - A} - 1 = 0.$$

On voit ainsi qu'une partie du lieu cherché est la conique définie par les équations

$$(3) \qquad x = 0, \qquad \frac{y^2}{B - A} + \frac{z^2}{C - A} - 1 = 0.$$

En annulant ensuite la deuxième, puis la troisième équation du système (1), on obtient les deux autres coniques

$$(4) \qquad y = 0, \qquad \frac{x^2}{A - B} + \frac{z^2}{C - B} - 1 = 0,$$

$$(5) \qquad z = 0, \qquad \frac{x^2}{A - C} + \frac{y^2}{B - C} - 1 = 0.$$

Le lieu demandé se compose des trois coniques (3), (4) et (5). La première est une ellipse imaginaire, la seconde une hyperbole et la troisième une ellipse réelle. Elles sont situées dans les plans principaux de la surface et ont mêmes foyers que les coniques principales situées dans ces plans.

Nous avons vu n° 177 que ces coniques constituent le lieu des sommets des cônes de révolution circonscrits à la quadrique. Ce sont les *focales* de la quadrique.

335. *Trouver le lieu des centres des sphères de rayon nul bitangentes à un paraboloïde.*

Soit
$$\frac{y^2}{p} + \frac{z^2}{q} - 2x = 0$$

l'équation du paraboloïde rapporté à ses plans principaux et à son plan tangent au sommet.

On trouvera que le lieu demandé se compose des deux paraboles

$$y = 0, \qquad \frac{z^2}{q-p} - 2x + p = 0,$$

$$z = 0, \qquad \frac{y^2}{p-q} - 2x + q = 0.$$

Ces deux paraboles, appelées *focales* du paraboloïde, sont aussi le lieu des sommets des cônes de révolution circonscrits à la surface (178).

On appelle *foyer* d'une quadrique le centre d'une sphère de rayon nul bitangente à la quadrique. La droite qui passe par les points de contact est appelée la directrice correspondant au foyer considéré.

Il résulte de ce qui précède qu'on peut envisager aussi les foyers d'une quadrique comme les sommets des cônes de révolution circonscrits à la surface ([1]).

336. *Démontrer que la directrice correspondant à l'un des foyers* F *d'une focale* (φ) *est perpendiculaire au plan de cette focale en un point* D, *qui est le pôle de la tangente à la focale par rapport à la conique principale de la quadrique située dans le plan de la focale.*

Montrer aussi que la droite FD *est normale à la focale au point* F.

Revenons à l'exercice 334 ; si le point F (α, β, γ) est un point du lieu, la droite définie par les équations (1) est précisément la directrice correspondant au foyer F.

([1]) Il existe une autre définition des foyers des quadriques. Voir nos *Leçons sur les coordonnées tangentielles*, tome II, p. 305.

Si nous supposons de plus que le point F est sur la focale (3), les équations (1) sont équivalentes aux équations (2), et par suite les équations de la directrice sont

$$y = \frac{B\beta}{B - A}, \qquad z = \frac{C\gamma}{C - A}.$$

Il est alors facile d'établir la proposition.

337. *Soit F un foyer d'une quadrique* (Q), *centre d'une sphère* (S) *de rayon nul bitangente à* (Q). *Les plans des coniques communes à* (S) *et* (Q) *sont des plans cycliques de* (Q).

1° *Si ces plans sont réels, on dit que le foyer F est de première espèce. Démontrer que dans ce cas le carré de la distance d'un point quelconque M de la quadrique au point F est proportionnel au produit des distances du point M aux deux plans cycliques réels qui passent par la directrice correspondante.*

2° *Si ces plans sont imaginaires, on dit que le foyer F est de seconde espèce. Démontrer que la distance d'un point quelconque M de la quadrique au point F est proportionnel à la distance du point M à la directrice, cette distance étant comptée parallèlement à un plan cyclique réel.*

338. *Démontrer directement que, si F est le centre d'une sphère de rayon nul bitangente à une quadrique, le cône circonscrit à la quadrique qui a pour sommet le point F est de révolution.*

339. *Démontrer directement que, si F est le sommet d'un cône de révolution circonscrit à une quadrique, la sphère de rayon nul qui a pour centre le point F est bitangente à la quadrique.*

340. *Trouver le lieu des centres des sphères de rayon nul bitangentes à un cône du second degré.*

Soit

$$\frac{x^2}{A} + \frac{y^2}{B} + \frac{z^2}{C} = 0$$

l'équation du cône rapporté à ses axes ; nous supposons $A > B > C$.

Le lieu se compose de trois couples de droites définies par les équations

$$(1) \qquad x = 0, \qquad \frac{y^2}{B - A} + \frac{z^2}{C - A} = 0,$$

$$(2) \qquad y = 0, \qquad \frac{x^2}{A - B} + \frac{z^2}{C - B} = 0,$$

$$(3) \qquad z = 0, \qquad \frac{x^2}{A - C} + \frac{y^2}{B - C} = 0.$$

Ces droites sont appelées *lignes focales* du cône. Les droites (2) sont réelles, les autres sont imaginaires.

Tout point d'une ligne focale est appelé *foyer* du cône.

341. *Les lignes focales d'un cône sont perpendiculaires aux plans cycliques du cône supplémentaire.*

342. *Tout plan tangent à un cône fait des angles égaux avec les plans qui passent par la génératrice de contact et par les lignes focales réelles.*

343. *Un dièdre droit se meut de façon qu'une de ses faces passe par une droite (D) et que son arête décrive un plan (P). Démontrer que l'enveloppe du plan de la seconde face est un cône du second degré ayant pour lignes focales la droite (D) et une perpendiculaire au plan (P).*

344. *On appelle quadriques homofocales des quadriques qui ont les mêmes focales et par suite les mêmes foyers. Former l'équation générale des quadriques homofocales à* *l'ellipsoïde*

$$(E) \qquad \frac{x^2}{a^2} + \frac{y^2}{b^2} + \frac{z^2}{c^2} - 1 = 0.$$

On trouve aisément que cette équation est

$$(1) \qquad \frac{x^2}{a^2 + \lambda} + \frac{y^2}{b^2 + \lambda} + \frac{z^2}{c^2 + \lambda} - 1 = 0,$$

où λ est un paramètre variable.

345. *Deux quadriques homofocales se coupent orthogonalement en tout point de leur intersection.*

Soient

$$\frac{x^2}{a^2 + \lambda_1} + \frac{y^2}{b^2 + \lambda_1} + \frac{z^2}{c^2 + \lambda_1} - 1 = 0,$$

$$\frac{x^2}{a^2 + \lambda_2} + \frac{y^2}{b^2 + \lambda_2} + \frac{z^2}{c^2 + \lambda_2} - 1 = 0$$

deux quadriques homofocales. Désignons par x_0, y_0, z_0 les coordonnées d'un point commun à ces deux surfaces ; nous avons

$$(2) \qquad \frac{x_0^2}{a^2 + \lambda_1} + \frac{y_0^2}{b^2 + \lambda_1} + \frac{z_0^2}{c^2 + \lambda_1} - 1 = 0,$$

$$(3) \qquad \frac{x_0^2}{a^2 + \lambda_2} + \frac{y_0^2}{b^2 + \lambda_2} + \frac{z_0^2}{c^2 + \lambda_2} - 1 = 0.$$

Pour que les plans tangents en ce point aux deux surfaces soient perpendiculaires, il faut qu'on ait

$$\frac{x_0^2}{(a^2 + \lambda_1)(a^2 + \lambda_2)} + \frac{y_0^2}{(b^2 + \lambda_1)(b^2 + \lambda_2)} + \frac{z_0^2}{(c^2 + \lambda_1)(c^2 + \lambda_2)} = 0.$$

Pour établir cette relation, il suffira de retrancher les relations (2) et (3) l'une de l'autre.

346. *Par un point quelconque de l'espace il passe trois sur-*

faces homofocales à un ellipsoïde : ces surfaces sont un ellipsoïde réel, un hyperboloïde à une nappe et un hyperboloïde à deux nappes.

Si on écrit que l'équation (1) est vérifiée par les coordonnées x_0, y_0, z_0 d'un point M de l'espace, on obtient l'équation en λ

$$\frac{x_0^2}{a^2 + \lambda} + \frac{y_0^2}{b^2 + \lambda} + \frac{z_0^2}{c^2 + \lambda} - 1 = 0,$$

qui est du troisième degré et qui admet trois racines réelles λ_1, λ_2, λ_3, séparées par les nombres $- a^2$, $- b^2$, $- c^2$. On a

$$- a^2 < \lambda_1 < - b^2 < \lambda_2 < - c^2 < \lambda_3.$$

A la racine λ_3 correspond un ellipsoïde réel, à λ_2 un hyperboloïde à une nappe, à λ_1 un hyperboloïde à deux nappes.

347. *Si l'on considère les trois surfaces homofocales à l'ellipsoïde* (E) *qui passent par le point* M(x_0, y_0, z_0), *on demande de calculer* x_0, y_0, z_0 *en fonction de* λ_1, λ_2, λ_3.

Même méthode qu'au n° 21.
On trouve

$$x_0^2 = \frac{(a^2 + \lambda_1)(a^2 + \lambda_2)(a^2 + \lambda_3)}{(a^2 - b^2)(a^2 - c^2)},$$

$$y_0^2 = \frac{(b^2 + \lambda_1)(b^2 + \lambda_2)(b^2 + \lambda_3)}{(b^2 - c^2)(b^2 - a^2)},$$

$$z_0^2 = \frac{(c^2 + \lambda_1)(c^2 + \lambda_2)(c^2 + \lambda_3)}{(c^2 - a^2)(c^2 - b^2)}.$$

348. *Les normales au point* M *aux surfaces homofocales à* (E) *qui passent par ce point sont les axes du cône circonscrit à* (E) *qui a pour sommet le point* M.

L'équation du cône est

$$\left(\frac{xx_0}{a^2}+\frac{yy_0}{b^2}+\frac{zz_0}{c^2}-1\right)^2$$

$$-\left(\frac{x_0^2}{a^2}+\frac{y_0^2}{b^2}+\frac{z_0^2}{c^2}-1\right)\left(\frac{x^2}{a^2}+\frac{y^2}{b^2}+\frac{z^2}{c^2}-1\right)=0\,;$$

soit $\varphi(x,\ y,\ z)$ l'ensemble des termes du deuxième degré ; nous avons

$$\varphi\left(x,\ y,\ z\right)=\left(\frac{xx_0}{a^2}+\frac{yy_0}{b^2}+\frac{zz_0}{c^2}\right)^2-\mathrm{E}_0\left(\frac{x^2}{a^2}+\frac{y^2}{b^2}+\frac{z^2}{c^2}\right),$$

en posant $\mathrm{E}_0=\dfrac{x_0^2}{a^2}+\dfrac{y_0^2}{b^2}+\dfrac{z_0^2}{c^2}-1$.

Les directions d'axes du cône sont déterminées par les équations

$$\frac{\varphi'_x}{x}=\frac{\varphi'_y}{y}=\frac{\varphi'_z}{z}.$$

Nous allons montrer que ces équations sont vérifiées si l'on y remplace x, y, z par $\dfrac{x_0}{a^2+\lambda}$, $\dfrac{y_0}{b^2+\lambda}$, $\dfrac{z_0}{c^2+\lambda}$, λ étant une racine quelconque de l'équation

$$\frac{x_0^2}{a^2+\lambda}+\frac{y_0^2}{b^2+\lambda}+\frac{z_0^2}{c^2+\lambda}-1=0.$$

Nous avons

$$\frac{1}{2}\varphi'_x=\frac{x_0}{a^2}\left(\frac{xx_0}{a^2}+\frac{yy_0}{b^2}+\frac{zz_0}{c^2}\right)-\mathrm{E}_0\frac{x}{a^2}\,;$$

remplaçons x, y, z respectivement par $\dfrac{x_0}{a^2+\lambda}$, $\dfrac{y_0}{b^2+\lambda}$, $\dfrac{z_0}{c^2+\lambda}$; le second membre s'écrit successivement

$$\frac{x_0}{a^2}\left[\frac{x_0^2}{a^2(a^2+\lambda)}+\frac{y_0^2}{b^2(b^2+\lambda)}+\frac{z_0^2}{c^2(c^2+\lambda)}\right]-\mathrm{E}_0\frac{x_0}{a^2(a^2+\lambda)},$$

$$\frac{x_0}{\lambda a^2}\left[x_0^2\left(\frac{1}{a^2}-\frac{1}{a^2+\lambda}\right)+y_0^2\left(\frac{1}{b^2}-\frac{1}{b^2+\lambda}\right)+z_0^2\left(\frac{1}{c^2}-\frac{1}{c^2+\lambda}\right)\right]$$

$$-\mathrm{E}_0\frac{x_0}{a^2(a^2+\lambda)},$$

$$\frac{x_0}{\lambda a^2}\, \mathrm{E}_0 - \mathrm{E}_0\, \frac{x_0}{a^2(a^2 + \lambda)}, \qquad \text{ou} \qquad \mathrm{E}_0\, \frac{x_0}{\lambda(a^2 + \lambda)}.$$

Donc $\dfrac{\frac{1}{2}\varphi'_x}{x}$ se transforme en $\dfrac{\mathrm{E}_0}{\lambda}$; par suite, pour les valeurs considérées de x, y, z les rapports $\dfrac{\varphi'_x}{x}$, $\dfrac{\varphi'_y}{y}$, $\dfrac{\varphi'_z}{z}$ prennent les mêmes valeurs et la proposition est établie.

349. *Parmi les surfaces homofocales à un ellipsoïde* (E) *il en existe une seule tangente à un plan donné.*

En effet, l'équation tangentielle des surfaces homofocales à (E) peut s'écrire

$$(a^2 + \lambda)u^2 + (b^2 + \lambda)v^2 + (c^2 + \lambda)w^2 - r^2 = 0,$$

ou

$$a^2 u^2 + b^2 v^2 + c^2 w^2 - r^2 + \lambda(u^2 + v^2 + w^2) = 0.$$

Elle renferme λ au premier degré.

350. *Le lieu du pôle d'un plan fixe par rapport aux surfaces homofocales à un ellipsoïde* (E) *est une droite perpendiculaire au plan.*

Si on désigne par $\mathrm{A}x + \mathrm{B}y + \mathrm{C}z + \mathrm{D} = 0$ l'équation du plan fixe, le lieu est la droite

$$\frac{\mathrm{D}x}{\mathrm{A}} + a^2 = \frac{\mathrm{D}y}{\mathrm{B}} + b^2 = \frac{\mathrm{D}z}{\mathrm{C}} + c^2.$$

351. *Si par une droite donnée on mène des plans tangents à un système de surfaces homofocales, les normales aux points de contact engendrent un paraboloïde hyperbolique.*

352. *Si les faces d'un trièdre trirectangle sont respectivement* *tangentes à trois surfaces homofocales, le lieu de son sommet est une sphère.*

353. *En un point* P *de l'intersection de deux quadriques homofocales, on mène les normales aux deux surfaces ; ces normales rencontrent un même plan principal en deux points* Q *et* Q'. *Quand le point* P *décrit l'intersection des deux quadriques, les points* Q *et* Q' *décrivent des coniques qui sont polaires réciproques par rapport à la focale située dans le plan principal considéré.*

354. *On donne un système de quadriques homofocales et un point* P, *et on demande :*

1° *le lieu des projetantes du point* P *sur ses plans polaires par rapport aux quadriques du système ;*

2° *le lieu, relativement à l'une des quadriques, des droites qui passent par le point* P *et sont perpendiculaires à leurs conjuguées ;*

3° *le lieu des normales menées de* P *à toutes les quadriques ;*

4° *le lieu, relativement à l'une des quadriques, des droites passant en* P *et qui sont telles que les normales aux points de contact des plans tangents menés par chacune d'elles sont dans un même plan ;*

5° *le lieu, relativement à l'une des quadriques, des droites passant en* P *et telles que l'une des sections faites par les plans passant par la droite ait cette droite pour axe.*

On trouvera pour tous ces lieux un même cône du second degré (C).

6° *Montrer que la section du cône* (C) *par un plan principal est l'hyperbole d'Apollonius relative à la focale située dans ce plan et à la projection du point* P *sur ce plan.*

Si on désigne par

$$\frac{x^2}{A+\lambda} + \frac{y^2}{B+\lambda} + \frac{z^2}{C+\lambda} - 1 = 0$$

l'équation générale des surfaces et par x_0, y_0, z_0 les coordonnées du point P, l'équation du cône (C) est

$$\frac{x_0}{x-x_0}(B-C)+\frac{y_0}{y-y_0}(C-A)+\frac{z_0}{z-z_0}(A-B)=0.$$

355. *Trouver l'équation générale des surfaces homofocales au paraboloïde* $\dfrac{y^2}{p}+\dfrac{z^2}{q}-2x=0$, p *et* q *ayant des signes quelconques.*

Toutes les surfaces considérées sont des paraboloïdes dont l'équation générale est

$$\frac{y^2}{p+\lambda}+\frac{z^2}{q+\lambda}-2x-\lambda=0.$$

356. *On donne un cône du deuxième degré et un plan* (P) *qui le coupe suivant une ellipse* (E); *puis on considère le volume du cône compris entre le sommet et l'ellipse.*

On suppose que le plan (P) *se déplace de manière que ce volume reste constant; démontrer que le plan enveloppe un hyperboloïde à deux nappes asymptote au cône donné.*

Soient $\dfrac{x^2}{a^2}+\dfrac{y^2}{b^2}-\dfrac{z^2}{c^2}=0$ l'équation du cône rapporté à ses axes, et $ux+vy+wz+r=0$ l'équation du plan (P).

Le volume considéré est égal au tiers du produit de l'aire de l'ellipse (E) par la distance du sommet au plan.

Pour calculer l'aire de (E), nous projetons cette ellipse sur le plan des xy; nous obtenons une ellipse (E_1), qui a pour équation

$$\frac{x^2}{a^2}+\frac{y^2}{b^2}-\frac{(ux+vy+r)^2}{c^2w^2}=0.$$

L'aire de cette ellipse se calcule aisément; elle est égale à

$$\frac{\pi r^2 wabc}{(-a^2u^2-b^2v^2+c^2w^2)^{\frac{3}{2}}},$$

au signe près.

Nous en déduisons l'aire de (E) en divisant par le cosinus de l'angle du plan (P) et du plan des xy ; nous trouvons ainsi que l'aire de (E) est égale à

$$\frac{\pi r^2 abc \sqrt{u^2 + v^2 + w^2}}{(-a^2 u^2 - b^2 v^2 + c^2 w^2)^{\frac{3}{2}}},$$

et par suite le volume considéré est

$$\frac{\pi r^3 abc}{3(-a^2 u^2 - b^2 v^2 + c^2 w^2)^{\frac{3}{2}}}.$$

Si nous écrivons que ce volume est constant et égal à $\frac{1}{3}\pi k^3$, nous obtenons

$$a^2 u^2 + b^2 v^2 - c^2 w^2 = -\frac{r^2 (abc)^{\frac{2}{3}}}{k^2}.$$

On reconnaît l'équation tangentielle d'une quadrique dont l'équation ponctuelle est

$$\frac{x^2}{a^2} + \frac{y^2}{b^2} - \frac{z^2}{c^2} + \frac{k^2}{(abc)^{\frac{2}{3}}} = 0.$$

Cette équation représente un hyperboloïde à deux nappes asymptote au cône donné.

357. *Étant donnés deux ellipsoïdes homothétiques et concentriques, les cônes qui ont leurs sommets sur l'un et qui sont circonscrits à l'autre ont un volume constant. On suppose le volume limité au sommet et à l'ellipse de contact.*

Soient

$$\frac{x^2}{a^2} + \frac{y^2}{b^2} + \frac{z^2}{c^2} - 1 = 0, \qquad \frac{x^2}{a^2} + \frac{y^2}{b^2} + \frac{z^2}{c^2} - k^2 = 0$$

les équations des deux surfaces ; nous supposons que les cônes sont circonscrits à la première et ont leurs sommets sur la seconde.

On trouvera que le volume d'un de ces cônes est

$$\frac{\pi}{3}\, abc\, \frac{(k^2 - 1)^2}{k^2}.$$

358. *Même théorème pour deux paraboloïdes elliptiques ayant même axe et homothétiques.*

359. *On donne un hyperboloïde à une nappe rapporté à ses axes,*

$$(1) \qquad \frac{x^2}{a^2} + \frac{y^2}{b^2} - \frac{z^2}{c^2} - 1 = 0,$$

et on considère trois génératrices quelconques de même système de la surface, et le parallélépipède qui admet comme arêtes ces trois génératrices.

Démontrer les propositions suivantes :

1° Le volume du parallélépipède est constant et égal à 4abc.

2° La somme des trois produits obtenus en multipliant les aires des faces passant par chaque génératrice par le cosinus de l'angle des plans des faces est constante et égale à $4(a^2b^2 - b^2c^2 - c^2a^2)$.

3° La différence entre deux fois la somme des carrés des longueurs des arêtes situées sur les génératrices et le carré de la diagonale qui ne rencontre pas ces génératrices est constante et égale à $4(a^2 + b^2 - c^2)$.

Soient A, B, C les trois génératrices données ; construisons sur ces droites le parallélépipède de Binet qui a pour centre le centre O de l'hyperboloïde, et prenons comme nouveaux axes de coordonnées des droites passant par le point O et parallèles à A, B, C. L'axe Ox' est choisi parallèle à A, et son sens positif est tel que l'abscisse de B soit positive ; l'axe Oy' parallèle à B, son sens positif tel que l'ordonnée de C soit positive ; enfin Oz' parallèle à C, sens positif tel que la cote de A soit positive.

Si on désigne alors par 2α, 2β, 2γ les longueurs des arêtes du parallélépipède respectivement parallèles à A, B, C, les équations de ces droites sont

$$
A \left\{ \begin{array}{l} y' + \beta = 0, \\ z' - \gamma = 0, \end{array} \right.
\qquad
B \left\{ \begin{array}{l} z' + \gamma = 0, \\ x' - \alpha = 0, \end{array} \right.
\qquad
C \left\{ \begin{array}{l} x' + \alpha = 0, \\ y' - \beta = 0, \end{array} \right.
$$

et l'équation de l'hyperboloïde est, par rapport aux nouveaux axes,

$$
(2) \qquad \frac{y'z'}{\beta\gamma} + \frac{z'x'}{\gamma\alpha} + \frac{x'y'}{\alpha\beta} + 1 = 0.
$$

Pour passer de (1) à (2), on fait une transformation de coordonnées sans changer d'origine ; x, y, z sont alors des fonctions linéaires et homogènes de x', y', z' ; par suite, le terme constant de l'équation (1) ne change pas et $\dfrac{x^2}{a^2} + \dfrac{y^2}{b^2} - \dfrac{z^2}{c^2}$ se transforme en $-\left(\dfrac{y'z'}{\beta\gamma} + \dfrac{z'x'}{\gamma\alpha} + \dfrac{x'y'}{\alpha\beta} \right)$.

Comme d'autre part $x^2 + y^2 + z^2$ se transforme en

$$
x'^2 + y'^2 + z'^2 + 2y'z' \cos\lambda + 2z'x' \cos\mu + 2x'y' \cos\nu,
$$

$(\lambda = y'Oz',\ \mu = z'Ox',\ \nu = x'Oy')$, on en conclut que les deux formes quadratiques

$$
\frac{x^2}{a^2} + \frac{y^2}{b^2} - \frac{z^2}{c^2} - S(x^2 + y^2 + z^2),
$$

$$
-\left(\frac{y'z'}{\beta\gamma} + \frac{z'x'}{\gamma\alpha} + \frac{x'y'}{\alpha\beta} \right)
$$
$$
- S(x'^2 + y'^2 + z'^2 + 2y'z' \cos\lambda + 2z'x' \cos\mu + 2x'y' \cos\nu)
$$

se déduisent l'une de l'autre par une substitution linéaire et homogène.

Par suite, leurs discriminants s'annulent pour les mêmes valeurs de S.

De là on déduira facilement les propriétés à démontrer.

360. *On considère le paraboloïde hyperbolique*

$$
\frac{y^2}{p} - \frac{z^2}{q} - 2x = 0,
$$

rapporté à trois axes rectangulaires.

1° *On considère une génératrice (G) de cette surface, parallèle au plan directeur $\dfrac{y}{\sqrt{p}} - \dfrac{z}{\sqrt{q}} = 0$. Cette droite rencontre les plans principaux du paraboloïde aux points A et B. Démontrer que le milieu C du segment AB se déplace sur une droite (I).*

2° *Le plan (P) mené par le point C perpendiculairement à (G) passe par une droite fixe (Δ).*

3° *Trouver la surface engendrée par les asymptotes de l'hyperbole section du paraboloïde et du plan (P).*

4° *Le cône de révolution engendré par (G) en tournant autour de (I) coupe le paraboloïde suivant une cubique qui rencontre (G) au point C et en un autre point, M. Trouver le lieu du point M.*

1° La droite (I) a pour équations

$$x = 0, \qquad \frac{y}{\sqrt{p}} + \frac{z}{\sqrt{q}} = 0.$$

2° La droite (Δ) est définie par les équations

$$x + \frac{q-p}{2} = 0, \qquad y\sqrt{p} - z\sqrt{q} = 0.$$

3° Le lieu se compose des deux paraboloïdes hyperboliques

$$\left(y\sqrt{p} + z\sqrt{q}\right)\left(\frac{y}{\sqrt{p}} + \frac{z}{\sqrt{q}}\right) - (p-q)\left(x + \frac{q-p}{2}\right) = 0,$$

$$\left(y\sqrt{p} + z\sqrt{q}\right)\left(\frac{y}{\sqrt{p}} - \frac{z}{\sqrt{q}}\right) - (p+q)\left(x + \frac{q-p}{2}\right) = 0.$$

4° Si on désigne par

$$\frac{y}{\sqrt{p}} + \frac{z}{\sqrt{q}} = 2\lambda x,$$

$$\frac{y}{\sqrt{p}} - \frac{z}{\sqrt{q}} = \frac{1}{\lambda}$$

les équations de la droite (G), les coordonnées du point M sont

$$x = \frac{4\lambda^2 pq + p + q}{2\lambda^2(p - q)},$$

$$y = \frac{p\sqrt{p}(2\lambda^2 q + 1)}{\lambda(p - q)},$$

$$z = \frac{q\sqrt{q}(2\lambda^2 p + 1)}{\lambda(p - q)}.$$

Ceci montre que le point M décrit une cubique gauche.

361. *Étant donné un paraboloïde hyperbolique, on considère une génératrice A de cette surface et la génératrice B du même système qui est perpendiculaire à la première; par les points a, b où ces droites sont rencontrées par leur perpendiculaire commune passent deux génératrices rectilignes A′ et B′ de l'autre système; soient a′, b′ les points où les droites A′, B′ sont rencontrées par leur perpendiculaire commune.*

1° Lieu des points a, b, a′, b′, quand A décrit le paraboloïde.

2° Lieu du point de rencontre des droites A, B′ ou A′, B.

3° Calculer le rapport des longueurs a′b′ et ab des perpendiculaires communes, et étudier la variation de ces longueurs.

Soient $\dfrac{y^2}{p} - \dfrac{z^2}{q} - 2x = 0$ et

$$\text{(A)} \begin{cases} \dfrac{y}{\sqrt{p}} + \dfrac{z}{\sqrt{q}} = \alpha, \\[2mm] \dfrac{y}{\sqrt{p}} - \dfrac{z}{\sqrt{q}} = \dfrac{2x}{\alpha}, \end{cases} \qquad \text{(B)} \begin{cases} \dfrac{y}{\sqrt{p}} + \dfrac{z}{\sqrt{q}} = \beta, \\[2mm] \dfrac{y}{\sqrt{p}} - \dfrac{z}{\sqrt{q}} = \dfrac{2x}{\beta} \end{cases}$$

les équations du paraboloïde et des droites A et B.

1° Le lieu des points a, b est l'hyperbole, interscrsection du paraboloïde et du plan de Monge, $x + \dfrac{p - q}{2} = 0$.

Le lieu des points a′, b′ est l'hyperbole, section de la surface par le plan $x + \dfrac{(p - q)^3}{2(p + q)^2} = 0$.

2° Le point de rencontre de A et B′, et celui de A′ et B

décrivent le même lieu. C'est une parabole, intersection du paraboloïde et du plan $\dfrac{y}{p\sqrt{p}} + \dfrac{z}{q\sqrt{q}} = 0$.

$$3° \qquad \overline{ab}^2 = \frac{pq}{p+q}(\alpha - \beta)^2, \qquad \overline{a'b'}^2 = \frac{pq(p-q)^2}{(p+q)^3}(\alpha - \beta)^2.$$

362. *On considère l'hyperboloïde* (II) *représenté en coordonnées rectangulaires par l'équation*

$$\frac{x^2}{a^2} - \frac{y^2}{b^2} + \frac{z^2}{c^2} - 1 = 0$$

*et les deux systèmes de génératrices rectilignes définis par les
équations*

$$(I) \qquad
\begin{cases}
\dfrac{x}{a} - \dfrac{y}{b} = u\left(1 + \dfrac{z}{c}\right), \\[2mm]
\dfrac{x}{a} + \dfrac{y}{b} = \dfrac{1}{u}\left(1 - \dfrac{z}{c}\right),
\end{cases}$$

$$(II) \qquad
\begin{cases}
\dfrac{x}{a} - \dfrac{y}{b} = v\left(1 - \dfrac{z}{c}\right), \\[2mm]
\dfrac{x}{a} + \dfrac{y}{b} = \dfrac{1}{v}\left(1 + \dfrac{z}{c}\right).
\end{cases}$$

*À chaque système de valeurs attribuées aux paramètres u et
v correspond un point de l'hyperboloïde* (II), *intersection des
génératrices* (I) *et* (II) ; *réciproquement, à chaque point de l'hyperboloïde correspond un système de valeurs pour u et v.*

*1° Former la relation qui doit exister entre u et v pour que
le point de l'hyperboloïde correspondant appartienne à l'un des
conoïdes* (C) *représentés par l'équation*

$$z = \frac{2abcxy}{(1+m)b^2x^2 + (1-m)a^2y^2},$$

*où m désigne un paramètre variable. De quoi se compose l'in-
tersection complète de l'un de ces conoïdes et de l'hyperboloïde
quand $m^2 - 1$ est différent de zéro et quand $m^2 - 1$ est nul?*

2° *Déterminer les points où la courbe (Q), commune à (H) et à l'un des conoïdes, coupe les génératrices du système (II); exprimer les coordonnées des points de cette courbe en fonction du paramètre v.*

3° *En combien de points la courbe (Q) rencontre-t-elle chaque génératrice du système (I)? Déterminer le lieu décrit par le centre des moyennes distances des points situés sur une de ces génératrices, lorsque celle-ci se déplace sur l'hyperboloïde.*

4° *Démontrer qu'il existe un conoïde (C) pour lequel le plan tangent à l'hyperboloïde en chaque point de la courbe (Q) est perpendiculaire au plan déterminé par la génératrice du système (II) qui passe en ce point et par la génératrice parallèle de (II).*

5° *Distinguer, suivant la valeur du paramètre m, ceux des conoïdes (C) pour lesquels les points d'intersection d'une génératrice du système (I) et de la courbe (Q) sont tous réels, ceux pour lesquels un seul point d'intersection est toujours réel, ceux enfin pour lesquels le nombre des points réels varie avec la génératrice.*

1° La relation demandée est

$$(1) \qquad uv^3 + mv^2 - muv - 1 = 0,$$

en supprimant les solutions $u = 0$ et u infini.

Par suite pour $m^2 - 1 \neq 0$, l'intersection de (H) et de (G) se compose des deux génératrices G et G' du système (I) qui correspondent à ces valeurs de u et de la courbe (Q) définie par les équations

$$(Q) \qquad \begin{cases} \dfrac{x}{a} = \dfrac{(1-m)v(1+v^2)}{v^4 - 2mv^2 + 1}, \\[2mm] \dfrac{y}{b} = \dfrac{(1+m)v(v^2-1)}{v^4 - 2mv^2 + 1}, \\[2mm] \dfrac{z}{c} = \dfrac{v^4 - 1}{v^4 - 2mv^2 + 1}. \end{cases}$$

Pour $m = 1$, l'intersection se compose de G, G', des deux

génératrices (II) correspondant à $v = \pm 1$, et de l'hyperbole $x = 0,\ \dfrac{y^2}{b^2} - \dfrac{z^2}{c^2} + 1 = 0$.

Pour $m = -1$, l'intersection se compose de G, G', de deux génératrices imaginaires du système (II), correspondant à $v = \pm 1$, et de l'hyperbole $y = 0,\ \dfrac{x^2}{a^2} - \dfrac{z^2}{c^2} - 1 = 0$.

2° Comme la relation (1) est du premier degré par rapport à u et du troisième par rapport à v, la courbe (Q) rencontre en un point chaque génératrice du système (II) et en trois points chaque génératrice du système (I).

3° Le lieu demandé est la courbe symétrique de (Q) par rapport au plan des xy.

4° Le conoïde considéré correspond à

$$m = \frac{\dfrac{1}{a^2} - \dfrac{1}{b^2} - \dfrac{2}{c^2}}{\dfrac{1}{a^2} + \dfrac{1}{b^2}}.$$

5° Tout revient à discuter la réalité des racines de l'équation (1), considérée comme étant du troisième degré par rapport à v.

La condition de réalité est

$$12m^3 u^4 + (3m^4 + 54m^2 - 81)u^2 + 12m^3 > 0.$$

Le premier membre est un trinome en u^2, dont le discriminant s'annule en changeant de signe pour les valeurs de m, ± 1 et ± 3.

363. *On donne un hyperboloïde à une nappe rapporté à ses axes,*

$$\frac{x^2}{a^2} + \frac{y^2}{b^2} - \frac{z^2}{c^2} - 1 = 0,$$

et on considère deux génératrices de même système passant par les sommets du grand axe A, A' *de l'ellipse de gorge. Une génératrice quelconque de l'autre système rencontre les deux premières aux points* M *et* M'.

Démontrer la formule

$$\overline{AM} \cdot \overline{A'M'} = b^2 + c^2.$$

364. *Le lieu des points de rencontre des génératrices de l'hyperboloïde à une nappe*

$$\frac{x^2}{a^2} + \frac{y^2}{b^2} - \frac{z^2}{c^2} - 1 = 0$$

qui passent par les extrémités de deux diamètres conjugués de l'ellipse de gorge se compose des deux ellipses

$$\frac{x^2}{a^2} + \frac{y^2}{b^2} - 2 = 0, \qquad z \pm c = 0.$$

365. *Étant donné un hyperboloïde à une nappe,*

$$\frac{x^2}{a^2} + \frac{y^2}{b^2} - \frac{z^2}{c^2} - 1 = 0,$$

pour qu'il existe une génératrice perpendiculaire à un plan cyclique, il faut qu'on ait

$$\frac{1}{a^2} - \frac{1}{b^2} + \frac{1}{c^2} = 0.$$

366. *Par un point M pris sur une génératrice G d'un hyperboloïde à une nappe on mène la perpendiculaire Mm sur le plan de l'ellipse de gorge, et l'on fait tourner le point m, pied de cette perpendiculaire, de 90° de Ox vers Oy autour du point O pour l'amener en m'; enfin, par le point m' ainsi obtenu on mène la parallèle G_1 à la normale en M à l'hyperboloïde.*

1° Prouver que lorsque le point M décrit la génératrice G, la droite G_1 se meut dans un plan P, et trouver l'enveloppe de ce plan quand G se déplace sur l'hyperboloïde.

2° Prouver que la droite G_1 enveloppe une parabole (π) dans le plan P, et trouver le lieu de cette parabole quand G se déplace sur l'hyperboloïde.

3° Montrer que G_1 reste tangente à l'enveloppe du plan P et *au lieu de la parabole (π), et trouver le lieu du milieu des points de contact qui correspondent à une même position de G_1.*

367. *On considère la quadrique $\dfrac{x^2}{A} + \dfrac{y^2}{B} + \dfrac{z^2}{C} - 1 = 0$ rapportée à ses axes et un point M de cette surface. Par ce point passent deux génératrices réelles ou imaginaires; sur l'une d'elles on prend un point arbitraire $P_1(x_1, y_1, z_1)$ et sur l'autre un point également arbitraire $P_2(x_2, y_2, z_2)$.*

Établir la formule

$$\left(\frac{x_1 x_2}{A} + \frac{y_1 y_2}{B} + \frac{z_1 z_2}{C} - 1\right)\left(A + B + C - \overline{OM}^2\right) = \overline{MP_1}^2 + \overline{MP_2}^2 - \overline{P_1 P_2}^2.$$

368. *On considère le faisceau de quadriques définies par l'équation*

$$(A + \lambda)x^2 + (A' + \lambda)y^2 + (A'' + \lambda)z^2 - 1 = 0,$$

où λ est une variable.

Démontrer qu'il existe trois de ces quadriques tangentes à un plan, et que les droites joignant l'origine aux points de contact forment un trièdre trirectangle.

369. *On donne un ellipsoïde rapporté à ses axes et un point A.*

1° Soit B la projection du point A sur son plan polaire. Calculer les coordonnées du point B.

2° Étant donné le point B, il existe trois points A correspondants. Montrer que ces trois points sont réels et que les droites qui les joignent au point B forment un trièdre trirectangle.

370. *On donne une quadrique (Q) et deux points A, A' diamétralement opposés sur cette surface, et on considère les deux cônes de sommets A, A', et ayant pour directrice commune la section de (Q) par un plan variable (P), passant par une droite donnée (Δ). Ces deux cônes admettent une deuxième courbe plane située dans un plan (P').*

1° *Trouver le lieu de la droite commune aux plans (P) et (P').*

2° *Lieu du centre de la section située dans le plan (P').*

3° *Lieu des foyers de cette même section.*

371. *On considère les paraboloïdes (S) qui admettent une parabole principale donnée (P).*

1° *Lieu des ombilics qui ne sont pas dans le plan de la parabole (P).*

2° *Trouver la surface engendrée par les hyperboles, sections des paraboloïdes (S) par leurs plans de Monge.*

3° *Il y a un paraboloïde (S) tangent à un plan (Q). Lieu du point de contact quand le plan (Q) se déplace en restant parallèle à un plan donné ou à une droite donnée.*

4° *Même question si le plan (Q) passe par une droite fixe ou par un point fixe. Étudier les cas de décomposition de la surface trouvée dans le dernier cas.*

CHAPITRE XII

EXERCICES GÉNÉRAUX SUR LES QUADRIQUES

---

372. *On donne une quadrique, $f(x, y, z) = 0$, rapportée à trois axes quelconques et un point $A(x_0, y_0, z_0)$. Par ce point on mène une sécante variable qui rencontre la quadrique en deux points B et C. Trouver le lieu du milieu de BC.*

Soient

$$\frac{x - x_0}{\alpha} = \frac{y - y_0}{\beta} = \frac{z - z_0}{\gamma}$$

les équations de la sécante ; le milieu de la corde BC est le point de rencontre de la sécante et du plan diamétral conjugué de cette droite,

$$\alpha f'_x + \beta f'_y + \gamma f'_z = 0.$$

On aura le lieu demandé en éliminant α, β, γ entre ces deux équations. On trouve ainsi

$$(x - x_0)f'_x + (y - y_0)f'_y + (z - z_0)f'_z = 0,$$

ou

$$xf'_x + yf'_y + zf'_z - (x_0 f'_x + y_0 f'_y + z_0 f'_z) = 0,$$

ou encore, en ajoutant et en retranchant f'_t, t étant une variable d'homogénéité égale à l'unité,

$$2f(x, y, z) - (x_0 f'_x + y_0 f'_y + z_0 f'_z + f'_t) = 0.$$

Ceci montre que le lieu est une quadrique (S), ayant mêmes

directions asymptotiques que la quadrique donnée, passant par le point A et par la conique section de la quadrique donnée par le plan polaire de A par rapport à cette quadrique.

373. *On donne une quadrique, $f(x, y, z) = 0$, rapportée à trois axes quelconques, et un point $A(x_0, y_0, z_0)$. Par ce point on mène un plan coupant la quadrique suivant une conique. Trouver le lieu du centre de cette conique.*

Le lieu s'obtient en éliminant u, v, w entre l'équation du plan sécant,

$$u(x - x_0) + v(y - y_0) + w(z - z_0) = 0,$$

et les équations du diamètre conjugué de ce plan,

$$\frac{f'_x}{u} = \frac{f'_y}{v} = \frac{f'_z}{w}.$$

On obtient comme lieu la même quadrique (S) que dans l'exercice précédent. Pouvait-on le prévoir ?

374. *On donne une quadrique, $f(x, y, z) = 0$, rapportée à trois axes quelconques, un point $A(x_0, y_0, z_0)$ et un plan (P), $P \equiv Ax + By + Cz + D = 0$. Par le point A on mène une sécante variable qui rencontre la quadrique aux points B et C, et le plan (P) au point D. Trouver le lieu géométrique du conjugué harmonique de D par rapport à B et C.*

Soient

$$(1) \qquad \frac{x - x_0}{\alpha} = \frac{y - y_0}{\beta} = \frac{z - z_0}{\gamma}$$

les équations de la sécante.

Un point quelconque de cette sécante a pour coordonnées $x_0 + \alpha\rho$, $y_0 + \beta\rho$, $z_0 + \gamma\rho$; en écrivant que ce point est dans le plan (P), nous obtenons le ρ du point D,

$$(2) \qquad \rho_1 = - \frac{P_0}{A\alpha + B\beta + C\gamma},$$

P_0 désignant la quantité $Ax_0 + By_0 + Cz_0 + D$.

Le conjugué harmonique de D par rapport à B et C est le point de rencontre de la sécante (1) et du plan polaire de D par rapport à la quadrique. Ce plan a pour équation

$$(x_0 + \alpha\rho_1)f'_x + (y_0 + \beta\rho_1)f'_y + (z_0 + \gamma\rho_1)f'_z + f'_t = 0,$$

ou

$$x_0 f'_x + y_0 f'_y + z_0 f'_z + f'_t + \rho_1(\alpha f'_x + \beta f'_y + \gamma f'_z) = 0,$$

en encore, en remplaçant ρ_1 par sa valeur (2), et en posant

$$x_0 f'_x + y_0 f'_y + z_0 f'_z + f'_t \equiv Q,$$

$$(3) \qquad Q(A\alpha + B\beta + C\gamma) - P_0(\alpha f'_x + \beta f'_y + \gamma f'_z) = 0.$$

Nous aurons l'équation du lieu en éliminant α, β, γ entre les équations (1) et (3). Ceci nous donne

$$Q[A(x - x_0) + B(y - y_0) + C(z - z_0)]$$
$$- P_0[(x - x_0)f'_x + (y - y_0)f'_y + (z - z_0)f'_z] = 0,$$

ou

$$Q(P - P_0) - P_0[2f(x, y, z) - Q] = 0,$$

ou enfin

$$2P_0 f(x, y, z) - PQ = 0.$$

Cette équation représente une quadrique (Σ) passant par le point A et par les coniques, sections de la quadrique donnée par le plan (P) et le plan polaire de A.

Si le plan (P) s'éloigne à l'infini, la quadrique (Σ) a pour limite la quadrique (S) obtenue au n° 372.

375. *On donne une quadrique,* $f(x, y, z) = 0$, *rapportée à trois axes quelconques, un point* $A(x_0, y_0, z_0)$ *et un plan* (P), $P \equiv Ax + By + Cz + D = 0$. *Par le point A on mène un plan variable qui rencontre la quadrique suivant une conique* (γ) *et* le plan (P) *suivant une droite* (Δ). *Trouver le lieu du pôle de la droite* (Δ) *par rapport à la conique* (γ).

Soit

$$(1) \qquad u(x - x_0) + v(y - y_0) + w(z - z_0) = 0$$

l'équation du plan sécant. Le pôle de (Δ) par rapport à (γ) est le point de rencontre du plan (1) et de la droite conjuguée de (Δ) par rapport à la quadrique.

Pour définir cette droite conjuguée, nous écrivons que le plan polaire du point (x, y, z) passe par la droite (Δ), ce qui nous donne les égalités

$$(2) \qquad \begin{cases} f'_x = \lambda u + \mu A, \\ f'_y = \lambda v + \mu B, \\ f'_z = \lambda w + \mu C, \\ f'_t = -\lambda(ux_0 + vy_0 + wz_0) + \mu D\,; \end{cases}$$

et, pour avoir l'équation du lieu, il suffit d'éliminer u, v, w, λ, μ entre (1) et (2).

On trouve comme lieu la même quadrique (Σ) que dans l'exercice précédent. Pouvait-on le prévoir ?

376. 1° *On donne une surface* (S), *un plan* (P) *et un point* O *dans ce plan. Le plan coupe la surface suivant une courbe* (C). *On joint le point* O *à un point* M *de la courbe* (C), *et on considère la sphère* (Σ) *qui a pour centre le point* O *et pour rayon* OM. *Cette sphère coupe la surface* (S) *suivant une courbe* (L) *qui passe au point* M, *et on désigne par* (Γ) *le cône qui a pour sommet le point* O *et qui a pour base la courbe* (L).

Démontrer que la condition nécessaire et suffisante pour que la droite OM *soit normale en* M *à la courbe* (C) *est que le cône* (Γ) *soit tangent au plan* (P) *suivant la génératrice* OM.

2° *Déduire de là une méthode pour calculer les longueurs d'axes de la conique, section d'une quadrique par un plan.*

1° Si OM est normal en M à la courbe (C), la tangente MT à cette courbe au point M est située dans le plan tangent en M à la sphère (Σ), et comme cette tangente est aussi dans le plan tangent en M à la surface (S), MT est tangente en M à la courbe (L); par suite le plan OMT, c'est-à-dire le plan (P), est tangent au cône (Γ) le long de OM.

Réciproquement, si le cône touche le plan (P) suivant OM, la tangente en M à la courbe (L) est dans le plan (P), et comme elle est aussi dans les plans tangents en M à (S) et à (Σ), elle est tangente à la courbe (C) au même point et elle est perpendiculaire à OM.

2° Cela posé, soient une quadrique $f(x, y, z) = 0$ et un plan

$$ux + vy + wz + r = 0,$$

coupant cette quadrique suivant une conique (C), ellipse ou hyperbole.

Nous nous proposons de déterminer les longueurs d'axes de cette conique.

Le centre ω de la conique est le point de rencontre du plan sécant et du diamètre conjugué de ce plan; par suite, les coordonnées x_0, y_0, z_0 du point ω vérifient les équations

$$ux_0 + vy_0 + wz_0 + r = 0,$$

$$\frac{f'_{x_0}}{u} = \frac{f'_{y_0}}{v} = \frac{f'_{z_0}}{w}.$$

Transportons l'origine des coordonnées en ce point; l'équation du plan devient

$$(1) \qquad ux + vy + wz = 0,$$

et celle de la quadrique

$$f(x_0 + x, y_0 + y, z_0 + z) = 0,$$

ou

$$f(x_0, y_0, z_0) + xf'_{x_0} + yf'_{y_0} + zf'_{z_0} + \varphi(x, y, z) = 0,$$

$\varphi(x, y, z)$ désignant l'ensemble des termes du deuxième degré de $f(x, y, z)$.

Comme $f'_{x_0}, f'_{y_0}, f'_{z_0}$ sont proportionnels à u, v, w, on peut écrire

$$f'_{x_0} = \lambda u, \qquad f'_{y_0} = \lambda v, \qquad f'_{z_0} = \lambda w,$$

et l'équation de la quadrique devient

$$(2) \qquad \varphi(x, y, z) + \lambda(ux + vy + wz) + f(x_0, y_0, z_0) = 0.$$

La conique (C) est alors définie par les deux équations

$$(S) \qquad \varphi(x, y, z) + f_0 = 0,$$

$$(P) \qquad ux + vy + wz = 0,$$

en posant $f_0 = f(x_0, y_0, z_0)$.

On peut la considérer comme l'intersection de la surface (S) et du plan (P).

Soit M un sommet de cette conique ; ωM est normal en M à la courbe. Posons ωM $= \rho$.

Nous considérons la sphère (Σ)

$$(\Sigma) \qquad x^2 + y^2 + z^2 = \rho^2,$$

et le cône (Γ) qui a pour sommet le point ω et pour directrice la courbe commune à (S) et (Σ). L'équation de ce cône est

$$(\Gamma) \qquad \varphi(x, y, z) + \frac{f_0}{\rho^2}(x^2 + y^2 + z^2) = 0 \,;$$

puis, nous écrivons que le plan (P) est tangent à ce cône. Nous obtenons ainsi la condition

$$\begin{vmatrix} A + \dfrac{f_0}{\rho^2} & B'' & B' & u \\[2ex] B'' & A' + \dfrac{f_0}{\rho^2} & B & v \\[2ex] B' & B & A'' + \dfrac{f_0}{\rho^2} & w \\[2ex] u & v & w & 0 \end{vmatrix} = 0.$$

C'est une équation du deuxième degré en ρ^2 qui admet pour racines les carrés des demi-longueurs des axes de la conique (C).

377. *Déterminer les longueurs des axes de l'ellipse section de l'ellipsoïde $\dfrac{x^2}{a^2} + \dfrac{y^2}{b^2} + \dfrac{z^2}{c^2} - 1 = 0$ par le plan $ux + vy + wz = 0$.*

Le centre de cette ellipse étant l'origine, nous avons $f_0 = -1$, et par suite les carrés des demi-longueurs des axes sont racines de l'équation

$$
\begin{vmatrix}
\dfrac{1}{a^2} - \dfrac{1}{\rho^2} & 0 & 0 & u \\[2mm]
0 & \dfrac{1}{b^2} - \dfrac{1}{\rho^2} & 0 & v \\[2mm]
0 & 0 & \dfrac{1}{c^2} - \dfrac{1}{\rho^2} & w \\[2mm]
u & v & w & 0
\end{vmatrix} = 0,
$$

ou

$$
\frac{u^2}{\dfrac{1}{a^2} - \dfrac{1}{\rho^2}} + \frac{v^2}{\dfrac{1}{b^2} - \dfrac{1}{\rho^2}} + \frac{w^2}{\dfrac{1}{c^2} - \dfrac{1}{\rho^2}} = 0.
$$

378. *On coupe l'ellipsoïde $\dfrac{x^2}{a^2} + \dfrac{y^2}{b^2} + \dfrac{z^2}{c^2} - 1 = 0$ par le plan $ux + vy + wz = 0$. Sur le diamètre perpendiculaire à ce plan on porte à partir du centre une longueur OM dont le carré soit moyenne harmonique entre les carrés des demi-axes α et β de la section :*

$$
\frac{2}{\overline{OM}^2} = \frac{1}{\alpha^2} + \frac{1}{\beta^2}.
$$

Trouver le lieu du point M quand le plan tourne autour du point O.

Le lieu est un ellipsoïde qui a pour équation

$$\left(\frac{1}{b^2}+\frac{1}{c^2}\right)x^2+\left(\frac{1}{c^2}+\frac{1}{a^2}\right)y^2+\left(\frac{1}{a^2}+\frac{1}{b^2}\right)z^2-2=0.$$

379. *Même question qu'au numéro précédent, en remplaçant la longueur OM par la longueur ON, définie par la formule*

$$\frac{1}{\mathrm{ON}}=\frac{1}{\alpha}-\frac{1}{\beta}.$$

Lieu du point N.

Ce lieu a pour équation

$$\mathrm{A}x^4+\mathrm{B}y^4+\mathrm{C}z^4-2\mathrm{BC}y^2z^2-2\mathrm{CA}z^2x^2-2\mathrm{AB}x^2y^2$$
$$-2x^2\left(\frac{1}{b^2}+\frac{1}{c^2}\right)-2y^2\left(\frac{1}{c^2}+\frac{1}{a^2}\right)-2z^2\left(\frac{1}{a^2}+\frac{1}{b^2}\right)+1=0,$$

où l'on pose

$$\mathrm{A}=\frac{1}{b^2}-\frac{1}{c^2},\qquad \mathrm{B}=\frac{1}{c^2}-\frac{1}{a^2},\qquad \mathrm{C}=\frac{1}{a^2}-\frac{1}{b^2}.$$

380. *Former l'équation aux carrés des demi-longueurs des axes de la conique section du cône $\dfrac{x^2}{a^2}+\dfrac{y^2}{b^2}-\dfrac{z^2}{c^2}=0$ par le plan $ux+vy+wz+r=0$.*

Dans le cas où cette conique est une ellipse, calculer son aire.

Le centre (x_0, y_0, z_0) de cette conique est déterminé par les équations

$$\frac{x_0}{a^2u}=\frac{y_0}{b^2v}=\frac{z_0}{-c^2w}=\frac{r}{-a^2u^2-b^2v^2+c^2w^2};$$

on en déduit

$$f_0=\frac{-r^2}{-a^2u^2-b^2v^2+c^2w^2}.$$

L'équation cherchée peut s'écrire

$$\frac{u^2}{\dfrac{1}{a^2}+\dfrac{f_0}{\rho^2}}+\frac{v^2}{\dfrac{1}{b^2}+\dfrac{f_0}{\rho^2}}+\frac{w^2}{-\dfrac{1}{c^2}+\dfrac{f_0}{\rho^2}}=0.$$

Le produit des racines est

$$\frac{f_0^2(u^2+v^2+w^2)a^2b^2c^2}{-a^2u^2-b^2v^2+c^2w^2}.$$

Pour que la conique soit une ellipse, il faut qu'on ait

$$-a^2u^2-b^2v^2+c^2w^2>0.$$

Si cette condition est remplie, l'aire de cette ellipse est

$$\frac{\pi abc|f_0|\sqrt{u^2+v^2+w^2}}{\sqrt{-a^2u^2-b^2v^2+c^2w^2}},$$

ou

$$\frac{\pi r^2abc\sqrt{u^2+v^2+w^2}}{(-a^2u^2-b^2v^2+c^2w^2)^{\frac{3}{2}}}.$$

Nous avons obtenu ce résultat d'une autre manière au n° 356.

381. *On considère les sections planes d'un paraboloïde ellip-tique passant par le sommet et telles que la somme des carrés de leurs axes soit constante.*

Trouver l'enveloppe de leurs plans et le lieu de leurs centres.

Soit $\dfrac{y^2}{p}+\dfrac{z^2}{q}-2x=0$ l'équation du paraboloïde rapporté à ses plans principaux et au plan tangent au sommet, et soit a^2 la somme des carrés des demi-axes d'une des sections envisagées.

Désignons par α la racine positive du trinome

$$X^2+(p+q)X-a^2,$$

$$\alpha=\frac{-(p+q)+\sqrt{(p+q)^2+4a^2}}{2}.$$

L'enveloppe des plans est le cône

$$\frac{y^2}{p} + \frac{z^2}{q} - \frac{x^2}{\alpha} = 0,$$

et le lieu des centres est l'ellipse définie par les équations

$$\frac{y^2}{p} + \frac{z^2}{q} - \alpha = 0, \qquad x - \alpha = 0.$$

382. *Déterminer les foyers de la conique section d'une quadrique par un plan.*

Soit une quadrique (Q) et un plan (P). Pour que le point F situé dans le plan (P) soit foyer de la conique (C), intersection du plan et de la quadrique, il faut et il suffit que les tangentes menées du point F à la conique (C) soient isotropes, ou constituent une conique du genre cercle. Or ces tangentes sont à l'intersection du plan (P) et du cône (Γ) qui a pour sommet le point F et qui est circonscrit à la quadrique (Q).

Donc pour que le point F soit foyer, il faut et il suffit que le plan (P) soit plan de section circulaire du cône (Γ).

Soient

$$f(x, y, z) = 0,$$
$$ux + vy + wz + h = 0$$

les équations de la quadrique et du plan, et soient α, β, γ les coordonnées du point F ; on aura d'abord

$$(1) \qquad u\alpha + v\beta + w\gamma + h = 0 ;$$

en outre l'équation du cône (Γ) étant

$$(xf'_\alpha + yf'_\beta + zf'_\gamma + f'_\delta)^2 - 4f(x, y, z)f(\alpha, \beta, \gamma),$$

il faudra que la forme quadratique

$$(2) \quad (xf'_\alpha + yf'_\beta + zf'_\gamma)^2 - 4\varphi(x, y, z)f(\alpha, \beta, \gamma) - S(x^2 + y^2 + z^2)$$

[où $\varphi(x, y, z)$ désigne l'ensemble des termes du deuxième degré de la fonction $f(x, y, z)$] soit divisible par $ux + vy + wz$ pour une valeur convenable de S.

Supposons $w \neq 0$, et remplaçons dans (2) z par $-\dfrac{ux + vy}{w}$;

nous obtenons une fonction homogène du second degré par rapport à x et y qui doit être identiquement nulle. Entre les trois relations ainsi obtenues on élimine aisément S qui y figure au premier degré, et il reste deux équations du deuxième degré en α, β, γ, qui, jointes à (1), déterminent les foyers de la section plane considérée.

383. *On donne un cylindre parabolique et une droite* (Δ) *perpendiculaire aux génératrices. Par cette droite on mène un plan variable qui rencontre le cylindre suivant une parabole.*
Trouver le lieu du foyer de cette parabole.

Le plan mené par Δ perpendiculairement aux génératrices du cylindre coupe celui-ci suivant une parabole ; nous prenons pour axes des x et des y l'axe et la tangente au sommet de cette courbe, et pour axe des z une droite perpendiculaire à son plan.

L'équation du cylindre est alors $y^2 - 2px = 0$, et les équations de (Δ) peuvent s'écrire

$$y - mx - h = 0, \qquad z = 0.$$

Soit

$$z = \lambda(y - mx - h)$$

l'équation d'un plan passant par (Δ).

Si α, β, γ désignent les coordonnées du foyer F de la section du cylindre par ce plan, nous avons d'abord

$$(1) \qquad\qquad \gamma = \lambda(\beta - m\alpha - h).$$

Le cône circonscrit à la surface ayant pour sommet le point F se réduit ici à un système de deux plans, définis par l'équation

$$(\beta y - px - p\alpha)^2 - (y^2 - 2px)(\beta^2 - 2p\alpha) = 0 ;$$

et nous dèvons écrire que la forme quadratique

$$px^2 - 2\beta xy + 2\alpha y^2 - S(x^2 + y^2 + z^2)$$

est divisible par $z - \lambda(y - mx)$, et pour cela qu'en y remplaçant z par $\lambda(y - mx)$, le résultat est identiquement nul.

Ceci nous donne

$$(2) \qquad \begin{cases} p - S(1 + \lambda^2 m^2) = 0, \\ \beta - S\lambda^2 m = 0, \\ 2\alpha - S(1 + \lambda^2) = 0. \end{cases}$$

Au lieu d'éliminer λ et S entre (1) et (2), il vaut mieux calculer α, β, γ en fonctions de λ. Nous obtenons ainsi

$$\alpha = \frac{p(\lambda^2 + 1)}{2(\lambda^2 m^2 + 1)}, \qquad \beta = \frac{pm\lambda^2}{\lambda^2 m^2 + 1},$$

$$\gamma = \lambda \frac{pm(\lambda^2 - 1) - 2h(\lambda^2 m^2 + 1)}{2(\lambda^2 m^2 + 1)}.$$

Ce sont les équations paramétriques d'une cubique unicursale. Cette cubique est plane, et son plan est parallèle à Oz, puisque les deux termes des fractions qui représentent α et β sont du premier degré par rapport à λ^2. L'équation de ce plan est

$$\beta = \frac{2m}{1 - m^2}\left(\alpha - \frac{p}{2}\right).$$

384. *Trouver le lieu des foyers des sections faites dans un paraboloïde par des plans passant par une droite fixe parallèle à l'axe.*

Soient $\dfrac{y^2}{p} + \dfrac{z^2}{q} - 2x = 0$ l'équation du paraboloïde, et

$$y - b = 0, \qquad z - c = 0$$

les équations de la droite fixe.

Considérons un plan passant par la droite

$$y - b = m(z - c).$$

Ce plan coupe le paraboloïde suivant une parabole dont le foyer a pour coordonnées

$$x = \frac{(b - mc)^2 + pq(m^2 + 1)}{qm^2 + p},$$

$$y = \frac{p(b - mc)}{qm^2 + p},$$

$$z = \frac{-qm(b - mc)}{qm^2 + p}.$$

Quand m varie, le lieu de ce point est une conique.

385. *On considère les deux surfaces du second degré* (P) *et* (Q), *définies en coordonnées rectangulaires par les équations*

(P) $$y^2 - zx - a^2 = 0,$$

(Q) $$2y^2 - x^2 - zx - ay = 0,$$

où a désigne une constante. Soit (C) *la courbe d'intersection de ces deux surfaces.*

1° *Former les équations des projections orthogonales de cette courbe* (C) *sur le plan des xy et sur le plan des zx. Construire ces courbes.*

2° *Considérant, en particulier, la projection de* (C) *sur le plan des zx, on déterminera l'aire comprise entre l'axe des x, la branche supérieure de la courbe et les droites qui, dans ce plan, ont pour équations*

$$x = a, \qquad x = a\sqrt{3}.$$

3° *Soit M un point de* (C) ; *par ce point passent deux génératrices rectilignes de la surface* (P) *qui rencontrent la courbe* (C) *en deux points* M_1, M_1' *autres que M. Quel est le lieu* (R) *de la droite* M_1M_1' *quand le point M décrit la courbe* (C) ? *De quoi se composent les intersections de la surface* (R) *avec chacune des surfaces* (P), (Q) ?

4° *Par le point* M_1, *précédemment défini, passe une génératrice de* (P), *autre que la droite* M_1M ; *soit* M_2 *le point d'inter-*

*section, autre que M_1, de cette génératrice et de la courbe (C) ;
par le point M_2 passe une génératrice de (P), autre que la
droite M_2M_1 ; soit M_3 le point d'intersection, autre que M_2, de
cette génératrice et de la courbe (C) ; on continue de la même
façon... Démontrer que la ligne polygonale MM_1M_2 ... se ferme
et qu'il en est de même de la ligne polygonale obtenue par la
même construction en remplaçant simplement le point M_1 par
le point M_1'.*

1° Les équations demandées sont respectivement

$$x^2 - y^2 + ay - a^2 = 0,$$

$$x^2(z - x)^2 - a^2x(4x - 3z) + 3a^4 = 0.$$

2° L'aire considérée est égale à

$$a^2\left(2 - \frac{3}{4}\,\text{L}3 - \frac{\pi\sqrt{3}}{12}\right).$$

3° Les deux systèmes de génératrices de la surface (P) peuvent être représentés par les équations

$$\text{(I)}\ \begin{cases} y + a = uz, \\ y - a = \dfrac{x}{u}; \end{cases} \qquad \text{(II)}\ \begin{cases} y + a = vx, \\ y - a = \dfrac{z}{v}; \end{cases}$$

deux génératrices de systèmes différents se coupent en un point
qui a pour coordonnées

$$x = \frac{2au}{uv - 1}, \qquad y = \frac{a(uv + 1)}{uv - 1}, \qquad z = \frac{2uv}{uv - 1}.$$

Ce sont les équations paramétriques de la surface (P).

Pour écrire que ce point est sur la courbe (C), il suffit de remplacer x, y, z par ces valeurs dans l'équation de la surface (Q) ;
nous obtenons ainsi

$$\text{(1)} \qquad\qquad u^2v^2 - 4u^2 + 3 = 0.$$

A tout ensemble de valeurs de u, v correspond un point de la
surface (P) ; on peut considérer u, v comme les coordonnées

curvilignes de ce point. L'équation (2) est l'équation de la courbe (C) en coordonnées curvilignes.

Soient u_0, v_0 les coordonnées curvilignes d'un point M de la courbe (C). Nous avons

$$(2) \qquad u_0^2 v_0^2 - 4u_0^2 + 3 = 0.$$

La génératrice du système (I) qui passe par le point M a pour équation $u = u_0$; elle rencontre (C) en deux points dont les v sont racines de $u_0^2 v^2 - 4u_0^2 + 3 = 0$. Comme l'une des racines est v_0, l'autre est $-v_0$, le point M_1 a donc pour coordonnées u_0 et $-v_0$. On voit de même que les coordonnées de M_1' sont $-u_0$ et v_0.

On peut donc calculer les coordonnées rectilignes de M_1, M_1', et former les équations de la droite $M_1 M_1'$, qui sont

$$y = \frac{a(u_0 v_0 - 1)}{u_0 v_0 + 1}, \qquad v_0 x + u_0 z = 0.$$

Il n'y a plus qu'à éliminer u_0, v_0 entre ces équations et la relation (2) pour obtenir le lieu engendré par la droite $M_1 M_1'$. On trouve ainsi l'équation

$$z(y^2 - ay + a^2) - x(y^2 - a^2) = 0,$$

qui représente un conoïde (R) dont le plan directeur est le plan des zx et dont l'axe est Oy.

Ce conoïde coupe (P) suivant la courbe (C) et les deux droites $z = 0$, $y \pm a = 0$.

Il coupe (Q) suivant la courbe (C) et les deux droites $y = 0$, $z + x = 0$, et $2y - a = 0$, $z + x = 0$.

4° Soient u_0, v_0 les coordonnées curvilignes du point M ; celles de M_1 sont u_0, $-v_0$; celles de M_2, $-u_0$, $-v_0$; celles de M_3, $-u_0$, v_0, et enfin, celles de M_4, u_0, v_0. Par suite le point M_4 coïncide avec le point M.

386. *On considère une droite fixe* A *et deux droites fixes* B, B' *qui rencontrent* A *mais qui ne sont pas situées dans un même plan.*

On sait que, si on considère une quadrique S qui passe par les droites A, B, B', son centre C est situé dans le plan P parallèle aux deux droites B et B' et équidistant de ces deux droites.

1° Lorsque le centre C décrit une droite dans le plan P, la surface S passe par une quatrième droite fixe s'appuyant sur B et B'.

2° Lorsque le point C décrit, dans le plan P, une courbe (Γ) de classe m, la surface S enveloppe une surface réglée Σ de degré 2m, et par chacune des droites A, B, B' il passe m nappes de cette surface Σ.

Montrer que la surface Σ peut être considérée comme engendrée par une droite qui se meut en s'appuyant sur les deux droites B, B' et en restant tangente à un cylindre de classe m dont les génératrices sont parallèles à A. Trouver l'équation de ce cylindre.

3° Dans le cas particulier où la courbe (Γ) est une conique, la surface Σ est du quatrième degré et admet A comme droite double.

Tout plan passant par A coupe alors cette surface en dehors de A suivant une conique ; trouver le lieu du centre de cette conique.

Que deviennent les résultats précédents lorsque la conique (Γ) est tangente soit au plan déterminé par les droites A et B, soit au plan déterminé par A et B', soit à ces deux plans à la fois ?

Prenons comme axe des z la droite A, comme plan des xy le plan P, pour axes des x et des y des parallèles à B et B'. Les équations de ces droites sont

$$\mathrm{B}\begin{cases} y = 0, \\ z - h = 0, \end{cases} \qquad \mathrm{B}'\begin{cases} x = 0, \\ z + h = 0. \end{cases}$$

La quadrique S qui passe par les droites A, B, B' et dont le centre est le point C(α, β, 0) du plan P a pour équation

$$- \alpha yz + \beta zx + hxy - h\beta x - h\alpha y = 0.$$

1° Si le point C décrit la droite $ux + vy + w = 0$, la quadrique S passe par la quatrième droite

$$D \begin{cases} w(z+h) + hux = 0, \\ w(z-h) - hvy = 0. \end{cases}$$

2° A chaque point C de la courbe (Γ) correspond une surface S ; par suite, la caractéristique de cette surface est la droite Δ dont les équations se déduisent de celles de D en remplaçant u, v, w par les coordonnées de la tangente à (Γ) au point C.

Par suite, si on désigne par

$$F(u, v, w) = 0$$

l'équation tangentielle de (Γ), l'équation de Σ est

$$F(-y(z+h), x(z-h), hxy) = 0.$$

Si (Γ) est de classe m, Σ est de degré $2m$.

Tout plan passant par Δ coupe Σ suivant m droites confondues avec Δ ; donc Δ est une ligne d'ordre m. Il en est de même de B et B'.

On peut considérer Σ comme engendrée par la droite Δ qui rencontre B et B' et qui est tangente au cylindre parallèle à Oz et dont la directrice dans le plan des xy est homothétique de (Γ) par rapport à l'origine, le rapport d'homothétie étant égal à 2.

3° Supposons que (Γ) soit une conique ayant pour équation tangentielle

$$F(u, v, w) \equiv au^2 + 2buv + cv^2 + 2duw + 2evw + fw^2 = 0,$$

et pour équation ponctuelle

$$Ax^2 + 2Bxy + Cy^2 + 2Dx + 2Ey + F = 0.$$

Σ est alors du quatrième degré et admet A, B, B' comme droites doubles.

Le plan $y = mx$ coupe Σ suivant deux droites confondues avec Δ, et suivant une conique dont le centre a pour coordonnées

$$x = \frac{-2(Em + D)}{A + 2Bm + Cm^2},$$

$$y = \frac{-2m(Em + D)}{A + 2Bm + Cm^2},$$

$$z = \frac{-h(Cm^2 - A)}{A + 2Bm + Cm^2}.$$

Ce point décrit une conique.

Si (Γ) est tangente au plan AB, elle est tangente à Ox, c est nul. Σ se décompose en le plan des zx et une surface du troisième degré.

Si (Γ) est tangente aux plans AB et AB′, Σ se décompose en les plans $x = 0$, $y = 0$ et en une quadrique.

387. *On considère un plan* (P) *et une sphère* (S) *de centre* A, *située tout entière d'un même côté du plan. Soit* O *la projection du point* A *sur le plan* (P).

1° *On demande l'équation générale des paraboloïdes circonscrits à la sphère, passant en* O *et coupant le plan* P *suivant une ellipse dont les axes ont des directions données.*

2° *Trouver le lieu des sommets de ces paraboloïdes.*

3° *On considère la sphère inscrite dans l'un de ces paraboloïdes et passant par le point* O. *Trouver le lieu du cercle de contact de cette sphère avec le paraboloïde et le lieu de son centre.*

4° *Trouver le lieu des foyers de ces paraboloïdes.*

1° Prenons le plan (P) pour plan des xy et pour axe des z la perpendiculaire OA à ce plan, pour axes des x et des y les parallèles menées par le point O aux axes de l'ellipse intersection du paraboloïde avec le plan (P), et désignons par a la cote du point A, par R le rayon de la sphère.

L'équation de la sphère (S) est alors

$$S \equiv x^2 + y^2 + (z - a)^2 - R^2 = 0;$$

d'autre part, l'équation générale des quadriques circonscrites à cette sphère est

$$\lambda S - (ux + vy + wz + r)^2 = 0.$$

Écrivons que cette équation représente un paraboloïde, et pour cela que le discriminant de l'ensemble des termes du deuxième degré est nul ; nous obtenons $\lambda = u^2 + v^2 + w^2$, ce qui nous donne l'équation

$$(u^2 + v^2 + w^2)S - (ux + vy + wz + r)^2 = 0.$$

Pour que la section de cette surface par le plan des xy ait ses axes parallèles à Ox, Oy, il faut qu'on ait $uv = 0$, ce qui nous donne $u = 0$, ou $v = 0$. Le problème se décompose donc en deux autres ; mais il suffit d'en considérer un, car rien ne distingue le plan des zx du plan des zy. Nous prendrons $v = 0$.

Enfin, la condition pour que le paraboloïde passe à l'origine se réduit à

$$r^2 = (a^2 - R^2)(u^2 + w^2).$$

Comme $a^2 - R^2$ est positif, nous poserons $a^2 - R^2 = k^2$, et nous prendrons

$$u = \frac{r}{k} \cos \varphi, \qquad w = \frac{r}{k} \sin \varphi.$$

Finalement l'équation générale des paraboloïdes considérés est

$$(1) \qquad x^2 + y^2 + (z - a)^2 - R^2 - (x \cos \varphi + z \sin \varphi + k)^2 = 0.$$

Toutes ces surfaces sont évidemment de révolution.

2° Le sommet de chaque paraboloïde est à l'intersection de cette surface avec l'axe, et l'axe est la perpendiculaire abaissée du centre de la sphère sur le plan des contacts. Il a donc pour équations

$$(2) \qquad y = 0, \qquad \frac{x}{\cos \varphi} = \frac{z - a}{\sin \varphi}.$$

Le lieu des sommets est une courbe située dans le plan des zx, dont on aura l'équation en éliminant φ entre les équations (1) et (2).

On peut aussi résoudre ces équations par rapport à x, z ; on obtiendra les équations paramétriques du lieu en fonction de φ.

3° L'équation (1) peut s'écrire

$$S - P^2 = 0,$$

en posant $P \equiv x \cos \varphi + z \sin \varphi + k$, ou encore

$$S + 2\mu P + \mu^2 - (P + \mu)^2 = 0,$$

μ étant un nombre quelconque.

Sous cette forme, on voit que l'équation

$$S + 2\mu P + \mu^2 = 0$$

est l'équation générale des sphères inscrites dans le paraboloïde.

Celle qui passe au point O correspond à $\mu = - k$, et a pour équation

$$x^2 + y^2 + z^2 - 2az - 2k(x \cos \varphi + z \sin \varphi) = 0.$$

Le plan de contact est $P + \mu = 0$, ou $x \cos \varphi + z \sin \varphi = 0$; par suite le lieu du cercle de contact est la sphère

$$x^2 + y^2 + z^2 - 2az = 0,$$

et le lieu du centre de la sphère est le cercle

$$y = 0, \qquad x^2 + (z - a)^2 = k^2.$$

4° On peut considérer le foyer du paraboloïde comme le centre de la sphère inscrite de rayon nul. Nous avons trouvé plus haut l'équation générale des sphères inscrites,

$$f(x, y, z) \equiv S + 2\mu P + \mu^2 = 0.$$

On éliminera μ et φ entre les équations

$$f'_x = 0, \qquad f'_y = 0, \qquad f'_z = 0, \qquad f'_\mu = 0.$$

Le lieu est une conique située dans le plan des zx et ayant pour équation

$$x^2 + (z - a)^2 = \frac{(2az - a^2 - k^2)^2}{4k^2}.$$

Elle a pour foyer le point A, pour directrice correspondante la droite $z = \dfrac{a^2 + k^2}{2a}$, et pour excentricité $\dfrac{a}{k}$. Comme ce nombre est plus grand que 1, la conique est une hyperbole.

388. 1° *Former l'équation générale des quadriques* (Q) *qui sont équilatères et qui contiennent les deux droites*

$$\text{(D)} \begin{cases} y - mx = 0, \\ z - h = 0, \end{cases} \qquad \text{(}\Delta\text{)} \begin{cases} y + mx = 0, \\ z + h = 0, \end{cases}$$

les axes de coordonnées étant rectangulaires.

2° *Montrer que parmi les quadriques* (Q) *il y a quatre surfaces gauches de révolution.*

3° *On considère les génératrices des quadriques* (Q), *de même système que* (D) *et* (Δ), *qui passent par un point* A. *Prouver qu'elles restent dans un plan* (P).

4° *Lieu du point* A *lorsque ce point est en ligne droite avec les deux points d'intersection du plan* (P) *et des droites* (D) *et* (Δ).

1° L'équation générale des quadriques (Q) est

$$y^2 - m^2x^2 + (m^2 - 1)(z^2 - h^2) + 2\lambda(yz - mhx) + 2\mu(hy - mzx) = 0,$$

λ et μ étant des paramètres variables.

2° Cette équation représente une surface de révolution pour

$$\lambda = 0, \qquad \mu^2 = \frac{(2 - m^2)(m^2 + 1)}{m^2},$$

et pour

$$\mu = 0, \qquad \lambda^2 = (m^2 + 1)(2m^2 - 1).$$

3° Soient x_0, y_0, z_0 les coordonnées du point A. Le plan (P) a pour équation

$$m(xy_0 - yx_0) + h(m^2 - 1)(z - z_0) = 0.$$

4° Le lieu demandé est l'hyperboloïde à une nappe

$$y^2 - m^2x^2 - (m^2 - 1)(z^2 - h^2) = 0.$$

389. *On donne un ellipsoïde (E) rapporté à ses axes,*

$$E \equiv \frac{x^2}{a^2} + \frac{y^2}{b^2} + \frac{z^2}{c^2} - 1 = 0,$$

et un plan (P),

$$P \equiv ux + vy + wz - 1 = 0,$$

qui coupe l'ellipsoïde suivant une conique (C).

1° *Lieu d'un point* M *tel qu'on puisse le joindre à trois points de la conique* (C) *par trois droites formant un trièdre trirectangle.*

2° *Ce lieu est une quadrique* (S) *qui coupe* (E) *suivant la conique* (C) *et suivant une autre courbe située dans un plan* (Q); *montrer que la droite* $\gamma\gamma'$ *qui joint les pôles de* (P) *et* (Q) *par rapport à* (E) *est perpendiculaire au plan* (P).

3° *Enveloppe du plan* (P) *lorsque* (P) *et* (Q) *sont conjugués par rapport à* (E).

4° *Revenant au cas où* (P) *est donné, on mène les normales à* (E) *en tous les points de sa section par le plan* (Q). *Trouver la courbe formée par les traces de ces normales sur le plan* (P).

1° et 2°. La quadrique (S) a pour équation

$$P^2\left(\frac{1}{a^2} + \frac{1}{b^2} + \frac{1}{c^2}\right) - 2P\left(\frac{ux}{a^2} + \frac{vy}{b^2} + \frac{wz}{c^2}\right)$$
$$+ E(u^2 + v^2 + w^2) = 0,$$

et le plan (Q),

$$Q \equiv P\left(\frac{1}{a^2} + \frac{1}{b^2} + \frac{1}{c^2}\right) - 2\left(\frac{ux}{a^2} + \frac{vy}{b^2} + \frac{wz}{c^2}\right) = 0.$$

3° L'enveloppe est une quadrique homofocale à (E), qui a pour équation

$$\frac{x^2}{a^2 + h} + \frac{y^2}{b^2 + h} + \frac{z^2}{c^2 + h} - 1 = 0,$$

en posant

$$h = \frac{-2}{\dfrac{1}{a^2} + \dfrac{1}{b^2} + \dfrac{1}{c^2}}.$$

4° La courbe cherchée est l'intersection du plan (P) et de la quadrique

$$\frac{x^2}{a^2\left(\dfrac{1}{b^2} + \dfrac{1}{c^2} - \dfrac{1}{a^2}\right)^2} + \frac{y^2}{b^2\left(\dfrac{1}{c^2} + \dfrac{1}{a^2} - \dfrac{1}{b^2}\right)^2}$$

$$+ \frac{z^2}{c^2\left(\dfrac{1}{a^2} + \dfrac{1}{b^2} - \dfrac{1}{c^2}\right)^2} - \frac{1}{\left(\dfrac{1}{a^2} + \dfrac{1}{b^2} + \dfrac{1}{c^2}\right)^2} = 0.$$

390. *On considère un ellipsoïde (E) et une droite (D).*

1° Trouver le lieu des centres des coniques de contact des cônes circonscrits à l'ellipsoïde et ayant pour sommets les points de la droite (D).

2° Ce lieu est une conique (C), dont on demande le lieu quand la droite (D) tourne autour d'un point fixe Λ *dans un plan fixe (P). Ce lieu est une quadrique (Q).*

3° Lieu du diamètre conjugué du plan de la conique (C) dans la quadrique (Q).

Soient $\dfrac{x^2}{a^2} + \dfrac{y^2}{b^2} + \dfrac{z^2}{c^2} - 1 = 0$ l'équation de (E) et

$$\frac{x - x_0}{\alpha} = \frac{y - y_0}{\beta} = \frac{z - z_0}{\gamma}$$

celles de (D), x_0, y_0, z_0 désignant les coordonnées du point Λ.

1° Les équations de la conique (C) sont

$$\left[(\beta - \gamma)x_0 + (\gamma - \alpha)y_0 + (\alpha - \beta)z_0\right]\left[\frac{x^2}{a^2} + \frac{y^2}{b^2} + \frac{z^2}{c^2}\right]$$

$$- \left[(\beta - \gamma)x + (\gamma - \alpha)y + (\alpha - \beta)z\right] = 0,$$

$$\begin{vmatrix} x & y & z \\ x_0 & y_0 & z_0 \\ \alpha & \beta & \gamma \end{vmatrix} = 0.$$

2° Si on désigne par $u(x - x_0) + v(y - y_0) + w(z - z_0) = 0$ l'équation du plan (P), la quadrique (Q) a pour équation

$$(ux_0 + vy_0 + wz_0)\left(\frac{x^2}{a^2} + \frac{y^2}{b^2} + \frac{z^2}{c^2}\right) - (ux + vy + wz) = 0.$$

3° $$\frac{xx_0}{a^2} + \frac{yy_0}{b^2} + \frac{zz_0}{c^2} - \frac{1}{2} = 0.$$

391. 1° *Trouver l'équation de la surface réglée* (S) *qui admet les trois directrices*

$$\begin{cases} y = 0, \\ z = x\dfrac{1 + \sqrt{5}}{2}, \end{cases} \qquad \begin{cases} x = 0, \\ y^2 + z^2 + y = 0, \end{cases} \qquad \begin{cases} z = 0, \\ x^2 - y^2 - y = 0. \end{cases}$$

2° *Montrer que* (S) *est coupée par la surface* (S') *qui a pour équation*

$$z^2 - x^2 + y = 0$$

suivant la même courbe (C) *que la surface qui a pour équation*

$$x^2 + y^2 - z^2 - zx - y = 0.$$

Exprimer en fonction du paramètre $t = \dfrac{x}{y}$ *les coordonnées d'un point quelconque de cette courbe* (C).

3° *Trouver toutes les quadriques* (Q) *ne passant pas par l'origine, ayant leurs axes parallèles aux axes de coordonnées, et tangentes à la courbe* (C) *en quatre points.*

1° La surface (S) a pour équation

$$x^2 - y^2 - z^2 + xz - y = 0.$$

2° Les équations paramétriques de la courbe (C) sont

$$x = \frac{t^3}{t^4 - 1}, \qquad y = \frac{t^2}{t^4 - 1}, \qquad z = \frac{t}{t^4 - 1}.$$

3º Les t des points de rencontre de cette courbe et de la quadrique

$$Ax^2 + By^2 + Cz^2 - 2Dx - 2Ey - 2Fz + 1 = 0$$

sont racines d'une équation du huitième degré, $f(t) = 0$, dans laquelle le coefficient de t^8 et le terme indépendant sont égaux à 1.

Il faut écrire que le polynome $f(t)$ a quatre racines doubles, et pour cela qu'il est identique au carré d'un polynome du quatrième degré

$$t^4 + \alpha t^3 + \beta t^2 + \gamma t \pm 1.$$

En faisant l'identification, on est conduit aux résultats suivants.

Si l'on prend le signe —, on a

$$\beta = 0, \qquad A = 2E + \alpha^2, \qquad B = 2\alpha\gamma$$

$$C = -2E + \gamma^2, \qquad D = -\alpha, \qquad F = -\gamma.$$

Il reste trois paramètres arbitraires α, γ, E.

En prenant le signe +, on a trois cas à envisager.

I. $\qquad \gamma = 0, \qquad \alpha = 0, \qquad D = 0, \qquad F = 0,$

$$A = 2E + 2\beta, \qquad B = 4 + \beta^2, \qquad C = 2\beta - 2E;$$

deux paramètres, β et E.

II. $\quad \beta = 2, \qquad \gamma = -\alpha, \qquad D = -\alpha, \qquad F = -\alpha,$

$$A = 2E + \alpha^2 + 4, \qquad B = 8 - 2\alpha^2, \qquad C = -2E + \alpha^2 + 4.$$

III. $\quad \beta = -2, \qquad \gamma = \alpha, \qquad D = -\alpha, \qquad F = \alpha,$

$$A = 2E + \alpha^2 - 4, \qquad B = 8 + 2\alpha^2, \qquad C = -2E + \alpha^2 - 4.$$

392. *On donne une sphère* S *et une droite* Δ *dont les équations par rapport au système de trois axes rectangulaires sont*

$$x^2 + y^2 + z^2 - R^2 = 0,$$

$$x = az + p, \qquad y = bz + q.$$

Par le diamètre de la sphère qui coïncide avec Oz, on fait passer un plan quelconque, P, et l'on prend, relativement au cercle d'intersection de la sphère et du plan, la polaire du point où ce plan rencontre Δ.

1° Trouver l'équation et reconnaître la nature du lieu engendré par cette polaire, lorsque le plan P tourne autour de Oz.

2° Trouver les séries de plans réels qui coupent la surface Σ ainsi obtenue suivant des cercles, et vérifier que les plans d'une de ces séries sont perpendiculaires à la droite qui joint les points de contact des plans tangents menés à la sphère S par la droite Δ.

3° Faire voir que si l'on déplace la sphère S sans changer son rayon de manière à amener son centre en un nouveau point O_1 de l'axe Oz, il est possible de déterminer une nouvelle position Δ_1 de la droite Δ, telle que la nouvelle surface Σ_1, engendrée à l'aide de Δ_1 comme on l'a indiqué ci-dessus, coïncide avec Σ.

4° Trouver le lieu des positions de la droite Δ, quand le point O_1, centre de la sphère, se déplace sur Oz.

1° $(x^2 + y^2)(aq - bq) - pyz + qzx + R^2(bx - ay) = 0.$

2° Les plans de sections circulaires sont

$$z = 0, \qquad qx - py - (aq - bp)z = 0.$$

3° Soit λ la cote du point O_1. Les équations de Δ_1 sont

$$x = \frac{R^2 a + \lambda p}{R^2}(z - \lambda) + p,$$

$$y = \frac{R^2 b + \lambda q}{R^2}(z - \lambda) + q.$$

4°
$$(py - qx)[py - qx + z(aq - bp]$$
$$+ R^2(aq - bp)(ay - bx + bp - aq) = 0.$$

393. *Tout hyperboloïde équilatère qui passe par les som-*

mets d'un tétraèdre orthocentrique (4) passe par l'orthocentre du tétraèdre.

On dit qu'un hyperboloïde est *équilatère* quand le cône des directions asymptotiques est capable d'un trièdre trirectangle inscrit.

On pourra prendre les axes de coordonnées indiqués au n° 4.

On écrira que la surface définie par l'équation générale habituelle

$$f(x,\ y,\ z) \equiv \mathrm{A}x^2 + \mathrm{A}'y^2 + \cdots = 0$$

est équilatère, passe par le point A et par les points B et C ; pour ces deux points il suffit d'écrire qu'en faisant dans l'équation $x = b$, $z = 0$, on a une équation du deuxième degré en y dont le produit des racines est égal à $b(a - b)$.

On éliminera A, A' entre les équations obtenues, et on obtiendra la condition

$$\mathrm{A}''ab + \mathrm{D} = 0,$$

qui exprime que la surface rencontre Oz en deux points dont le produit des cotes est $-ab$.

Comme l'un de ces points est D, l'autre est l'orthocentre.

394. *Si deux quadriques qui ont deux génératrices communes de même système se coupent à angle droit en tous les points de l'une de ces génératrices, elles se coupent à angle droit en tous les points de l'autre.*

395. *On donne une sphère (S) de rayon R, qui a pour centre l'origine d'un système de coordonnées rectangulaires, et un paraboloïde (P) qui a pour plan directeur xOy, et pour directrices : 1° l'axe Oz ; 2° la droite AB définie par les deux points A et B dont les coordonnées sont respectivement $(R,\ 0,\ R)$ et $(a,\ b,\ c)$.*

1° Former les équations de la sphère et du paraboloïde.

2° On prend un point M sur Oz, et les plans polaires (Σ) et

(11) *de ce point par rapport aux surfaces* (S) *et* (P). *Trouver le lieu de l'intersection de ces deux plans quand* M *décrit* Oz ; *déterminer la partie du lieu qui est sur le paraboloïde* (P).

3° *En supposant* AB *à* 45° *sur* Oz, *et tangente à la sphère* (S) *au point* B, *dans le trièdre* Oxyz, *calculer les coordonnées* a, b, c *du point* B *en fonction de* R, *et déterminer les génératrices du paraboloïde* (P) *qui sont tangentes à la sphère* (S).

1° L'équation de (P) est

$$z\big[bx + (R - a)y\big] - R\big[bx + (c - a)y\big] = 0.$$

2° Le lieu demandé est un second paraboloïde (P'), défini par l'équation

$$z\big[bx + (c - a)y\big] - R\big[bx + (R - a)y\big] = 0.$$

Les deux paraboloïdes ont en commun l'axe des z et les deux droites parallèles au plan des xy

$$(1) \quad \begin{cases} z - R = 0, \\ y = 0, \end{cases} \qquad (2) \quad \begin{cases} z + R = 0, \\ 2bx + (R + c - 2a)y = 0. \end{cases}$$

3° On trouve $a = \dfrac{R}{\sqrt{2}}$, $b = R\sqrt{\sqrt{2} - 1}$, $c = R\left(1 - \dfrac{1}{\sqrt{2}}\right)$.

Il y a quatre génératrices de (P) tangentes à la sphère ; ce sont les droites (1), (2), la droite AB et sa symétrique par rapport à Oz.

396. *Les axes étant rectangulaires, on considère la surface* (T) *du troisième degré,*

$$(x^2 + y^2)(x + a) + z^2(x - a) = 0,$$

où a *est une constante donnée.*

1° *Il existe une infinité de sphères* (S) *dont chacune a son centre dans le plan* xOy *et est orthogonale à la surface* (T) *en tous les points de son intersection avec cette surface. Lieu des centres des sphères* (S).

2° *Soit* (C) *l'intersection de la surface* (T) *et de l'une quelconque des sphères* (S) : *montrer que* (C) *se projette sur le plan* xOy *suivant une conique, et déterminer la portion de cette conique qui correspond à des points réels de* (C).

3° *Construire la projection de la courbe* (C) *sur le plan* zOx.

4° *Il existe une infinité de sphères* (Σ) *dont chacune est tangente à la surface* (T) *tout le long de son intersection avec cette surface. Lieu des centres des sphères* (Σ).

5° *Soit* (Γ) *la ligne de contact de* (T) *avec l'une quelconque des sphères* (Σ) : *montrer que cette ligne est un cercle. Lieu des centres de ces cercles.*

6° *Montrer que toute sphère qui passe par un des cercles* (Γ) *coupe* (T) *suivant un autre cercle qui fait aussi partie des cercles* (Γ).

1° Équation générale des sphères (S) :

$$x^2 + y^2 + z^2 + 2ax - 2\beta y = 0.$$

2° Projection de (C) sur le plan des xy :

$$a(x^2 + y^2 + 2ax - 2\beta y) - (x + a)(ax - \beta y) = 0 \, ;$$

3° sur le plan zOx :

$$a^2(x^2 + z^2 + ax)^2 - \beta^2(x + a)\big[x(x^2 + z^2) + a(x^2 - z^2)\big] = 0.$$

4° Équation générale des sphères (Σ) :

$$x^2 + y^2 + z^2 + \frac{\lambda^2}{2a}\,x - 2\lambda z + \frac{\lambda^2}{2} = 0.$$

Le plan de la courbe de contact (Γ) a pour équation

$$\lambda x - 2az + a\lambda = 0.$$

5° Le lieu du centre de (Γ) est Oz.

397. *On donne trois axes rectangulaires et on considère les surfaces* S *ayant pour équation générale*

$$\frac{x^2}{a+\lambda a'} + \frac{y^2}{b+\lambda b'} + \frac{z^2}{c+\lambda c'} = \frac{m^2}{a+\lambda a'} + \frac{n^2}{b+\lambda b'} + \frac{p^2}{c+\lambda c'};$$

a, b, c, a', b', c', m, n, p sont des constantes données et λ un paramètre variable.

1° Soit P le plan polaire d'un point A (x_0, y_0, z_0) par rapport à une surface S. Lorsque λ varie, A restant fixe, le plan P passe par un point fixe B et enveloppe un cône du second degré C. Ce cône peut-il se décomposer? Soit C' le cône parallèle à C et de sommet O. Que peut-on dire de commun aux cônes C' qui correspondent aux divers points A de l'espace?

2° On suppose que le point A décrive un plan Π; le point B décrit alors une surface qui est en général du troisième degré; ce degré peut-il s'abaisser pour des positions particulières du plan Π?

On suppose que le point A décrive une quadrique Q; le point B décrit une surface, en général du sixième degré; dans quel cas cette surface est-elle une quadrique Q'? Lorsqu'il en est ainsi, si Q est un cône, il en est de même de Q' et réciproquement.

3° On s'astreint à ne considérer que des quadriques Q et Q' ne se décomposant pas, et dont la seconde est décrite par le point B quand le point A décrit la première; soit ω le centre de Q, ω' le centre de Q'. Lorsqu'on donne ω, le point ω' peut-il occuper une position quelconque dans l'espace, ou est-il assujetti à rester sur une courbe, ou sur une surface?

4° On pose $a = \alpha^2$, $b = \beta^2$, $c = \gamma^2$, $a' = 1$, $b' = 1$, $c' = 0$, $m = 0$, $n = 0$, $p = \gamma$, en sorte que l'équation des surfaces S devient

$$(\Sigma) \qquad \frac{x^2}{\alpha^2 + \lambda} + \frac{y^2}{\beta^2 + \lambda} + \frac{z^2}{\gamma^2} = 1;$$

les résultats des paragraphes précédents sont-ils modifiés?

5° Montrer que par un point A passent deux surfaces Σ réelles, et déterminer leur nature suivant la position de A.

6° Étant donné un plan M, il existe une seule surface Σ tangente au plan M; soit I le point de contact; par le point I passent deux surfaces Σ dont l'une est tangente au *plan* M, *et la seconde à un autre plan* N. *Ce plan est ainsi déterminé quand on donne le plan* M.

On suppose que le plan M *soit assujetti à passer par un point fixe* P ; *le plan* N *dépend alors de deux paramètres. Lieu du pôle du plan* N *par rapport à la sphère*

$$x^2 + y^2 + z^2 - 1 = 0.$$

Quelle position doit occuper le point P *pour que ce lieu se réduise à un plan ?*

1° Le point B a pour coordonnées $\dfrac{m^2}{x_0}$, $\dfrac{n^2}{y_0}$, $\dfrac{p^2}{z_0}$, et le cône C′ est l'enveloppe du plan

$$\frac{xx_0}{a + \lambda a'} + \frac{yy_0}{b + \lambda b'} + \frac{zz_0}{c + \lambda c'} = 0.$$

Son équation tangentielle principale est

$$(bc' - cb')x_0 vw + (ca' - ac')y_0 wu + (ab' - ba')z_0 uv = 0,$$

et son équation ponctuelle

$$\pm \sqrt{(bc' - cb')xx_0} \pm \sqrt{(ca' - ac')yy_0} \pm \sqrt{(ab' - ba')zz_0} = 0,$$

Tous les cônes C′ sont tangents aux plans de coordonnées.

2° Supposons que A décrive le plan

(II) $$Ax + By + Cz + D = 0.$$

Le point B décrit une surface du troisième degré si aucun des nombres A, B, C, D n'est nul, une quadrique si un de ces nombres est nul, un plan si deux de ces nombres sont nuls.

Pour que B décrive une quadrique Q′, il faut que la quadrique Q décrite par A ait une équation de la forme

(Q) $$Byz + B'zx + B''xy + Cx + C'y + C''z = 0.$$

Q′ a alors pour équation

(Q′) $$Cm^2 yz + C'n^2 zx + C''p^2 xy + Bn^2 p^2 x$$
$$+ B'p^2 m^2 y + B''m^2 n^2 z = 0.$$

Ces deux surfaces sont des cônes si l'on a

$$B^2 C^2 + B'^2 C'^2 + B''^2 C''^2 - 2B'C'B''C'' - 2B''C''BC - 2BCB'C' = 0.$$

$3°$ Si l'on désigne par x_0, y_0, z_0 les coordonnées de ω et si l'on pose $H = \dfrac{xx_0}{m^2} + \dfrac{yy_0}{n^2} + \dfrac{zz_0}{n^2} - 1$, le point ω' décrit la surface

$$\begin{vmatrix} \dfrac{H}{x_0} - \dfrac{x}{m^2} & \dfrac{y}{n^2} & \dfrac{z}{p^2} \\[2ex] \dfrac{x}{m^2} & \dfrac{H}{y_0} - \dfrac{y}{n^2} & \dfrac{z}{p^2} \\[2ex] \dfrac{x}{m^2} & \dfrac{y}{n^2} & \dfrac{H}{z_0} - \dfrac{z}{p^2} \end{vmatrix} = 0.$$

$6°$ Soit $u_0 x + v_0 y + w_0 z + r_0 = 0$ l'équation du plan M. Celle du plan N est

$$-\frac{\gamma^2 w_0^2 - r_0^2}{\alpha^2 - \beta^2} \cdot \frac{x}{u_0} + \frac{\gamma^2 w_0^2 - r_0^2}{\alpha^2 - \beta^2} \cdot \frac{y}{v_0} + w_0 z + r_0 = 0.$$

Si les coordonnées du point P sont x', y', z', le lieu demandé a pour équation

$$(xy' - yx')(\gamma^2 z^2 - 1) + (\alpha^2 - \beta^2)xy(zz' - 1) = 0.$$

Pour que cette surface se réduise à un plan, il faut que le point P soit sur Oz.

398. *On donne un ellipsoïde et un point M, et on considère les droites D telles que chacune d'elles soit perpendiculaire au plan passant par sa conjuguée par rapport à l'ellipsoïde et par le point M.*

$1°$ Montrer que ces droites forment une congruence.

$2°$ Par un point de l'espace passent trois droites D. Peuvent-elles former un trièdre trirectangle?

$3°$ Dans un plan P il existe en général une seule droite D. Quels sont les plans renfermant une infinité de ces droites et quelle est l'enveloppe de ces droites dans chacun d'eux?

$4°$ On suppose que le plan P se déplace parallèlement à lui-même; trouver la surface engendrée par les droites D situées dans les positions successives de ce plan.

399. *On donne un ellipsoïde rapporté à ses axes et une droite* (Δ). *Par la droite* (Δ) *on mène le plan* (P) *perpendiculaire au plan tangent en un point M de l'ellipsoïde.*

1° *Trouver le lieu du point de rencontre,* μ, *du plan* (P) *avec le diamètre de l'ellipsoïde qui aboutit au point M, quand le point M décrit l'ellipsoïde.*

2° *Ce lieu est une quadrique* (S) *passant par la droite* (Δ) ; *trouver ses génératrices rectilignes, et indiquer comment doit être placée* (Δ) *pour que la surface soit un paraboloïde hyperbolique.*

3° *Prouver que la quadrique* (S) *contient la cubique aux pieds des normales relative à un point quelconque de* (Δ), *et trouver sur l'ellipsoïde le lieu du point M lorsque le point* μ *décrit la cubique aux pieds des normales relative à un point donné de* (Δ).

4° *On considère une deuxième droite* (Δ_1) *rencontrant* (Δ), *et la quadrique correspondante* (S_1), *analogue à* (S). *Prouver que les quadriques* (S) *et* (S_1) *ont en commun une cubique gauche et une droite* (D).

5° *Soit* (D_1) *l'intersection du plan* (P) *et du plan tangent en M à l'ellipsoïde. Montrer que, si le point M décrit l'ellipsoïde, il y a deux droites* (D_1) *passant par un point donné,* ω, *de l'espace, et trouver le lieu des points* ω *pour lesquels les deux droites qui y passent sont confondues. Ce lieu est une surface* (Σ) *du quatrième degré qui admet* (Δ) *comme droite double : prouver qu'elle peut être engendrée par une conique, et donner la définition géométrique simple de cette conique.*

400. *On considère trois axes rectangulaires et les paraboloïdes ayant pour équation, par rapport à ces axes,*

$$x^2 + (y - az)^2 + 2\lambda z - \mathrm{R}^2 = 0,$$

a *et* R *étant des constantes et* λ *un paramètre variable.*

1° *Par chacun des points P, P′ où l'un de ces paraboloïdes rencontre* Oz, *on mène la sphère qui contient les sections circulaires réelles passant par ce point ; trouver le lieu de l'intersection des deux sphères relatives à P et P′ ; montrer que le* plan radical de ces deux sphères est parallèle à un plan fixe et passe par le milieu de PP'. Par chacun des points M communs à ces deux sphères passe une troisième sphère qui correspond à un autre paraboloïde ; quel est le lieu de M si cette sphère est fixe ?

2° Le lieu des sections circulaires rencontrant Oz se compose en général d'un cône du second degré et d'une surface du troisième degré ; montrer que cette dernière peut être engendrée par un cercle assujetti à rencontrer l'axe Oz et deux autres droites réelles fixes (D), (D'), auxquelles il est constamment orthogonal.

3° Trouver les plans qui coupent la surface précédente suivant des cubiques circulaires ; montrer que toute sécante menée dans un tel plan par le point A où il rencontre Oz coupe la cubique en des points S et S' tels que le produit $\overline{AS} \cdot \overline{AS'}$ soit constant si le plan est fixe.

4° Aux points S, S' on mène les normales à la cubique ; trouver le lieu de leur point de rencontre quand la sécante ASS' varie ainsi que le plan de la courbe.

401. On considère la courbe (C), définie en coordonnées rectangulaires par les équations

$$x = a \cos 2t, \qquad y = a \sin 2t, \qquad z = 2a \cos t,$$

où a désigne une longueur donnée et t un paramètre variable.

1° Former l'équation générale des surfaces du second ordre (S) qui contiennent la courbe (C). Partager l'espace en régions telles que les surfaces (S) qui passent par les différents points d'une même région soient toutes de même genre. A quoi se réduisent ces régions si l'on se limite soit au plan xOy, soit au plan xOz ?

2° La droite (sécante double) joignant deux points P_1, P_2 de la courbe (C) coupe le plan xOy en un point M ; il passe par ce point M une autre sécante double $P_3 P_4$. Montrer qu'il existe dans le plan xOy un point M' différent de M, par lequel il passe deux sécantes doubles ayant avec la courbe (C) les quatre mêmes points d'intersection P_1, P_2, P_3, P_4. Trouver les formules permettant de passer des coordonnées (x, y) du point M aux coordonnées (x', y') du point M'.

Ces formules font correspondre à un point quelconque M du plan xOy un autre point M' bien déterminé.

Construire géométriquement :

α. Le point M', connaissant le point M ;

β. Les points M, M', connaissant la droite indéfinie MM'.

Montrer que si les points M, M' sont définis, comme il est dit plus haut, en partant de deux points réels P_1, P_2 de la courbe (C), les points M, M' sont tous les deux dans la région des surfaces (S) réglées.

Réciproquement, si les points M, M' sont tous les deux dans la région des surfaces (S) réglées, il existe sur la courbe (C) deux points réels P_1, P_2 tels que M soit la trace de la sécante double P_1P_2 sur le plan xOy.

Délimiter la partie du plan xOy dans laquelle doit être le point M pour qu'il en soit ainsi.

3° Résoudre les questions du n° 2° précédent en remplaçant le plan xOy par le plan xOz.

Étudier en outre comment doit être choisie la droite indéfinie MM' du plan xOz :

α. Pour que les points M, M' soient réels ;

β. Pour que les points P_1, P_2, P_3, P_4 soient réels.

4° Former l'équation qui donne les valeurs de t correspondant aux pieds des normales à la courbe (C) menées par un point donné M de l'espace.

Lieu du point M tel que cette équation admette une racine double.

Ce lieu est une surface. Construire la section (Γ) par un plan donné $z = h$, parallèle au plan xOy. Montrer que cette courbe (Γ) jouit de la propriété d'être semblable à l'enveloppe de ses normales.

Longueur totale de cette courbe (Γ).

TABLE DES MATIÈRES

DE LA LIBRAIRIE VUIBERT

Boulevard Saint-Germain, 63, Paris.

Compléments d'Algèbre et Notions de Géométrie analytique, à l'usage des élèves de Mathématiques spéciales et des candidats aux grandes écoles, par A. MACÉ DE LÉPINAY, professeur au lycée Henri IV. — Vol. 22/14ᶜᵐ. 6ᵉ édition.. . . . . **4 fr. 50**

Cours de Géométrie descriptive, à l'usage des élèves de Mathématiques spéciales et des candidats aux grandes écoles, par X. ANTOMARI, docteur ès sciences, professeur au lycée Carnot. — Vol. 25/16ᶜᵐ, avec épures dans le texte. 5ᵉ édition. . . . . **10 fr. »**

Recueil de Calculs logarithmiques, à l'usage des élèves de Mathématiques spéciales et des candidats aux grandes écoles, par P. BARBARIN, professeur au lycée de Bordeaux. — Vol. 28/22ᶜᵐ. . . . . . **3 fr. 50**

Cours de Mécanique, à l'usage des candidats à l'École Centrale, par X. ANTOMARI, docteur ès sciences, professeur au lycée Carnot, et E. HUMBERT, professeur au lycée Louis-le-Grand. — Vol. 22/14ᶜᵐ.. . . **5 fr. »**

Problèmes de Physique et de Chimie, à l'usage des élèves de Mathématiques spéciales et des candidats aux grandes écoles, par Cʜ. RIVIÈRE, docteur ès sciences, professeur au lycée Saint-Louis. — Vol. 22/14ᶜᵐ. 2ᵉ édition . . . . **3 fr. 50**

Problèmes de Géométrie analytique

par E. MOSNAT, professeur au collège Rollin. — Trois vol. 22/14ᶜᵐ :

Tome I, à l'usage des candidats aux Écoles Centrale, Navale, des Ponts et Chaussées, des Mines de Paris et de Saint-Étienne et des aspirantes à l'Agrégation des jeunes filles. 4ᵉ édition, augmentée.. . . . . **7 fr. »**

Tome II (*Géométrie à deux dimensions*), à l'usage des candidats à l'École Polytechnique, à l'École Normale et à l'Agrégation. 2ᵉ édition, très augmentée. **7 fr. »**

Tome III (*Géométrie à trois dimensions*), à l'usage des candidats à l'École Polytechnique, à l'École Normale et à l'Agrégation. 2ᵉ édition, augmentée. . . . . **7 fr. »**

Résolution algébrique des équations (*Leçons sur la*), par H. VOGT, professeur à la Faculté des sciences de Nancy, avec une préface de M. Jᴜʟᴇs TANNERY. — Vol. 25/16ᶜᵐ. . . . . **5 fr. »**